全国农业高职院校“十二五”规划教材
食品类系列教材编委会

(按姓氏拼音顺序)

本书编写人员

主　编　王　娜（黑龙江民族职业学院）

副主编　姚春艳（黑龙江科技职业学院）

王丽娜（黑龙江生态工程职业学院）

参　编　（按姓氏拼音顺序）

才　琳（中国农业科学院哈尔滨兽医研究所）

王志勇（黑龙江农业工程职业学院）

吴　槟（黑龙江生物科技职业学院）

闫　逊（齐齐哈尔大学）

全国农业高职院校“十二五”规划教材

黑龙江省高等教育学会高职高专教材建设课题成果

食品加工及保藏技术

ShiPin JiaGong Ji BaoCang JiShu

王　娜　主编

中国轻工业出版社

图书在版编目（CIP）数据

食品加工及保藏技术/王娜主编．—北京：中国轻工业出版社，2023.7

全国农业高职院校“十二五”规划教材

ISBN 978-7-5019-8576-0

Ⅰ．①食… Ⅱ．①王… Ⅲ．①食品加工－高等职业教育－教材②食品保藏－高等职业教育－教材 Ⅳ．①TS205

中国版本图书馆 CIP 数据核字（2011）第255884号

责任编辑：李亦兵 张 靓　　责任终审：劳国强　　封面设计：锋尚设计

版式设计：锋尚设计　　责任校对：晋 洁　　责任监印：张 可

出版发行：中国轻工业出版社（北京东长安街6号，邮编：100740）

印　　刷：三河市万龙印装有限公司

经　　销：各地新华书店

版　　次：2023年7月第1版第6次印刷

开　　本：720×1000　1/16　印张：18.25

字　　数：438千字

书　　号：ISBN 978-7-5019-8576-0　定价：36.00元

邮购电话：010－65241695

发行电话：010－85119835　传真：85113293

网　　址：http://www.chlip.com.cn

Email：club@chlip.com.cn

如发现图书残缺请与我社邮购联系调换

230884J2C106ZBQ

前言

FOREWORD

食品工业是我国国民经济的重要支柱产业之一。本书在介绍食品加工、保藏概念的基础上，着重介绍了果蔬制品、粮油制品、饮料、发酵食品、畜产品和水产品等的实用加工及保藏技术。

食品工业的发展需要大批高素质的行业人才。本书针对高职高专教育的特点，把握“理论够用、重在培养实践能力”的原则，在内容的组织上，打破学科限制，精编、精选并科学系统整合，增加实例与实训内容的比重，以适应高职高专食品类专业人才培养目标。

本书信息量大，知识面广，实用性强，力求使读者通过有关知识的学习，掌握较广泛的专业基础理论与知识，学会分析与解决食品加工及保藏中的主要问题。

本书适用于高职高专食品营养与检测、食品质量与安全、轻工食品类等专业教材，也可作为食品科技人员的参考书。

本书由王娜主编并统稿。全书共有六个项目，编写分工如下：项目一由姚春艳编写；项目二由王丽娜编写；项目三由王志勇和吴槟编写；项目四、五由王娜编写；项目六由闫逊和才琳编写。

在本书编写过程中得到了各有关院校领导和老师的大力支持，同时参考了同行专家的相关资料，在此表示最诚挚的感谢。

由于编者学识水平所限，书中难免有疏漏和不当之处，敬请读者不吝赐教。

编者

目录

CONTENTS

绪论

INTRODUCTION

一、食品加工技术概述

（一）食品加工的概念

我国食品工业是具有悠久历史的传统产业。劳动人民通过种、养殖，在实践中加工生产了各类食品，休养生息养育了中华民族。在科学技术高速发展的今天，人们对食物的需求已从温饱过渡到考虑营养、优质、安全、无污染等方面上来，新技术、新工艺、新材料在食品领域中的应用，使新型食品即基因食品、有机食品、功能性食品应运而生，正逐渐成为食品行业开发的主流。与食品加工相关的主要概念如下：

食物：指一切天然存在可以直接食用或经初级加工可供食用的物质。

食品：指经过加工和处理，作为商品可供流通的食物的总称。

食品工业：指有一定生产规模，相当的动力和设备，采用科学生产和管理方法，生产商品化食品及其他工业产物的体系。

食品工程：指运用食品科学的相关知识、原理和技术手段在社会、时间、经济等限制范围内去建立食品工业体系与满足社会某种需求的过程。

食品加工：指对可食资源的技术处理，以保持和提高可食性和利用价值，开发适合人类需求的各类食品和工业产物的全过程。

食品加工技术：指运用化学、物理学、生物学、微生物学和食品工程原理等各方面的基础知识，研究食品资源利用、原辅材料选择、保藏加工、包装、运输以及上述因素对食品质量货架寿命、营养价值、安全性等方面的影响的一门科学。

（二）食品的分类

依据食品的物理状态、加工保藏方式、原材料的来源等方面特征可将食品进行不同的分类。按原料种类分：肉禽制品、粮谷制品、乳制品、果蔬制品、水产制品等。按保藏方法分类：干藏类、腌渍类、冷藏类、冷冻类、烟熏类、发酵类、罐藏类等。按加工方法分：焙烤制品、罐头制品、挤压膨化制品、速冻制品、发酵制品、干制品等。按产品特点分：方便食品、功能食品、婴儿食品、快餐食品、工程食品、休闲食品等。

（三）食品工业的重要性及特征

广义上讲，食品工业无论从哪个角度讲都是各个国家国民经济的基础或支柱产业之一（广义的食品工业包括农业、食品制造、市场三个方面）。整体而言，食品工业是一个永不衰退的行业，是一个非常稳定的行业，更是一个充满变化、有活力的行业。

“民以食为天”，食品是人类赖以生存和发展的重要物质基础。由于食品工业是国民经济的重要支柱产业和关系国计民生及关联农业、工业、流通等领域的大产业，因此，食品工业现代化水平是反映人民生活质量及国家文明程度的重要标志。作为农产品面向市场的主要后续加工产业，食品工业在农产品加工中占有最大比重，对推动农业产业化作用巨大。1999 年全世界食品工业的销售额为 2.7 万亿美元，居各行业之首。我国 2000 年食品工业总产值、利税分别为 8434.1 亿元和 1458.3 亿元，占全国工业总产值、利税的 9.8% 和 15.3%；年出口创汇 136.7 亿美元。食品工业企业达 19316 个，就业人数达 403.7 万，占全国工业企业就业总人数的 7.3%。2008 年实现 41997.33 亿元，比 1978 年增长 89 倍，实现了平均每年近 20% 的增长，远远高于全国工业发展平均增幅。2008 年全国生产大米 4677.05 万 t，生产小麦粉 7937.07 万 t，精制食用植物油 2419.14 万 t，乳制品产量 1810.56 万 t，鲜冷藏冻肉产量 1410.32 万 t，增长 12.14%；生产饼干 282.69 万 t，软饮料产量 6415.10 万 t。我国以占全世界 8.6% 的耕地养活了世界 20% 以上的人口；经过短短三十年，就从食品短缺发展到食品供给总量完全满足消费，也铸就了食品工业的发展辉煌。2010 年的食品工业总产值为 6.31 万亿元。

同时也应看到，比照国际领先水平，我国食品工业在诸多方面还存在较大差距，食品工业总产值与农业总产值之比，发达国家在（2～3）:1 的水平，我国食品工业产值与农业产值的比值在（0.6～0.8）:1，远低于发达国家。食品进出口总额占比低，我国 2008 年累计实现食品进出口贸易额 587.7 亿美元，仅占同期我国进出口贸易总值的 2.3%。我国食品工业 RCA 指数多年来一直都低于 1，表明我国食品在国际贸易竞争中一直处于弱势地位。另外，重大食品安全事故偶发，食品安全隐患难以消除，消费者放心程度较低。食品工业经营方式相对粗放，面粉加工等部分行业产能过剩致使资源浪费，竞争加剧，行业利润下降，无法通过自身滚动保障行业发展的必要投入，行业竞争力和市场需求满足度下降。而食品工业植物油加工等部分门类原料数量安全受到威胁，原料对外依存度偏高，造成价格随国际市场的大幅度波动，严重影响产业企业的正常经营和健康发展。同时，食品工业由于普遍规模偏小、加工能力分散，行业总体信息化程度较低，管理落后，部分产品市场价格波动较大。食品供应链缺乏效率、监管调控力度有限。尤其是我国食品工业国家科技创新体系建设滞后，我国食品科技创新或应用的进步同国际水平相比较还有较大差距。在食品装备方面较发达国家存在较大差距，行业转化增值能力差。食品工业的需求刚性可以成为防御性长期投资的避风港，国际金融危机以来，已经有越来越多的高科技企业和风险投资进入食品领域。

我国食品工业技术、工艺设备水平不断提升，同国际水平差距缩小，我国食品标准不断向国际靠拢，传统的国际贸易壁垒会逐渐打破，进而促进我国食品工业出口规模的扩大和产品附加值的提升；而我国消费水平的逐步提高则促进食品进口规模的不断扩大。未来我国食品工业将在转换结构、提升质量的基础上再次获得高速发展。预计“十二五”末期食品工业总产值将接近 10 万亿元，利税达到 1 万亿元以上。其中生态循环经济会得到快速发展，绿色 GDP 显著增加，我国食品工业进入快速、稳定、持续健康发展的轨道。

二、食品保藏技术概述

随着人们生活水平的提高，消费者对食品的要求也越来越高，不再是解决温饱，更注重食品的安全、营养和品质，尤其危及人类健康、生命的食品安全问题成为人们关注的热点，而食品的腐败变质是其中的重要因素。

食品保藏：广义：防止食品腐败变质的一切措施。狭义：防止微生物的作用而不会使食品腐败变质的直接措施。食品保鲜：保持食品原有鲜度的措施。食品腐败变质的主要原因是某些微生物的存在致使食品品质改变。为了保证食品的安全性及保藏性，杀菌是食品生产中一个重要的环节，杀菌的好坏直接影响着食品的品质。

食品腐败变质的特征和程度取决于两类因素：

1. 非生物因素

酶的作用、糖的损失、含氮物质的含量与组分的变化、维生素的氧化和损失、脂肪的氧化、水分的变化、环境的污染、包材的污染、添加剂的滥用等。这些因素会导致口感、色泽、风味和产品一致性的不同，导致不能被消费者接受。

2. 生物因素

引起食品腐败变质的主要因素是微生物的污染，导致食品腐败变质的微生物主要有三大类：细菌、霉菌、酵母，引起食品腐败变质的微生物被称为腐败微生物。腐败微生物的种类及其引起的腐败现象主要取决于食品的种类及其加工方法等因素。

食品加工的目的在于延长食品的储存时间，增加食品的多样性，为人类提供健康所需的营养素，为制造商提供利润，改造食品等，而食品加工过程或多或少都含有这些目的，但要加工一个特定产品其目的性可能各不相同。比如冷冻食品的目的主要是保藏或延长货架寿命；糖果工业的主要目的是提供多样性；保鲜食品的主要目的是保存更多的人体所需营养素。

短时间食品保藏有两个原则：尽可能延长活体生命；如果必须终止生命，应该马上洗净，然后把温度降下来（杀灭微生物和抑制微生物）。

若长时间保藏则需控制多种因素：

控制微生物：如加热（杀灭微生物、巴氏杀菌、UHT 灭菌）；冷冻保藏（抑制微生物）；干藏（抑制微生物）；腌渍；烟熏；气调；化学保藏；辐射等方法。

控制酶和其他因素：如控制微生物的方法很多也能控制酶反应及生化反应，但不一定能完全覆盖。比如：冷藏可以抑制微生物，但不能抑制酶。加热、辐射、干藏也类似。

其他影响因素：包括昆虫、水分、氧、光可以通过包装来解决。

依据食品保藏的原理可将食品保藏的方法分为四种类型：维持食品最低生命活动的保藏方法（如：新鲜水果蔬菜的冷藏法、气调法等）；抑制变质因素的活动达到食品保藏目的的方法（如：冷冻、干藏、腌制、熏制、化学保藏、气调包装保藏等）；运用发酵原理的食品保藏方法（如食品的发酵）；利用无菌原理的保藏方法（如：罐藏、辐照保藏、无菌包装）。

三、食品加工及保藏技术的发展历史和现状

据史料记载，公元前3000 年至公元前1200 年，犹太人、希腊人、中国人已经学会了利用盐腌渍鱼的技术。早在5000 年前仰韶时期，已有“宿沙氏，煮海为盐”用海水煮盐从事盐业生产；谷物加工及酿酒加工等。《诗经》、《礼记》、《黄帝内经》、《齐民要术》等古代专著中都记载了食品的加工原料、器具、方法等。公元前1000 年，古罗马人使用低温和烟熏技术保藏食品。2000 年前，西方人、中国人就已经掌握了干藏技术。《北山酒经》记载的瓶装酒技术是罐藏技术雏形。1809 年，法国人 Nicolas Appert 发明罐藏食品被认为是现代食品保藏技术的开端，从此各种现代食品保藏技术不断出现。1883 年，现代食品冷冻技术。1908 年，化学品保藏技术。1918 年，气调冷藏技术。1943 年，食品辐照保藏技术。

现代食品工业的发展是一个国家社会文明进步的重点标志之一。新中国成立以前，中国只有少数几家民族食品企业，大多数食品生产都是手工小作坊生产，生产水平十分落后、低下。新中国成立以来，制定了各项宏观产业政策，促进食品工业健康发展，食品工业获得生机，开始建设机械化、规模化生产。1978 年改革开放后，食品工业得到快速发展，以科技创新、技术进步为手段，依托国内强大市场需求，进一步调整产业结构，食品工业加快了发展步伐。目前我国食品工

业基本上形成门类齐全、建立健全各项食品法规、标准，规范化经营管理，规模化自动化生产的现代化工业化生产模式。食品工业产值在国民经济各工业行业中列第一位，中国食品工业为增加食品供应、改善人民生活、丰富城乡食品市场、推动农业增长、积累资金、扩大国际贸易、促进国民经济发展做出了巨大的贡献。食品工业生产从低速增长到持续快速增长，食品工业产品从限量供应到为人民生活改善提供丰富多彩的新产品，充分满足人民生活日益增长的需求。

四、食品加工及保藏技术的研究内容及发展趋势

（一）食品加工及保藏技术的研究内容

本门课在介绍食品加工及保藏的基本原理与方法的基础上，重点介绍常见的食品加工与保藏技术，以及最新的食品加工及保藏新技术。以深入浅出的方式重点介绍一些典型食品的加工保藏技术，目的在于让学生在了解食品加工及保藏基本原理和方法的基础上，重点掌握一些典型的食品加工及保藏实用技术，为将来的实践教学与后续课程学习奠定基础。

（二）食品加工及保藏技术的发展趋势

发达国家食品加工业已经成为重要的制造业部门和出口创汇部门，是国民经济的重要增长点。当今食品消费已经由量的追求转向对质的追求，向着质量、营养、方便、安全的目标转变，食品消费结构变化加剧，对食品制成品的需求迅速上升。今后几年食品工业生产和消费趋势主要表现在以下几方面：

1. 方便食品的发展和产品的多样化是今后食品工业发展的重要特征

随着居民收入水平的提高，生活方式的变化，生活节奏的加快，使得简便、营养、卫生、经济、即开即食的方便食品市场潜力巨大。各种方便主食品，肉类、鱼类、蔬菜等制成品和半成品，快餐配餐，谷物早餐，方便甜食以及休闲食品等和针对不同消费人群需求的个性化食品，在相当长的一段时间内都将大有文章可做。方便食品的发展是食品制造业的一场革命，始终是食品工业发展的推动力。

2. 重视食品营养，提高居民健康水平是食品工业的重要任务

我国居民微量营养素缺乏的情况十分突出，目前已知最廉价、最长远的解决方案是在居民普遍消费的食品中添加普遍缺乏的维生素和矿物质。开发大豆等富营养食品改善居民健康状况。提倡居民消费豆浆、豆乳、豆乳粉、酸豆乳。大豆粉较大程度地保留了大豆的功能因子，而且更经济，可以把它当作“营养素”添加到各种食品中去，如蒸煮面食、焙烤食品、婴幼儿食品、快餐、冷食等。再者是适当发展分离蛋白、组织蛋白、浓缩蛋白，满足食品生产需要。重视功能（保健）食品的发展。未来10年全球功能食品产业将以年均10%的速度发展，功能食品是21世纪食品工业发展的重点行业之一。

3. 食品安全是食品生产经营者的第一要务

食品不安全因素的存在，不仅直接损害消费者的身体健康，更严重影响人们的消费心理，影响企业的信誉和经济效益。因此，企业应当加强监测机构的能力建设，跟踪国际食品检验检测技术发展，积极引进国际上先进的检测技术与设备，建立监测信息管理网络，实现监督管理快速反应。加强食品企业的自我检验检测，充分发挥食品业主自主进行检测的积极性。要对食品供应链进行全程监控。企业要在食品原料生产、加工、运输、销售的全过程中推行危害分析和关键控制点（HACCP）体系和良好农业规范（GAP）、良好生产规范（GMP）、良好配送操作规范（GDP）等体系认证。

4. 先进技术将在食品工业中得到广泛应用

食品企业的技术开发、新产品开发将成为企业增强产品应变能力和竞争能力的首要条件。电子技术、生物技术、膜分离技术、超临界萃取技术、冷冻干燥技术、超高温瞬时灭菌技术及无菌包装技术等高新技术，将在食品工业生产和产品开发中得到广泛应用，大大改变传统食品工业的面貌，提高食品的科技含量，加快食品工业的发展进程。食品工业科技创新基础平台建设取得一定进展，以大专院校和科研院所以及地方食品技术创新开放实验室和专项科技创新服务平台积极筹建。以企业为主体，以市场为导向，产学研相结合的创新型企业正在积极培育和建设当中。在食品工业企业科技创新活动中，企业技术中心发挥着越来越重要的作用。

5. “循环经济”是食品工业发展的必由之路

所谓循环经济，即在经济发展中，遵循生态学规律，将清洁生产、资源综合利用、生态设计和可持续消费融为一体，使经济系统和自然生态系统的物质和谐循环，维护自然生态平衡。随着社会进步，经济发展与保护环境、节约资源的矛盾日益突出，许多国家从可持续发展的角度出发，提出了一系列改变传统的、粗放的经济发展模式的措施，循环经济就是经济发展与环境保护结合的新型模式。食品企业应投入更大的人力、物力和资金在生产过程中防治污染，提高资源利用率，大力开展资源的综合利用，在资源发展中大力提高资源综合开发和回收利用率，回收和循环利用各种废弃资源，变无用为有用，变小用为大用，变一用为多用，实现农产品的深度加工，提高农产品的经济效益和生态效益。

随着科学技术的高速发展，近年来我国食品工业有了很大发展，新技术、新工艺、新材料在食品领域中的应用，其中高新技术的开发应用，已成为食品工业发展的一个重要方向。它不仅可提高生产率，降低成本，而且可改善食品品质，开发新食品。随着许多食品加工新技术的产生，像生物技术、膜分离技术、微波技术、冷杀菌技术、超临界萃取技术、微胶囊技术及现代分析测试技术等的出现，使人们定向改变世界变为现实。新技术的广泛应用，将给人们带来更丰富、更有利于健康、更富有营养的食品，将为人类的衣食住行和保健发挥无穷无尽的力量，使人们的生活质量大大提高，高新技术在食品加工中将有广阔的应用前景。

项目一
果蔬食品加工及保藏技术

【知识目标】

1. 了解果蔬制品的主要种类及特点。
2. 理解果蔬制品加工的基本原理。
3. 掌握果蔬制品的保藏技术。

【技能目标】

1. 掌握果蔬制品加工的工艺流程及操作要点。
2. 掌握果蔬制品加工过程中的常见质量问题及预防措施。

任务一 果蔬罐藏及加工技术

食品罐藏是食品的科学保藏方法之一，罐藏食品的保藏期长，对保藏环境的要求低，可以在常温下保藏1~2年，便于运输、携带，食用方便。罐藏食品的两个要素是容器的密封性和商业无菌。容器密封是为了防止产品杀菌后再次受到污染。商业无菌是指经杀菌处理后，按照规定的微生物检验方法，食品中无活的微生物检出，或仅能检出极少数的非病原微生物，且它们在食品保藏期间不能生长繁殖。

果蔬罐制品是果蔬原料经过前处理后，装入能密封的容器内，再经过排气、密封、杀菌等措施，并维持密闭和真空条件，最后制成别具风味并能在室温下长期保藏的食品。果蔬罐头主要有糖水水果罐头和清渍蔬菜罐头，此外，糖渍蜜饯、果酱、果冻、果汁、盐渍蔬菜、糖醋渍蔬菜等也可制成罐头制品。

一、罐藏的基本原理

罐头制品之所以能长期保藏，主要是通过在加工过程中杀灭罐内能引起腐败、产毒、致病的微生物，破坏原料组织中自身的酶活性，并保持密封状态使罐头不再受外界微生物的污染，从而创造一个不适合微生物生长繁殖及酶活动的基本条件来实现的。

（一）罐藏对微生物的影响

食品中常见的微生物主要有细菌、霉菌和酵母菌。霉菌和酵母菌耐热性差，一般在加热杀菌后的罐制品中不能生存，再加上霉菌不耐密封条件，因此在罐制品生产中霉菌和酵母菌比较容易控制和杀死。导致罐制品腐败的微生物主要是细菌，所以罐制品杀菌的标准以杀死某类细菌为依据。

根据细菌对氧的要求，将细菌分为嗜氧、厌氧和兼性厌氧菌。在罐制品生产中，因排气密封，嗜氧菌受到限制，所以杀菌标准以杀死厌氧菌为依据。根据细菌对温度的适应范围，将细菌分为嗜冷性、嗜温性和嗜热性菌。嗜温和嗜热性细菌对罐制品质量影响最大，所以杀菌标准以杀死这类细菌及其孢子为依据。

（二）罐藏对酶的影响

果蔬原料中含有各种酶，它们能促使果蔬中有机物质的分解变化，因此必须加强对酶的控制，使其不对原料及制品发生不良作用而造成品质变坏和营养成分损失。

酶的活性和稳定性与温度有密切关系。在较低温度范围内，温度升高，酶的活性也增加。大多数酶在 30 ~40℃的温度范围内显示最大活性，而高于此范围的温度将使酶失活。酶的热抵抗力因种类不同而有较大差异。大多数与食品加工有关的酶在 45℃以上时逐渐失活，但植物过氧化物酶在 pH 中性条件下相当耐热。在加热处理时，其他的酶和微生物大都在这种酶失活前就已被破坏，因此，在果蔬加工时常根据该酶是否失活来判断杀菌和热烫是否充分。

罐制品的保藏原理还在于同时应用密闭和真空技术，使杀菌后可能残存的细菌芽孢在无氧状况下无法生长，同时防止因氧气存在而引起的各种化学变化。

（三）罐制品的杀菌方法

根据微生物对生长环境的要求及对高温的承受能力，果蔬罐制品的杀菌方法有以下三种。

1. 巴氏杀菌

一般采用 65 ~95℃杀菌温度，用于不耐高温杀菌而含酸较多的产品，比如水果罐头、糖醋菜、番茄汁、发酵蔬菜汁等。

2. 常压沸水杀菌

适合于大多数水果和部分蔬菜罐头，凡产品 pH < 4.5 的蔬菜罐头制品均可用此法杀菌，如去皮番茄罐头、酸黄瓜罐头，一些含盐较高的产品如榨菜、雪菜等也可用此法。杀菌设备为立式开口杀菌锅。先在杀菌锅内注入适量的水，然后通入蒸汽加热，待锅内水沸腾时，将装满罐头的杀菌篮放入锅内。最好先将玻璃罐头预热到60℃左右再放入杀菌锅内，以免杀菌锅内水温与玻璃罐温差太大导致玻璃罐破裂。当锅内水温再次升到沸腾时，开始计算杀菌时间，并保持水的沸腾直到杀菌结束。

3. 高压蒸汽杀菌

将罐头放在加压杀菌器内，在密闭条件下增加杀菌器的压力，由于锅内的蒸汽压力升高，水的沸点也升高，从而可以维持较高的杀菌温度。大部分蔬菜罐头由于含酸量较低，杀菌需较高的温度，一般需 115 ~ 121℃，特别是富含淀粉、蛋白质、脂肪类的蔬菜，如豆类、甜玉米和蘑菇等，必须在高温下经过较长时间处理才能达到杀菌目的。

二、罐藏容器

罐藏容器对罐头食品的长期保存起着重要作用。用作罐头食品容器的材料，要求无毒、无臭、无味，耐腐蚀，耐高温高压，能密封，不与食品发生化学反应，重量轻，价廉易得，容易开启食用，能适应机械化操作等。目前国内外普遍使用的罐藏容器是马口铁罐和玻璃罐，此外，还有铝罐和塑料复合薄膜蒸煮袋（又称软罐）。表 1 – 1 比较了几种常用的罐装容器，从中可以看出每一种容器都有其优缺点，实际应用中应根据食品的加工性能来选择。

表 1 – 1　几种常用罐装容器的比较

名 称	材 料	结 构	性能特点
马口铁罐	两面镀锡的低碳薄钢板	罐身、罐盖、罐底，罐身接缝采用焊锡连接，罐底（盖）与罐身以二重卷边（图 1 – 1）进行密封	美观、无毒、耐腐蚀、耐氧化、机械加工性能好、易焊，但锡、铁易与蛋白质中的硫结合而生成黑色硫化物
玻璃罐	石英砂、纯碱、石灰石按比例混合在1500℃熔融，冷却成型铸成	瓶身、瓶盖、瓶圈，瓶盖的密封有卷封式、旋转式、抓式和螺纹式等形式。目前使用最多的是旋盖式玻璃罐	化学性质稳定、直观性强、可重复使用、成本低、硬度高、不变形，但稳定性差、质脆易破、质量大、易透光

续表

名 称	材 料	结 构	性能特点
蒸煮袋	聚酯、铝箔和聚烯烃等薄膜借助胶黏剂复合而成	一般 3～5 层，多者可达 9 层。外层为聚酯（12μm），中层为铝箔（9μm），内层采用聚烯烃薄膜（7μm）	质轻、封口简便牢固、取食方便、传热快、杀菌时间短、常温下贮存质量稳定，但不适宜于块状带骨食品的包装

注：引自《果蔬贮运与加工》，赵晨霞，2001

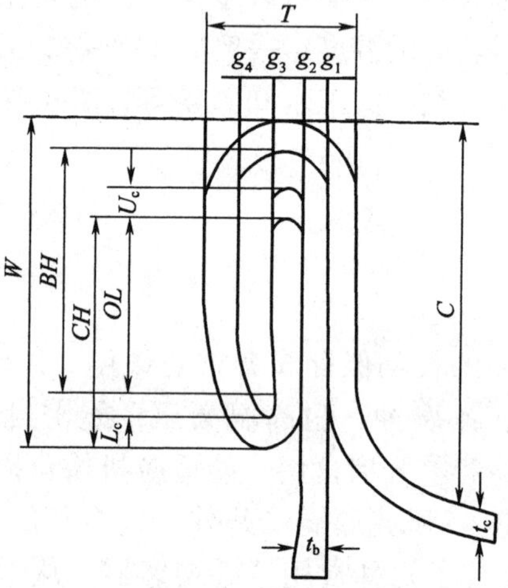

图 1－1　二重卷边结构示意图

（《食品工艺学》，周家春，2003）

T—卷连厚度　W—卷边宽度　C—埋头度　BH—身钩宽度

CH—盖钩宽度　OL—叠接长度　U_c—盖钩空隙　L_c—身钩空隙

g_1、g_2、g_3、g_4—卷边内部各层间隙　t_b—罐身镀锡板厚度

t_c—罐盖镀锡板厚度

三、果蔬罐制品加工技术

（一）工艺流程

原料选择→分级→洗涤→去皮→切分→去核、去心→整理→烫漂→装罐→排气→密封→杀菌→冷却→检验→贴标→保藏

（二）工艺要点

1. 原料选择

生产水果罐头时要求原料新鲜，成熟适度，形状整齐，大小适当，果肉组织致密，可食部分大，糖酸比例恰当，单宁含量少。生产蔬菜罐头时要求原料色泽鲜明，成熟度一致，肉质丰富，质地柔嫩细致，纤维组织少，无不良气味，能耐高温处理。罐藏用果蔬原料越新鲜，产品的质量越好。因此，从采收到加工，间隔时间越短越好，一般不要超过24h。有些蔬菜如甜玉米、豌豆、蘑菇、石刁柏等应在2～6h内加工。均要求有特定的成熟度，即罐藏成熟度或工艺成熟度，不同的果蔬品种要求有不同的罐藏成熟度。如果选择不当，会给加工处理带来困难，使产品质量下降。如青刀豆、甜玉米、黄秋葵等要求原料幼稚、纤维少；番茄、马铃薯等则要求原料充分成熟。

2. 原料前处理

包括挑选、分级、洗涤、去皮、切分、去核、去心以及整理。

（1）挑选　果蔬原料在投产前需要先进行选择，剔除不合格的、有虫害的、腐烂的和霉变的原料。挑选主要是通过人的感官检验，在固定的工作台或传送带上进行。

（2）分级　根据果蔬原料的大小、色泽和成熟度进行分级。大小分级是分级的主要内容，其方法有手工分级和机械分级两种。手工分级一般在生产规模不大或机械设备条件较差时使用，同时也可配以简单的辅助工具，如圆孔分级板、分级筛及分级尺等，以提高生产效率。机械分级法常用滚筒分级机，如图1－2所示，振动筛及分离输送机。此外，果蔬分级还有许多专用分级机，如蘑菇分级机、橘片分级机和菠萝分级机等。色泽分级和成熟度分级常用目视估测的方法。苹果、梨、桃、杏、樱桃、柑橘、黄瓜、豆类等常先按成熟度分级，大部分按低、中、高三级进行目视分级。色泽分级常按颜色深浅进行，除目测外，也可用灯光法和电子测定仪装置进行色泽分辨选择。除了在预处理前需要分级外，大部分罐藏果蔬在装罐前也要按色泽分级。

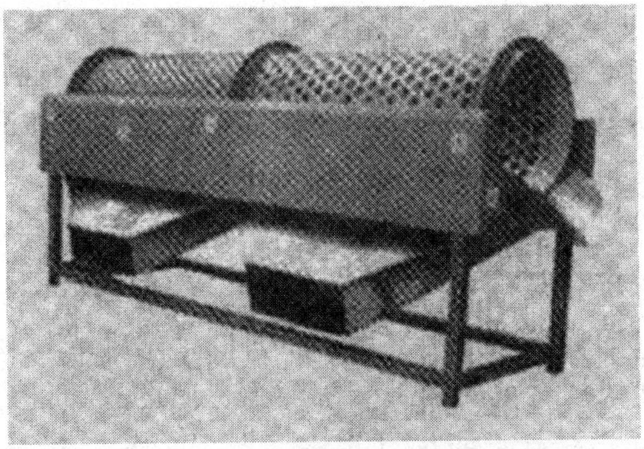

图1－2　CFJ型滚筒式果蔬分级机

（《果蔬保藏与加工技术》，刘新社，2009）

（3）洗涤　目的是除去其表面附着的尘土、泥沙、部分微生物及可能残留的农药等。洗涤果蔬可以采用漂洗法，一般在水槽或水池中用流动水漂洗或用水喷洗，也可以用滚筒式洗涤机清洗。对于杨梅、草莓等浆果类原料应小批淘洗或在水槽中通入压缩空气翻洗，防止机械损伤及在水中浸泡过久而影响色泽和风味。有时为了较好地去除附在果蔬表面的农药或有害化学药品，常在清洗用水内加入少量的洗涤剂。清洗用水必须清洁，符合饮用水标准。几种常见的化学洗涤剂见表1－2。

表1－2　几种常见的化学洗涤剂

种　类	浓　度	温度和处理时间	处理对象
盐酸	0.5%～1.5%	常温3～5min	苹果、梨、樱桃、葡萄等
氢氧化钠	0.1%	常温数分钟	苹果
漂白粉	600mg/kg	常温3～5min	柑橘、苹果、桃、梨、番茄等
高锰酸钾	0.1%	常温10min左右	枇杷、杨梅、草莓、树莓等

注：引自《园艺产品加工学》，罗云波，2001

（4）去皮　果蔬的种类繁多，其表皮状况不同，有的表皮粗厚、坚硬，不能食用；有的具有不良风味或在加工中容易引起不良后果，这样的果蔬必须去除表皮。果蔬去皮时，只要求去掉不可食用或影响产品质量的部分，不可过度，否则会增加原料消耗和生产成本。果蔬去皮的方法有几下几种。

①手工去皮：手工去皮是应用特别的刀、刨等人工工具削皮，应用较广。其优点是去皮干净、损失较少，并可有修理的作用，去心、去核、切分等也可以同时进行。在果蔬原料较不一致的条件下能显出其优点。但手工去皮费工、费时、生产效率低、大量生产时困难较多，一般作为其他去皮方法的辅助方法。

②机械去皮：常用的机械去皮机主要有旋皮机、擦皮机和特种去皮机三类。旋皮机是在特定的机械刀架下将果蔬皮旋去，适合于苹果、梨、菠萝等大型果品。擦皮机是利用内表面有金刚砂、表面粗糙的转筒或滚轴，借摩擦力的作用擦去表皮，适用于马铃薯、胡萝卜、芋头等原料的去皮，效率较高，但去皮后表面不光滑。青豆、菠萝可以使用特种去皮机。

③碱液去皮：是应用最广泛的去皮方法，绝大部分果蔬如桃、李、苹果、胡萝卜等可以用碱液去皮。其特点是均匀而迅速，耗损率低，省工省时。将果蔬原料在一定浓度和温度的强碱溶液中处理一定时间，果蔬表皮内的中胶层受碱液的腐蚀而溶解，从而使果皮分离。因碱液浓度高、温度高、处理时间长时会腐蚀果肉，一般要求只去掉果皮而不能伤及果肉，所以对每一批原料都应该做预备试验，以确定碱液的浓度、温度和处理时间。

碱液去皮的方法有浸碱法和淋碱法。浸碱法是将一定浓度的碱液装入特制的容器内，加热到一定的温度后，再将果实浸入并振荡或搅拌一定时间，使浸碱均匀，取出后搅动、摩擦去皮。淋碱法是将加热的碱液喷淋于输送带上的果蔬上，淋过碱的果蔬进入转筒内，在冲水的情况下与转筒的边翻滚摩擦去皮，杏、桃等果实常用此法去皮。

经碱液处理后的果蔬必须立即在冷水中浸泡、漂洗，同时搓擦、淘洗除去果皮渣和粘附余碱，漂洗至果块表面无滑腻感，口感无碱味为止。漂洗必须充分，否则会使罐头制品的pH偏高，导致杀菌不足和口感不良。为了加速降低pH，可用0.1%～0.2%盐酸或0.25%～0.5%的柠檬酸水溶液浸泡中和，同时可防止变色并且可以抑制酶活。几种果蔬的碱液去皮参考条件见表1－3。

表1－3　几种果蔬的碱液去皮参考条件

果蔬种类	NaOH浓度/%	碱液温度/℃	处理时间/min	备注
桃	1.5～3	90～95	0.5～2	浸碱或淋碱
李	5～8	90以上	2～3	浸碱
杏	3～6	90以上	0.5～2	浸碱或淋碱
猕猴桃	5	95	2～5	浸碱
苹果	20～30	90～95	0.5～1.5	浸碱
梨	0.3～0.75	30～70	3～10	浸碱
甘薯	8～10	90以上	3～4	浸碱
番茄	15～20	85～95	0.3～0.5	浸碱
胡萝卜	3～6	90以上	4～10	浸碱
马铃薯	2～3	90～100	3～4	浸碱

注：引自《园艺产品加工学》，罗云波，2001

④热力去皮：将果蔬在高温下处理较短时间，使之表皮迅速升温而松软，果皮膨胀破裂，果皮与果肉间的原果胶发生水解失去胶黏性，果皮与果肉组织分离而脱落。适用于成熟度高的桃、杏、枇杷、番茄、甘薯等的去皮。又可分为蒸汽去皮和热水去皮。蒸汽去皮时，一般采用近100℃的蒸汽，可以在短时间内使原料的外皮松软，以便分离，具体的热烫时间可根据原料种类和成熟度而定。热水去皮时，少量生产可用锅加热，大量生产在带有传送装置的蒸汽加热沸水槽中进行。热力去皮原料损失少，色泽好，风味好，但只适用于皮易剥落的原料，要求原料充分成熟。

⑤酶法去皮：此法条件温和，产品质量好，其关键是要掌握酶的浓度及最佳

作用条件如温度、时间、pH 等。

⑥冷冻去皮：将果蔬与冷冻装置的冷冻表面接触片刻，使其外皮冻结于冷冻装置上，当果蔬离开时，外皮即被剥离。冷冻装置温度在 -28 ~ -23℃，这种方法可用于桃、杏、番茄等的去皮，去皮损失约为5% ~8%，质量好但费用高。

⑦真空去皮：将成熟的果蔬先行加热，使其升温后果皮与果肉易分离，接着进入有一定真空度的真空室内，适当处理，使果皮下的液体迅速“沸腾”而使其果皮与果肉分离，然后破除真空，冲洗或搅动去皮。适用于成熟的桃、番茄。

（5）切分　体积较大的果蔬原料在进行罐藏、干制、果脯蜜饯及蔬菜腌制加工时，需要适当的切分，以保持一定的形状。切分的形状和方法要根据原料的形状、性质和加工品的要求而定。桃、杏、李常对半切；苹果、梨常切成两瓣、三瓣或四瓣；许多果蔬切成片状、条状、块状等多种形状。常用刀、劈桃机或多功能切片机以及专用的切条机、切片机等工具或设备如图 1 -3 所示。

图 1 -3　甘蓝切条机
（《果蔬保藏与加工技术》，刘新社，2009）

（6）去核、去心　对于核果类的原料一般要去核，对于仁果类或其他种类的果品或蔬菜要去心。常用的工具有挖核器和捅核器。挖核器用于挖除苹果、梨、桃、杏、李等果实的果核或果心；捅核器用于去除枣、山楂等果实的核。生产时应根据果实的特点和大小选择适宜的去核、去心工具。

（7）整理　加工罐头或果脯时，为了保持良好的形状，需要对果块进行修整，除去碱液未去净的皮或残留于芽眼或梗洼中的皮，除去部分黑色斑点和其他病变组织。

3. 烫漂

烫漂也称热烫、预煮，是将经过适当处理的新鲜原料在温度较高的热水或蒸汽中进行加热处理的过程。烫漂后的原料应立即冷却，防止热处理的余热对产品造成不良影响，并保持原料的脆嫩，一般采用冷水冷却或冷风冷却。

（1）烫漂方法　有热水烫漂和蒸汽烫漂两种。

①热水烫漂：热水烫漂可以在夹层锅内进行，也可以在专门的连续化机械（如链带式连续预煮机如图1－4所示），和螺旋式连续预煮机内进行。在不低于90℃的温度下热烫2～5min，某些原料，如制作罐头的葡萄只能在70℃左右的温度下热烫几分钟。有些绿色蔬菜为了保绿，需要在烫漂液中加入小苏打、氢氧化钙等，有时也用亚硫酸盐。制作罐头的某些果蔬也可以采用2%的盐水或1%～2%的柠檬酸液进行烫漂，有护色作用。热水烫漂的优点是物料受热均匀，升温速度快，方法简便。缺点是部分维生素及可溶性固形物损失较多，一般损失10%～30%。如果烫漂水重复使用，可减少可溶性物质的损失。

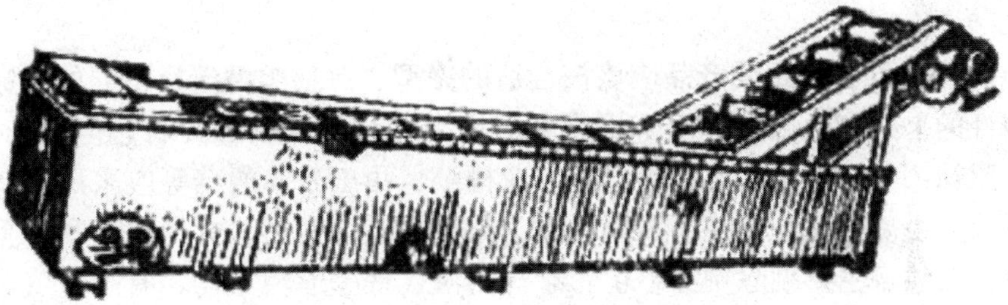

图1－4　连续式烫漂机
（《果蔬保藏与加工技术》，刘新社，2009）

②蒸汽烫漂：将原料放入蒸锅或蒸汽箱中，用蒸汽喷射数分钟后立即关闭蒸汽并取出冷却。采用蒸汽热烫，可避免营养物质的大量损失，但必须有较好的设备，否则加热不均，热烫质量差。

（2）烫漂标准　原料一般烫至半生不熟，组织较透明，失去新鲜硬度，但又不像煮熟后那样柔软，即达到热烫的目的。烫漂程度通常以原料中过氧化物酶全部失活为标准。过氧化物酶的活性可用0.1%愈创木酚酒精溶液或0.3%联苯胺溶液与0.3%双氧水检查。将热烫到一定程度的原料样品横切，滴上几滴愈创木酚或联苯胺溶液，再滴上几滴0.3%的双氧水几分钟内不变色，表明过氧化物酶已被破坏；若变色则表明过氧化物酶仍有活性，烫漂程度不够。用愈创木酚时变成褐色，用联苯胺时变成蓝色。

（3）烫漂作用　其主要作用有以下五点。

①降低原料中的污染物和微生物数量。烫漂可以杀死原料表面附着的部分微

生物及虫卵等，减少原料的污染，提高制品卫生质量。

②破坏酶活性，防止酶促褐变和营养损失。果蔬受热后，氧化酶类被钝化，停止本身的生化活动，可以防止品质的进一步劣变。

③软化组织，增加细胞膜透性。烫漂使果蔬细胞原生质变性，增加细胞膜透性，有利于水分蒸发。经过热烫的原料质地变得柔韧，有利于装罐等操作。对于糖制原料，糖分易渗入，不易干缩。

④排除果蔬组织内的空气，稳定和改进制品色泽。排除空气有利于防止制品褐变；有利于罐头保持合适的真空度，减少马口铁内壁的腐蚀及避免罐头杀菌时发生跳盖或爆裂现象；有利于提高干制品的外观品质；有利于糖制品的渗糖；可使含叶绿素的原料色泽更鲜绿，不含叶绿素的则呈半透明状态，色泽更鲜亮。

⑤排除某些果蔬原料的不良气味。烫漂可以适当排除原料中的苦味、涩味、辣味及其他不良气味，还可以除去部分黏性物质，提高产品品质。

4. 装罐

（1）空罐准备　不同产品应该按合适的罐型、涂料类型选择不同的空罐。一般低酸性的果蔬产品可以采用未用涂料的铁罐（又称素铁罐）看，但番茄制品、糖醋、酸辣菜等则应采用抗酸涂料罐，花椰菜、甜玉米、蘑菇等应采用抗硫涂料铁，以防产生硫化斑。铁罐主要剔除罐身凹陷、罐口变形、焊接不良和严重生锈等空罐。玻璃罐主要剔除罐身不正、罐口不圆、罐壁厚薄不均、有严重气泡、裂纹和砂石等不合格空罐。

空罐在运输和存放中常附有灰尘、微生物、油污等污物，所以使用前必须对空罐进行清洗和消毒。对于铁罐，一般将空铁罐放在沸水中浸泡0.5～1min，取出后倒置沥干水分，也可采用洗罐机。对于玻璃罐，一般采用热水浸泡或冲洗，可使附着在玻璃罐上的许多物质膨胀而容易脱落。对于回收的旧玻璃罐，由于罐壁上常附着有油脂、食品碎屑等污物，则需要用40～50℃的2%～8%的NaOH溶液洗涤。无论哪种空罐冲洗干净后，都要用100℃以上沸水或蒸汽消毒30～60min，然后倒置控干水分备用。同样罐盖也要进行上述处理。空罐清洗后不宜放太久，以防止灰尘、杂质再次污染。

（2）罐液配制　果蔬罐藏时除了液态（果汁、蔬菜）和黏稠态食品（如番茄酱、果酱等），一般都要向罐内加注液汁，水果罐头一般加注糖水，蔬菜罐头一般加注淡盐水，有些也用清水。罐头加注填充液主要起到增进风味，提高初温，促进对流传热，提高杀菌效果，排除罐内空气等作用。

制作水果罐头时，所用糖液主要是蔗糖溶液，糖水浓度依水果种类、品种、成熟度、果肉装罐量和产品质量标准而定。我国目前生产的水果罐头，一般要求开罐糖水质量百分比浓度为：外销14%～18%，内销12%～16%，个别品种为16%～20%。可用下式计算出所需的糖水浓度。

$$Y = \frac{m_3 Z - m_1 X}{m_2}$$

式中 m_1——每罐注入果肉质量，g

m_2——每罐注入糖水质量，g

m_3——每罐净重，g

X——装罐时果肉可溶性固形物含量,%

Z——要求开罐时的糖水浓度,%

Y——需配制的糖水浓度,%

配制方法有直接法和稀释法。直接法就是根据装罐时所需的糖水浓度，直接按比例称取白砂糖和水，置于不锈钢溶糖锅内加热搅拌溶解并煮沸约5min，用折光仪或糖度计测定并校正浓度后备用。例如，配制25%的糖水，则可按糖25kg，清水75kg的比例配制。稀释法是先将糖配制成高浓度（65%以上）的母液，然后再根据装罐所需浓度用清水或稀糖水稀释。例如，用65%的母液稀释成25%的糖水，则以母液：清水=1∶1.6混合，即得25%的糖水。

糖水中需添加酸时，应在糖水煮沸并校正浓度后再加入，过早加入容易引起蔗糖转化而使果肉变色。除个别品种（如梨、荔枝）外，配好的糖水应趁热过滤使用，保证糖水在85℃以上温度装罐，使罐头具有较高的初温，从而提高杀菌效率。

制作蔬菜罐头时，加注的淡盐水浓度一般控制在1%～2%，所用食盐应该为精盐，纯度要求在98%以上，配制时煮沸，过滤后备用。

生产所用的糖水或盐水应该以供给当天需用量为限，不宜大量配制保存，以免污染微生物而腐败变质。

（3）装罐　将经过预处理的果蔬原料按照大小、色泽、形态大致均匀的要求称量后装入洗净的空罐中，再注入热的糖水或盐水。装罐时应力求质量一致，并保证达到产品净重和固形物含量的要求，通常要求外销罐头的固形物重不小于净重的55%～60%，内销罐头不小于净重的50%～55%，并且应该注意卫生，防止杂物混入罐内。

装罐时还必须留有适当的顶隙。顶隙是罐头内容物表面或液面与罐盖内壁间所留空隙的距离，一般要求为3～8mm。顶隙大小直接影响罐内食品装量、产品的真空度、食品的变色、罐头的变形等。如果顶隙过小，罐头在加热杀菌时由于内容物受热膨胀、内压增加，就有可能造成罐头底盖向外突胀，冷却后也不能恢复到正常状态。如果顶隙过大，则造成食品装量不足，这时若排气较好，罐头杀菌冷却后内压大减，即真空度过高，当受到外界压力的作用时，罐身易凹陷而不能复原；若排气不好，滞留在罐内的空气较多，就会加速食品的氧化变色和管内壁的腐蚀。

果蔬罐头因其原料及成品形态不一，大小、排列方式各异，多采用人工装罐，对于流体或半流体制品（果汁、果酱）可采用机械装罐。

5. 排气

排气是罐头在密封前或密封时将罐内顶隙间和原料组织中残留的空气排出罐外，使罐内形成一定真空状态的操作过程。

(1) 排气作用　主要有以下四个方面：

①防止或减轻因加热杀菌时内容物的膨胀而使容器变形或破损，影响金属罐卷边和缝线的密封性，防止玻璃罐跳盖。

②避免或减轻罐内食品色、香、味的不良变化和维生素等营养物质的损失。

③防止罐内好氧性细菌和霉菌的生长繁殖。

④控制或减轻罐藏食品在保藏过程中出现的马口铁罐的内壁腐蚀。

(2) 排气方法　目前常见的排气方法有以下三种。

①加热排气：是将预封后的罐头通过蒸汽或热水进行加热，使罐内食品和气体受热膨胀，气体外逸，水分气化，罐内顶隙由水蒸气占据，当罐头密封、杀菌和冷却后，食品收缩，水蒸气冷凝，从而获得一定的真空度。热力排气的温度和时间视内容物种类、罐型大小、容器性质等情况而定，通常排气箱的温度为90～100℃，排气时间为5～10min，使罐中心温度达到75～80℃以上。热力排气可有效地排除罐内空气，获得较高的真空度，并起到一定的杀菌作用，但对食品的色、香、味和质地等多少有些不良影响，且排气速度慢，耗能高。

②真空封罐排气；是在封罐过程中利用真空泵将密封室内的空气抽出，形成一定的真空度，当罐头进入封罐机密封室时，罐内部分空气在真空条件下立即被抽出，随即封罐。这种方法可使罐内真空度达到33.3～40kPa，甚至更高些。主要依靠真空封罐机完成。封罐机密封室的真空度可根据各种罐头的工艺要求、罐内食品的温度等进行调整。此法可在短时间内使罐头达到较高的真空度，生产效率很高，有的可达500罐/min以上，尤其适用于不宜加热的食品。但此法不能很好地将食品组织内部和罐头中下部空隙处的空气排除，封罐时易产生暴溢现象而造成净重不足，有时还有瘪罐现象。

③蒸汽喷射排气：是向罐头顶隙喷射蒸汽，赶走空气后立即封罐，依靠顶隙内蒸汽的冷凝获得罐头的真空度。此法由蒸汽喷射装置喷射蒸汽，要求蒸汽有一定的温度和压力，以防止外界空气侵入罐内。此外，罐内顶隙必须大小适当，若顶隙小，密封冷却后几乎得不到真空度，顶隙较大时就可以得到较好的真空度，经验证明获得合理真空度的最小顶隙为8mm左右。但此法难以将食品内部的空气及罐内食品间隙中的空气排除掉，因此空气含量较多的食品不宜采用此法，这类食品需要在喷蒸汽前进行抽真空。此法适用于多数果蔬罐头食品。

6. 密封

密封是采用封罐机将罐身和罐盖的边缘紧密卷合，方法因罐藏容器种类不同而有差异。密封时应该注意清除粘附在翻边部位的食品，以免造成密封不严。金属罐使用专门的封罐机，如手扳封罐机、真空封罐机及蒸汽喷射封罐机等。玻璃罐的密封方法有卷边式密封法、旋转式密封法、套压式密封法和爪式密封法等。蒸煮袋一般采用真空包装机进行热熔密封。

7. 杀菌

杀菌主要目的在于杀灭绝大多数导致罐头腐败变质和产毒致病的微生物，使其在保质期内具有良好的品质和食用安全性，达到商业无菌要求。

（1）杀菌公式　生产上采用加热杀菌，条件依产品种类和卫生条件而定，一般采用杀菌公式表示。杀菌公式：

$$\frac{T_1 - T_2 - T_3}{t}$$

式中　T_1——升温至杀菌温度所需时间，min

T_2——保持杀菌温度不变的时间，min

T_3——从杀菌温度降至常温的时间，min

t——杀菌锅的杀菌温度，℃

（2）杀菌设备　根据其密封性可以分为开口式和密闭式，常压杀菌使用前者，加压杀菌使用后者。根据生产连续性又可分为间歇式和连续式，目前我国大部分工厂使用的是间歇式杀菌器，此设备效率低，产品质量差。

（3）杀菌方式　包括常压杀菌和高压杀菌。常压杀菌是在小型立式开口锅或水槽内进行。开始注入水，加热至沸腾后放入罐头，这时水温下降。加大蒸汽，当升温至所要求的杀菌温度时，开始计算保温时间，达到杀菌时间后进行冷却。水果罐头含酸量较高，pH 在 4.5 以下，采用常压杀菌。高压杀菌是将罐头放进杀菌锅内，关闭盖或门；关闭进水阀和排水阀，打开排气阀和进气阀；打开蒸汽进口阀使高压蒸汽迅速进入杀菌锅内即杀菌锅排气；将溢水阀和排气阀关闭，继续开放进气阀；温度上升至预定杀菌温度后关闭旁通阀。蔬菜罐头的含酸量较低，pH 大于 4.5，采用高压杀菌，杀菌温度为 115 ~ 121℃。

8. 冷却

罐头杀菌完毕时应迅速冷却，以防止继续高温使产品的色泽、风味发生不良变化，质地软烂。常压杀菌的铁罐罐头在杀菌结束后可直接取出放入冷却水池中冷却。玻璃罐罐头由于导热能力较差，杀菌后不能直接置于冷水中，否则会发生爆裂，所以应进行分段冷却，而且每次的水温不应相差 20℃ 以上。某些高压杀菌的罐头，由于杀菌时罐内食品因高温而膨胀，罐内压力显著增加，如果杀菌完毕时迅速降至常压，就会因为内压过大而造成罐头变形或破裂，玻璃瓶会发生跳盖现象。因此这类罐头要采用反压冷却，即向杀菌锅内注入高压冷水或高压空气，以水和空气的压力代替热蒸汽的压力，这样既可逐渐降低杀菌锅内的温度，又使罐头内部的压力保持均衡的下降。

一般罐头冷却至 38 ~ 40℃ 即可，不可冷却过度，否则附着的水分不易蒸发，特别是罐缝的水分难以逸出，会导致铁皮锈蚀，影响外观并且会降低罐头保藏寿命。此外，使用的冷却水必须符合饮用水的卫生标准，否则会造成罐头的二次污染。

9. 检验

果蔬罐头杀菌冷却后必须进行保温检验、感官指标检验、理化指标检验和微生物指标检验。

(1) 保温检验　在20℃保存7昼夜或在25℃保存5昼夜，保温后按质量标准进行检验，产品合格即包装。

(2) 感官指标检验　色泽和组织形态的检验方法为，在室温下将罐头打开，然后将内容物倒入白瓷盘中观察色泽、组织、形态是否符合标准。滋味和气味的检验方法为，检验是否具有该产品应有的滋味与气味，并评定其滋味和气味是否符合标准。

(3) 理化指标检验　净含量、可溶性固形物含量及固形物含量按 QB1007 规定的方法检验；酸含量按 GB/T12456 规定的方法检验；氯化钠含量按 GB/T12457 规定的方法检验；重金属含量按 GB/T5009.16、GB/T5009.13、GB/T5009.12、GB/T5009.11 规定的方法分别测定锡、铜、铅、砷的含量。

(4) 微生物检验　按 GB4789.26－2010 规定的方法检验。

(5) 检验规则　按 QB1006 执行。

10. 贴标

经过各项检查后，若未发现胀罐、腐败或其他不合格现象，即为检验合格，贴标签。标签要贴的紧实、端正、无褶皱。

11. 保藏

合格的产品要保藏在专用仓库内，要求罐头的保藏条件为温度 10～15℃，相对湿度 70%～75%。

四、果蔬罐制品的质量问题及预防措施

(一) 罐头胀罐

正常情况下罐头底盖呈平坦或内凹状，但是有物理、化学和微生物等因素致使罐头出现外凹状，这种现象称为胀罐或胖听。根据底盖外凸的程度又可分为引胀、轻胀和硬胀 3 种情况。造成罐头胀罐的主要原因有 3 种。

1. 物理性胀罐

由于罐内食品装量过多，没有顶隙或顶隙很小，杀菌后罐头收缩不好；或罐头的排气不良，罐头内真空度过低，因环境条件气温、气压改变而造成，如从低海拔地区运到高海拔地区，从寒带运往热带；以及采用高压杀菌，冷却时没有反压或卸压太快，造成罐内外压力突然改变，内压远远超过外压。预防措施为严格控制装量，装罐时顶隙大小要适宜，控制在 3～8mm；提高排气时罐内中心温度，排气要充分，封罐后能形成较高的真空度；加压杀菌后反压冷却速度不能过快；控制罐制品适宜的保藏温度。

2. 化学性胀罐

化学性胀罐主要原因为罐内食品酸度太高，罐内壁迅速腐蚀，锡、铁溶解并产生氢气，直至大量聚集于顶隙，所以常需要一定的保藏时间才会出现。酸性或高酸性水果罐头最易出现胀听现象，开罐后罐内壁有严重酸腐蚀斑，若内容物中锡、铁含量过高，还会出现严重的金属味。虽然内部的食品没有失去食用价值，但与细菌性胀罐很难区别。预防措施是空罐宜采用涂层完好的抗酸全涂料钢板制罐，以提高罐对酸的抗腐蚀能力；防止空罐内壁受机械损伤，以防止出现露铁现象。

3. 细菌性胀罐

细菌性胀罐主要原因为杀菌不充分，是残留下来的微生物或由罐头裂缝从外界侵染的微生物生长繁殖的结果。预防措施是罐藏原料应充分清洗或消毒，防止原料及半成品的污染；在保证罐制品质量的前提下，对原料进行热处理，以杀灭产毒致病的微生物；在预煮水或糖液中加入适量的有机酸，降低罐制品的pH，提高杀菌效果；严格控制封罐质量，防止密封不严；严格控制杀菌环节，保证杀菌质量。

（二）罐藏容器损坏和腐蚀

1. 罐头内壁腐蚀

罐头内壁腐蚀主要原因是罐头内壁锡面被酸性食品腐蚀出现溶锡现象；顶隙中残存的氧气腐蚀铁皮出现氧化圈；配制糖液时使用了二氧化硫漂白的砂糖使罐内出现灰黑色物质；罐内原料酸度较高；保藏环境相对湿度过大。预防方法为注入罐内的填充液要煮沸，以除去其中的二氧化硫；保藏环境的相对湿度保持在70～75℃为宜。

2. 罐头外壁腐蚀

罐头外壁腐蚀主要原因是外壁锡面和空气中的氧接触形成黄锈斑，低温罐头遇到高温空气时外壁表面形成冷凝水，即“出汗”现象；杀菌锅内的空气未排净；杀菌和冷却用水的化学成分氯化钙、氯化镁等吸湿。预防方法为罐头进仓库时温度不能太低，与仓库温度相差5～9℃为宜；杀菌时开启锅上各部位的泄气阀以使锅内空气排净；避免用温水长时间冷却罐头。

（三）果蔬罐头变色

果蔬罐头变色主要原因是果蔬中的单宁、色素、含氮物质、抗坏血酸氧化；加工时原料处理不当；成品保藏温度不当。预防措施是控制原料的品种和成熟度；热烫护色时必须保证热烫处理的温度和时间；抽空护色时应彻底排净原料中的氧气，也可加入护色剂；原料前处理时不能与铁器接触；绿色蔬菜罐头灌注液的pH调制中性偏碱，并选用不透光的包装容器。

（四）果蔬罐头汁液混浊及固形物软烂

果蔬罐头汁液混浊及固形物软烂主要原因是果蔬原料成熟度过高；原料热处理的温度过高，时间过长；运销中的急剧震荡和冻融交替。预防措施是不能选择成熟度过高且质地较软的原料；原料热处理要适度，要求既起到烫漂和杀菌的目的又不能使罐内果蔬软烂；原料在热烫处理时可配合硬化处理；避免成品罐头在贮运与销售过程中急剧震荡和冻融交替。

任务二 果蔬干制保藏及加工技术

食品干制保藏是将食品物料的水分降低到足以防止腐败变质的水平后，始终保持低水分状态进行长期保藏的过程。干制保藏的操作过程包括干制前的预处理和加工，即对物料进行清洗、整理、切分等过程；干制过程，是在自然条件如晒干、风干，或人工控制条件下如烘房烘干、热空气干燥、真空干燥等，使食品中水分蒸发的工艺过程；包装保藏，即将干燥后的产品经适当包装后，在特定的环境中保藏。食品干制后质量减轻、容积缩小，其程度与新鲜原料的含水量、含糖量和含盐量有关。

果蔬干制品能较好的保持果蔬原有的风味，且保藏期较长。我国劳动人民在果蔬干制方面积累了丰富的经验，有许多传统的果蔬干制品，如红枣、柿饼、荔枝干、桂圆、木耳、蘑菇等。

一、干制保藏的基本原理

干制排除了果蔬原料中所含水分和部分胶体结合水，降低了果蔬的水分活度，使微生物由于缺水而无法生长繁殖；果蔬中的酶也由于缺少可利用的水分作为反应介质，活性也大大降低。

（一）干制对微生物的影响

果蔬中的水分是以游离水、结合水存在于组织中的。游离水在干燥时容易被蒸发排除，结合水比较稳定，难以蒸发，在干制过程中在游离水蒸发完后，结合水才能被排除一部分。干制后的果蔬产品的水分大部分被除去，相对增加了内容物的浓度，提高了渗透压，降低了水分活度。当食品的水分活度低于微生物生长繁殖所必需的最低水分活度值时，微生物生长则受到抑制，食品就能够保藏较长时间。在室温条件下保藏干制品时，一般水分活度值应低于0.7。

（二）干制对酶的影响

当水分活度低于0.8时，大多数酶的活性就受到抑制；当水分活度降低到0.25~0.30时，食品中的淀粉酶、酚氧化酶和过氧化物酶就会受到强烈抑制甚至失去其活性。但在水分减少的时候，酶和反应基质的浓度同时都增加，使得它们之间的反应速率加快。因此，在低水分的干制品中，尤其是在干制品吸湿后，酶仍会缓慢活动，引起干制品品质变差或变质。酶对湿热环境是很敏感的，可以将果蔬原料置于湿热环境下或用化学方法控制酶的活性，从而避免干制品品质恶化。

（三）干制过程

干制过程水分的蒸发是依靠水分的内、外扩散作用完成的。水分由果蔬表面向大气中扩散称为外扩散作用。由于果蔬表面的水分不断蒸发而逐渐降低，造成果蔬内部水分高于表面水分，从而使果蔬内部的水蒸气压大于表层，促使内部水分向表面移动，称为水分的内扩散作用。在干制过程中，水分的内、外扩散同时进行，扩散速度存在差异。外扩散速度过快，原料内部水分补不上来，就会使表面干结而形成硬壳，称为结壳。结壳后因外层过分干燥而形成不透水的隔离层，若继续烘热干燥，表面没有足够的水分提供蒸发，会使结壳部位升温焦化，致使表面胀裂，影响外观，降低质量。因此，干制时应使水分内、外扩散速度配合适当，这也是干制技术的重要环节。

（四）干制速率影响因素

1. 原料的种类和状态

果蔬的可溶性物质含量越少，含水量越高，干制速率越快。物料切成片状或小颗粒后，可以加速干制。去皮、脱蜡后的原料干制速度快。

2. 干制介质的温度和相对湿度

干制广泛使用空气作为介质。温度越高，水分蒸发越快；相对湿度越小，干制速率越快。干制温度一般为 40 ~ 90℃，富含维生素 C、挥发油及糖分的原料宜在 60 ~ 70℃。温度过高会使糖及其他有机物发生焦化或褐变，过低会使干制时间延长，产品易氧化变色，也会降低产品营养成分。

3. 空气流速

流动的空气能及时将聚集在果蔬原料表面附近的饱和水蒸气空气层带走，避免阻滞物料内水分进一步外逸。空气流速越快，干制速率越快；但是流速过快会降低热的利用、增加动力消耗。

4. 大气压力

温度不变时，气压越低，水分蒸发越快。果蔬干制的速率取决于真空度和受热强度。

5. 原料的装载量

单位烤盘或晒盘面积上装载原料越多，厚度越大，干制速率越慢；但是装载太少时不够经济。所以干制过程中，可以随原料体积的变化改变其厚度，装载厚度以不阻碍空气流动为原则，初期宜薄些，后期可以厚些。

二、干制保藏方法及设备

（一）干制方法

1. 自然干制

自然干制是指在自然条件下，利用太阳能、热风等使果蔬干燥的方法。自然干制方法简便、设备简单，但受气候条件影响较大，如在干制季节阴雨连绵，会延长干制时间、降低制品品质，甚至会霉烂变质。自然干制方法有两种，一是日光干制，即让原料直接接受阳光照射；另一种是阴干，即让原料在通风良好的室内或棚下以自然通风吹干。

2. 人工干制

人工干制是人为控制干制条件和干制过程而进行干制的方法。可大大缩短干制时间，并获得高质量的干制产品，但人工干制设备费用高、操作复杂，因而成本较高。

（二）干制设备

1. 自然干制设备

自然干制主要设备是晒场、晒盘或席簸、运输工具以及风干室（棚）、保藏室和包装室等。晒场宜设置在向阳、通风、交通便利、周围环境清洁卫生的地方，晒具可用木制或竹制，底部留适当的缝隙，以利用空气穿透，加速干制。

2. 人工干制设备

人工干制设备需要有良好的加热装置和保温设施，较高而均匀的温度，良好的通风排湿设备以及较好的卫生条件和操作条件。目前普遍采用的是常压热风干燥设备，如烘房、隧道式干燥机、带式干燥机、滚筒式干燥器、喷雾式干燥器等。此外，还有真空干燥箱、远红外干燥器、微波干燥器、冷冻升华干燥器等。

三、果蔬干制品加工技术

（一）工艺流程

原料选择→分级→洗涤→处理→护色→干制→筛选、分级→回软→防虫→压块→包装→保藏

（二）工艺要点

1. 原料选择

果品原料要求色泽、风味好，干物质含量高，肉质紧密，果心小，果皮薄，肉质厚，粗纤维少，成熟度适宜。对蔬菜原料的要求是风味好，干物质含量高，菜心及粗叶等废弃部分少，皮薄肉厚，组织致密，粗纤维少。

2. 原料分级

按大小、成熟度分级，同时剔除腐烂果（植株），病虫果（植株），以保证品质一致。

3. 原料洗涤

采用人工或机械清洗，除去原料表面附着的尘土、杂质、残留农药和微生物。详见项目一的内容一。

4. 原料处理

有的原料要除去根、老叶、皮、核等不可食部分；有的原料需切片、条、丝或颗粒状，以加快水分蒸发。

5. 护色

蔬菜的护色以热烫处理为主，水果的护色以硫处理为主。

（1）热烫　有利于水分蒸发，缩短干制时间，还能提高干制品的外观品质。详见项目一的内容一。

（2）硫处理　一些果蔬需要硫处理，如苹果、杏、梨、金针菜、竹笋等。一些果蔬则不需要，如青豌豆，因为会破坏维生素。常用的硫处理方式有硫磺熏蒸和亚硫酸浸泡。

6. 干制

（1）温度控制　通常采用以下三种方法。

①低温—较高温—低温：烘房的初始温度较低（55～60℃），中期温度较高（68～70℃，不超过75℃），后期温度较低（50～55℃），直至干燥结束。此法操作易掌握，耗煤量低，制品品质好，成品率高。主要适用于可溶性物质含量高或不切分的整个果蔬的干制，如红枣、柿饼等。

②高温—较高温—低温：先将烘房温度急剧升高到90～95℃，原料进入烘房后吸收大量热而其降温25～30℃，继续增大火力使温度维持在70℃左右，然后逐渐降温至干燥结束。此法干燥时间较短，成品质量优良，但耗煤量较高，技术较难掌握。主要适用于可溶性物质含量较低或切成薄片、细丝的果蔬，如金针菜、辣椒、苹果、杏等。

③恒定较低温度：温度始终维持在55～60℃的恒定水平，直至干燥结束。此法技术易于掌握，成品质量好，但耗煤量较高。适用于大多数果蔬的干制。对那些封闭不严格、升温设备差，升温困难的烘房可采用。

（2）湿度控制　干制蒸发水分，使烘房湿度急剧升高，当相对湿度达到70%以上时，应打开进气窗和排气筒，通风排湿10～15min，然后继续干燥。根据不同果蔬原料，通风排气的次数在3～6次。

（3）时间掌握　一般要烘制产品达到它所要求的标准含水量，才能结束干制工作。

（4）倒换烘盘　干制一段时间后，由于干制机或烘房内温度、湿度不完全一致，应将烘盘上下、内外倒换，以保证干制品受热均匀，干制程度一致。

7. 筛选、分级

常用筛选设备为振动筛，以剔除块、片和颗粒大小不合标准的产品。合格产品还需进一步进行人工挑选，剔除杂质、变色、残缺或不良成品，并经磁铁吸除金属杂质。

8. 回软

待干燥后的产品稍微冷却，即可装入大塑料袋或铁桶中密封，菜干一般1～3d，干果一般2～5d。待质地略软后便于后续操作。一般适于叶菜类、丝、片状干制品，防止制品在除杂、分级包装过程中因过于干脆而碎裂。

9. 防虫

防治方法有低温杀虫，温度在－15℃以下；热力杀虫，65℃，热空气处理1h，75～80℃，热空气处理10～15min；熏蒸剂杀虫。

10. 压块

脱水蔬菜大多要进行压块。是将干制后的产品压成砖块状，可使体积缩小3～7倍，同时减少了与空气的接触，降低氧化作用，也便于包装和运输。压块可采用螺旋压榨机、专门的水压机或油压机。压块压力一般为6.9MPa，维持1～3min，含水量低时，压力要加大。

11. 包装

常用的包装方法有以下四种。

（1）普通包装　采用纸盒、纸箱或普通PE袋包装，先在容器内衬防潮纸或涂防潮涂料，然后将制品按要求装入，上盖防潮纸，扎封。多用于自然干制和热风干制品的包装。

（2）不透气包装　采用不透气的铝箔复合薄膜袋包装，将脱氧剂包装成小包与干制品同时密封于不透气袋内，提高耐藏性。适用于真空干制、真空油炸、真空冻结干燥、喷雾干燥制品的包装。

（3）充气包装　采用PE袋或铝箔复合薄膜袋包装，将干制品按要求装入容器后，充入二氧化碳、氮气等气体，抑制微生物和酶的活性。适用于真空干燥、真空油炸、真空冻结干燥制品的包装。

（4）真空包装　将制品装入容器后，用真空泵抽出容器内的空气，使袋内形成真空环境，提高制品的保存性。多用于含水量较高的干制品的包装。

12. 保藏

干制品的适宜保藏温度为0～2℃，最好不超过10～12℃。保藏环境的相对湿度以不超过65%为宜。此外，干制品宜避光和密闭保存。

四、果蔬干制品的质量问题及预防措施

1. 制品干缩

制品干缩主要原因是干制时水分被除去而使体积缩小，细胞组织的弹性部分或全部丧失，一般体积为原来的20%～30%，质量为原来的6%～20%。含水量多、组织脆嫩的果蔬干缩程度大；含水量少、纤维多的果蔬干缩程度小。预防措

施为适当降低干制温度，缓慢干制。采用冷冻升华干燥可减轻干缩现象。

2. 制品结壳

制品结壳是指干制品外表干燥而内部仍然软湿的现象。引起原因一是干制时内部的溶质随水分不断向表面迁移和积累而在表面形成结晶；二是干燥过于强烈，内部水分向表面迁移的速度滞后于表面水分的气化速度，使表面形成一层硬膜。预防措施为采用真空干燥、真空油炸、冷冻升华干燥等方法降低干燥温度、提高相对湿度或减少风速以减轻表面硬化。

3. 制品褐变

酶促褐变和羰胺反应是促使干制品褐变的原因。干制前进行热烫处理、硫处理、酸处理等对抑制酶褐变有一定作用；避免高温干燥可防止糖的焦化变色；用碳酸氢钠浸泡原料有护色作用。

4. 营养损失

糖分的损失随干制时间延长而增加。维生素 C 最容易被破坏，维生素 B_1、维生素 B_2、烟酸、胡萝卜素等比较稳定。缩短干制时间，降低干制温度和空气压力有利于减少营养成分的损失。

5. 风味变化

在热风干燥过程中，水分蒸发的同时，一些低沸点的物质要随之挥发而损失。如洋葱、大蒜、香葱等风味浓郁的原料在干制后风味或多或少会挥发。迄今为止几乎不可能完全阻止风味物质的损失。采用干燥设备中回收后或冷凝外逸的蒸汽再加回到干制品中，尽可能保存其原有风味。

任务三 果蔬糖制保藏及加工技术

食糖本身对微生物并无毒害作用，它主要是降低介质的水分活度，减少微生物生长活动所能利用的自由水分，并借渗透压导致细胞质壁分离，得以抑制微生物的生长活动。食品糖藏时，有直接加糖于其中，也有先配成各种浓度的糖浆后再加入。食品加糖后仍可保持其品质，并可改进其风味。糖制品是以食糖的保藏作用为基础的加工保藏法。果蔬糖制品是以果蔬为原料，与糖或其他辅料配合加工而成。

一、糖制保藏的基本原理

（一）食糖的保藏作用

1. 微生物的脱水剂

高浓度糖液具有较大的渗透压，使微生物细胞质脱水收缩，发生生理干燥而无法活动。糖的种类和浓度决定加速或停止微生物生长的作用。1% ~10% 糖液浓度可促进某些菌种的生长；50% 糖液浓度可阻止大多数酵母的生长。一般认为糖液浓度几乎要达到65% ~85%，才能抑制细菌和霉菌的生长。为了保藏食品，糖液的浓度至少要达到50% ~75%，以70% ~75% 最适宜。

2. 降低制品的水分活度

微生物吸收营养要有一定的水分活度，大部分微生物要求水分活度值在0.9以上。糖浓度越高其水分活度越小，使微生物不易获得所需的水分和营养。新鲜水果的水分活度大于0.99，而糖制品的水分活度为0.80 ~0.75，因此有较强的保藏作用。

3. 抗氧化作用

氧气难溶于糖溶液中，所以高浓度的糖溶液有利于防止氧的作用。如在20℃时，氧在60% 蔗糖溶液中的溶解度仅为纯水的六分之一。原料在糖液中浸渍或煮制，因氧含量少而利于制品色泽、风味、维生素 C 的保存，同时也增强对好氧微生物的抑制能力。

（二）食糖的性质

食糖的理化性质包括甜度、溶解度、吸湿性、沸点及蔗糖转化等。

1. 甜度

糖的甜度影响糖制品的甜味和风味。甜度是以口感判断的，即以能感觉到甜味的最低含糖量——“味感阈值”来表示，该值越小，甜度越高。比如果糖为0.25%，蔗糖为0.38%，葡萄糖为0.55%。若以蔗糖的甜度为标准，其他糖的相对甜度顺序见表1 -4。

表1 -4　　糖的相对甜度

糖	蔗糖	麦芽糖	葡萄糖	果葡糖浆（转化率40%）	蜂蜜（转化率75%）	转化糖	果糖
相对甜度	100	50	74	100	120	130	173

注：引自《园产品采后处理》，冯双庆，2002

温度对甜味有影响。以10% 的糖液为例，低于50℃时，果糖甜于蔗糖；高于50℃时，蔗糖甜于果糖。这时因为在不同温度下，果糖异构物间的相对比例不同，温度较低时较甜的β-异构体比例较大。

各种糖的甜味风格不同，这也能影响制品的风味。蔗糖的甜味纯正，能迅速达到最大甜度；葡萄糖先甜后苦、涩带酸；麦芽糖甜味小又带酸味。所以糖制品一般常用蔗糖，少用葡萄糖及麦芽糖。

2. 溶解度和结晶（表1 -5）。

表1-5 糖的溶解度 单位:%

种类	温度/℃										
	1	10	20	30	40	50	60	70	80	90	100
蔗糖	64.2	65.6	67.1	68.7	70.4	72.2	74.2	76.2	78.4	80.6	82.9
葡萄糖	35.0	41.6	47.7	54.6	61.8	70.9	74.7	78.0	81.3	84.7	
果糖			78.9	81.5	84.3	86.9					
转化糖		56.6	62.6	69.7	74.8	81.9					

注：引自《果蔬贮运与加工》，赵晨霞，2002

糖的溶解度随温度升高而增大。如蔗糖在10℃时的溶解度为65.6%（约相当于糖制品所要求的含糖量），在90℃时的溶解度上升为80.6%。糖煮时糖浓度过高，糖煮后贮温低于10℃时，糖因为过饱和而结晶析出，这会降低制品的含糖量，并使其保藏性也降低。

纯葡萄糖液的渗透压大于同浓度的蔗糖液，所以具有很好的保藏性，但葡萄糖液在常温下的溶解度较小，容易结晶析出，所以并不适宜单独作为制品的糖源。此外，糖煮时因为蔗糖的过度转化，也容易发生结晶析出。所以在生产中，常加用部分淀粉糖浆、饴糖或蜂蜜，利用所含麦芽糖、糊精或转化糖，来抑制晶体形成和增大。并用部分果胶、蛋清等非糖物质，增强糖液的黏度和饱和度，也能阻止蔗糖的结晶。

3. 吸湿性和潮解

一般在空气相对湿度不超过60%的条件下，高浓度的砂糖不会吸湿发潮，但纯度差时其晶体表面有少量的非糖物质，易吸收空气中的水分而潮解，甚至使晶体溶解。糖制品吸潮后，糖的浓度和渗透压都因水分增多而下降，会使糖的保藏作用减弱，并引起制品的变质。但生产上常利用转化糖吸湿性强的特点，使糖制品含适量的转化糖，以防止产品发生结晶或返砂。糖的种类不同，吸湿性不同，其中果糖最强，其次是葡萄糖，蔗糖最弱。糖的吸湿性见表1-6。

表1-6 糖类在25℃下7d的吸湿量 单位:%

种类	空气相对湿度		
	62.7%	81.8%	91.8%
蔗糖	0.05	0.05	13.53
葡萄糖	0.04	5.19	15.02
麦芽糖	9.77	9.8	11.11
果糖	2.61	18.58	30.74

注：引自《果蔬贮运与加工》，赵晨霞，2002

4. 沸点和浓度

糖溶液的沸点与温度有关系。糖液的沸点温度随糖液浓度的增大而升高，随气压的降低而降低。因此可以根据糖液的沸点温度的高低来测定出糖液的浓度，从而控制煮制时间和制品中可溶性固形物的总量，具体见表1－7。

表1－7　101.325Pa下蔗糖溶液的沸点温度

含糖量/%	10	20	30	40	50	60	70	80	90
沸点温度/℃	100.4	100.6	101.0	101.5	102.0	103.6	105.6	112.0	113.8

注：引自《果蔬贮运与加工》，赵晨霞，2002

5. 蔗糖转化

蔗糖是非还原性双糖，在一定温度下，经酸或转化酶的作用，水解成转化糖（等量葡萄糖和果糖）。在较低pH和较高温度下，蔗糖的转化速度快。蔗糖转化的最适pH为2.5，在中性或微碱性糖液中不易被分解。蔗糖的转化可提高制品中蔗糖溶液的饱和度，从而抑制结晶；增大制品的渗透压，从而提高保藏性；增加制品的柔韧性；增进制品甜度。

（三）果胶的凝胶作用

果胶物质以原果胶、果胶和果胶酸三种形态存在于果蔬中。原果胶在酸或酶的作用下能分解为果胶。果胶具有凝胶特性，而果胶酸的部分羧基与钙、镁等金属离子结合时，也形成不溶性果胶酸钙或镁的凝胶。

1. 高甲氧基果胶凝胶的形成条件

高甲氧基果胶（甲氧基7%以上）多为果胶－糖－酸型凝胶，果冻、果酱、果泥的凝胶多为这种凝胶。一般认为形成良好的凝胶，果胶、糖、酸三者的最佳条件是，果胶0.6%～1%，糖65%～70%，pH2.8～3.3。

2. 低甲氧基果胶凝胶的形成条件

低甲氧基果胶（相当于50%的羧基游离存在）是依靠果胶分子链上的羧基与多价金属离子相结合而串联起来，这种凝胶具有网状结构。一般认为其凝胶条件是，低甲氧基果胶1%，pH2.5～6.5时，每克低甲氧基果胶加入钙离子25mg，其中钙量占整个凝胶的0.01%～0.1%，即可形成正常凝胶，但加钙前必须先将低甲氧基果胶完全溶解。

二、果蔬糖制品的分类及特点

（一）果脯蜜饯产品

能基本保持果实或果块的完整形状，大多数含糖量在50%～70%，属于高糖食品。按产地可分为京式、苏式、广式和闽式蜜饯等，常按加工方式和风味特点分为以下三类。

1. 干态蜜饯

糖制后进行晾干或烘干而制成。果脯类的有苹果脯、梨脯、桃脯、杏脯等，特点是表面干燥，不带糖液，色泽鲜艳，柔软有韧性，有原果风味。返砂蜜饯类的有橘饼、蜜枣、冬瓜条等，特点是表面有糖霜或糖衣，入口甜糯松软，原果风味浓。

2. 湿态蜜饯

糖制后不进行干燥，保存于糖液中或稍加沥干而制成。特点是表面有糖液，果型完整，质地细软，呈半透明。如蜜饯樱桃、蜜饯金橘等。

3. 凉果

以糖制过或晒干的果蔬为原料，经清洗、脱盐、干燥，浸渍调味料，再干燥而制成。因以甘草为甜味剂，也称为甘草制品。特点是表面干燥或半干燥，皱缩，集酸、甜、咸味于一体，且有回味。如话梅、九制陈皮、橄榄制品等。

（二）果酱类产品

先把原料打浆，再与糖配合，经煮制而成的凝胶冻状制品。果酱类产品不能保持果实或果块的完整形状，含糖量在40%～65%，含酸量在1%以上，属于高糖高酸食品。果酱类产品主要分为以下几种。

1. 果酱

原料经处理后，添加糖、酸等物质调配，再经浓缩制成的凝胶制品。特点是半透明，黏稠状，可保持部分果肉碎块。如番茄酱、草莓酱等。

2. 果泥

原料经处理后，加热软化、打浆过滤，添加糖、酸等物质调配，再经浓缩制成的凝胶制品。特点是半透明，半流动状，不许保持有果肉碎块。如苹果泥、枣泥等。

3. 果糕

将果泥加糖和增稠剂后，经过加热、浓缩、冷却而制成的凝胶制品。特点是透明度差，有一定形状。如山楂糕等。

4. 果冻

将果汁和糖经过加热、浓缩、冷却凝结而制成的凝胶制品。特点是透明度好，有一定形状。如山楂果冻等。

5. 果丹皮

将果泥加糖浓缩后，经过刮干、烘干而制成的柔软薄片。原料除了果蔬以外，还可辅以其他农副产品。

三、果脯蜜饯类加工技术

果脯蜜饯类是在不改变果蔬原有组织状态的条件下进行加工的，利用食糖的性质完成原料组织中水分与糖分的交换。在蜜饯生产中常用食糖的种类有白砂糖、饴糖、淀粉糖浆、果葡糖浆及蜂蜜。

（一）工艺流程

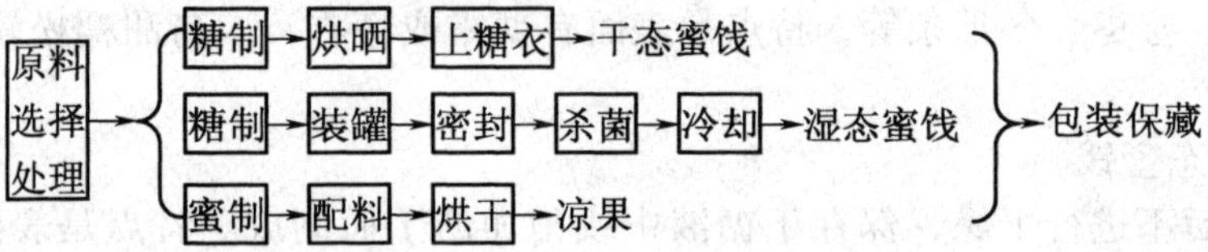

（二）工艺要点

1. 原料挑选、分级、洗涤

具体内容见项目一任务一工艺要点“原料前处理”中所述。

2. 原料去皮、去核、切分、整理

具体内容见项目一任务一工艺要点“原料前处理”中所述。

3. 原料护色

护色是使用浓度为0.1%～0.15%的亚硫酸盐溶液对原料进行浸泡处理，或使用用量为原料0.1%～0.2%的硫磺对原料进行浸渍或熏蒸处理，以防止原料褐变，并使糖制后的果块色泽明亮，同时还有防腐、利于糖的溶解等作用。

4. 原料硬化

硬化的目的是提高原料的硬度，操作方法是将原料放在石灰、氯化钙、明矾等硬化剂溶液中浸渍适当时间，硬化剂的浓度为0.1%～0.5%，以使果块适度变硬，糖煮时不易煮烂。

采用浸硫护色处理时，通常可与硬化处理同时进行，即用护色、硬化混合溶液同时对原料进行浸渍处理。浸渍溶液的用量一般与原料等量，浸泡时在原料上压重物，防止原料上浮。果块经过护色、硬化处理后，还要进行漂洗，以除去多余的硫化物和硬化剂。

5. 原料烫漂

具体内容见项目一任务一工艺要点“烫漂”中所述。

此外对蜜饯热烫的目的还有使糖制时的糖分容易渗透到原料中。烫漂时首先需把水煮沸，用水量为原料的1.5～2倍，然后投入原料，烫漂时间一般为5～8min，以原料达半透明并开始下沉为度。烫漂后马上用冷水冷却，以防止烫漂过度。对于无不良风味的部分原料，可直接用30%～40%糖液烫漂，可以省去单独烫漂工作。

6. 糖制

糖制是蜜饯加工的主要操作，糖制过程是果蔬原料进行排水吸糖的过程。糖制的主要方法有糖渍、糖煮以及两者相结合的方法。也可利用真空糖煮或糖渍，这样可以加速渗糖速度并提高制品质量。

(1) 糖渍　由于不加热或加热时间短，糖渍能较好地保持原料的原有质地、形态及风味。但缺点是制作时间长，初期容易发酵变质，所以凉果的制作多用此法。主要有以下4种糖渍方法。

①分次加糖法：将需要加入的糖分3～4次加入，逐步提高糖的浓度。

②一次加糖多次浓缩法：在糖渍过程中将糖液分期倒出，加热浓缩提高糖浓度，再将热糖液回加于原料中继续糖渍，冷果与热糖液接触时，利用温差加速渗糖。

③糖渍干燥法：在糖渍过程中结合日晒来提高糖浓度（凉果类）。

④减压糖渍法：果蔬在减压锅内抽空，使果蔬内部的蒸汽压降低，然后借助放入空气时，因外压大于内压而能促进糖分渗入果内。

(2) 糖煮　有利于糖分的迅速渗入，可缩短加工时间，但制品的色、香、味较差，且维生素损失较多。在糖煮过程中，原料组织脱水吸糖，糖液水分蒸发浓缩、糖液的浓度增大，糖液的沸点提高。糖煮方法有如下几种。

①一次煮制法：此法适于组织结构疏松，含水量较低的原料。将原料与30%～40%的糖液混合，经一次煮制成功，因此快速省工。但因加热时间长，原料易被煮烂，糖分不易达到原料内部，易使原料因失水过多而干缩。所以在生产上此法不常用，一般是把原料糖渍到一定程度后才进行煮制。

②多次煮制法：此法适用于细胞壁较厚难于渗糖（易干缩），或易煮烂的柔软原料，或含水量高的原料。经过2～5次完成煮制。先用35%的糖液煮制原料，煮到原料发软为止，放冷糖渍8～24h。以后的每次煮制都增加糖浓度10%，煮制2～3min，如此重复直至糖浓度达到要求为止。对不耐热的原料，可单独煮沸糖液再进行浸渍。这样冷热交替，有利于糖分渗透，且组织不至干缩。缺点是时间长，不能连续生产。

③快速煮制法：先将原料在糖液中煮沸，然后捞起再立即投入高一档浓度的糖液中，这样反复加热和冷却，糖浓度依次递增，可以很快完成糖的渗透过程。此法时间短，可连续生产，但所用糖量较多。

④真空煮制法：利用一定的真空条件，一方面促进糖分向原料内部渗透，另一方面由于沸点下降，从而使原料在较低温度下只需加热较短时间即可达到要求的糖浓度。此法使产品能较好地保持果蔬原有的色、香、味、质地和营养成分，但需要减压设备，投资大，操作麻烦，所以实际生产应用较少。

⑤扩散煮制法：原料装在一组真空扩散器内，用由淡到浓的几种糖液，对一组扩散器的原料，连续多次进行浸渍，逐步提高糖浓度。此法煮制效果好，可连续化操作。

7. 装筛干燥

当糖制达到所要求的含糖量后，将原料捞起沥去糖液，也可用热水淋洗，以洗去表面糖液、降低黏性并且利于干燥。干燥时的温度控制在 60～65℃，期间还要进行换筛、翻转、回湿等控制。烘房内的温度不宜过高，以防止糖分结块或焦化。

8. 整理包装

干态蜜饯成品的含水量一般为 18%～20%。在达到干燥要求后，要进行回软、包装。果块在干燥过程中往往会收缩变形、甚至破裂，所以干燥后需要压平，如蜜枣、橘饼等。包装以防潮、防霉为主，可采取果干的包装法，用 PE（聚乙烯）袋或 PA/PE（尼龙/聚乙烯）复合袋作 50、100、250g 等零售包装，再用纸箱外包装。

四、果酱类加工技术

果酱类制品是以果蔬的汁、肉加糖及配料，经加热浓缩制成。原料在糖制前需先行破碎、软化或磨细、筛滤、或压榨取汁等预处理。然后按产品的不同要求，进行加热浓缩及其他处理。

（一）工艺流程

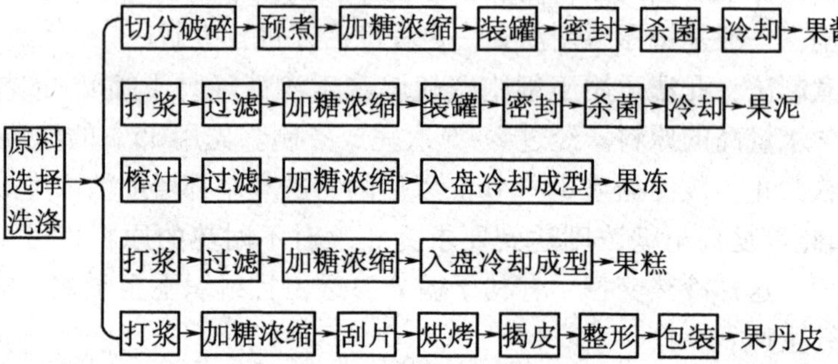

（二）工艺要点

1. 果酱、果泥

（1）原料选择　要求原料具有良好的色、香、味，含果胶及含酸丰富，成熟度适中。一般成熟度过高的原料，果胶及酸的含量较低；成熟度过低，则色泽、风味差，且打浆困难。原料中果胶及酸的含量均为 1% 左右，不足时需添加和调整。含酸量主要是通过补加柠檬酸来调节，果胶可用琼脂、海藻酸钠等增稠剂取代，也可通过加入另一种富含果胶的果实来弥补。

（2）原料处理　将原料洗涤干净，有的原料需要经过去皮、切分、去核、烫漂等处理，再进行加糖煮制。具体如项目一内容一中所述。果泥要求质地细腻，在烫漂后进行打浆、筛滤，或烫漂前进行适当切分，然后在烫漂后捣成泥状再打浆。有的原料还需要经胶体磨处理。

（3）加热软化　根据需要，将处理好的果块加水或加稀糖液进行加热软化，也有一小部分果实可以不经过软化而直接浓缩（如草莓）。加热软化时的升温要快，沸水投料，每批的投料量不宜过多，加热时间要根据原料的种类及成熟度控制，要防止加热时间过长，影响制品的风味和色泽。

（4）配料　配方为糖与果酱的用量比例为1:1，主要使用砂糖，也允许使用占总糖量20%的淀粉糖浆。低糖果浆与糖的用量比例约为1:0.5，低糖果浆由于糖浓度较低，需要添加一定量的增稠剂，常用琼脂。果肉含量为40%~50%，砂糖含量为45%~60%，成品含酸量为0.5%~1%，不足可加柠檬酸，成品果胶含量为0.4%~0.9%，不足可加果胶或琼脂等。

所用配料如糖、柠檬酸、果胶或琼脂等，均应事先配制成浓溶液备用。砂糖应加热溶解过滤，配成70%~75%的浓糖浆；柠檬酸应用冷水溶解过滤，配成50%的溶液；果胶粉或琼脂等应按质量加2~6倍砂糖，充分拌匀，再以10~15倍的温水在搅拌下加热溶解过滤。

（5）加热浓缩　将处理好的果酱投入到浓缩锅中加热10~20min，可将果酱中的一部分水分蒸发。然后分批加入浓糖液，继续浓缩到接近终点时，按次序加入果胶液或琼脂液、淀粉糖浆，最后加柠檬酸液，在不断搅拌下，浓缩至可溶性固形物含量达到65%即可。浓缩方法有常压浓缩和减压浓缩。注意加热时要不断搅拌，防止焦底和溅出。

①常压浓缩法：主要设备是带搅拌器的夹层锅。工作时通过调节蒸汽压力来控制加热湿度。为缩短浓缩时间，每锅下料量以控制成品出量50~60kg为宜，浓缩时间以30~60min为好。时间过长，影响果酱的色、香、味和凝胶强度；时间太短，会因转化糖不足而在保藏期发生蔗糖结晶现象。浓缩过程要注意不断搅拌，出现大量气泡时，可洒少量冷水，防止汁液外溢损失。此法的缺点是温度高，水分蒸发慢，芳香物质和维生素C的损失严重。欲制优质果酱，宜选用减压浓缩法。

②减压浓缩法：又称真空浓缩法。分单效、双效浓缩装置。单效浓缩装置是一个带搅拌器的夹层锅，配有真空装置。工作时先抽真空，当锅内真空度大于0.05MPa时，开启进料阀，使物料被吸入锅中，达到容量要求后，开启蒸汽阀和搅拌器进行浓缩。浓缩时锅内真空度为0.085~0.095MPa，温度为50~60℃。浓缩过程若泡沫上升剧烈，可开启空气阀，破坏真空以抑制泡沫上升，待正常后再关闭。浓缩过程应保持物料超过加热面，防止煮焦。当浓缩接近终点时，关闭真空泵，开启空气阀，在搅拌下使果酱加热升温至90~95℃，然后迅速关闭空气阀出锅。番茄酱宜用双效真空浓缩锅，该机是由蒸汽喷射泵使整个设备造成真空，将物料吸入锅内，由循环泵进行循环，加热器进行加热，然后由蒸发室蒸发，浓缩泵出料。整个设备由仪表控制，生产连续化、机械化、自动化，生产效率高，产品质优，番茄酱浓度可高达22%~28%。

浓缩终点的判断主要是取样，然后用折光计测定可溶性固形物浓度，达65%

左右时即为终点；或凭经验控制，用匙取酱少许，倾泻时果酱难以滴下，粘着匙底，甚至挂匙边，或滴入水中难溶解即为终点；常压浓缩可用温度计测定酱体温度，达104～105℃时，即为终点。

（6）装罐密封　装罐前应该先将容器清洗消毒。果酱类大多用玻璃瓶或防酸涂料铁皮罐为包装容器，也可用塑料盒小包装；果丹皮、果糕等干态制品采用玻璃纸包装。酱类制品属于热灌装产品，出锅后，应及时快速装罐密封，密封时的酱体温度应不低于80℃，封罐后应立即杀菌冷却。

（7）杀菌冷却　加热浓缩过程中，果酱中的微生物大多数被杀死，再加上果酱的高糖高酸也可以抑制微生物。但为了安全，在封罐后还需进行杀菌处理，根据罐型大小，在90～100℃下杀菌5～15min。杀菌后马上冷却至38℃左右，玻璃瓶罐要分段冷却，每段温差不要超过20℃，以防炸瓶。然后用布擦去水分和污物，送入仓库保存。

2. 果冻

（1）原料处理　包括原料洗涤、去皮、切分、去心等。具体内容如第一章第一节中所述。

（2）加热软化　目的是便于打浆和取汁。根据原料不同可加水或不加水，多汁的果蔬可不加水，肉质致密的果实如山楂、苹果等则需要加水，加水量为果实质量的1～3倍。软化时间为20～60min，以煮后便于打浆取汁为原则。

（3）打浆取汁　果酱可进行粗打浆，果浆中可含有部分果肉。取汁的果肉打浆不要过细，过细反而会影响取汁。取汁可用压榨机榨汁或浸提汁。

（4）加糖浓缩　在添加配料前，需测定果浆和果汁的pH和果胶含量。形成果冻凝胶的适宜pH为3～3.5，适宜果胶含量为0.5%～1.0%，如含量不足，可适当加入果胶或柠檬酸进行调整。一般果浆与糖的比例是1:(0.6～0.8)。浓缩达可溶性固形物含量65%以上，沸点温度达103～105℃。

（5）冷却成型　将达到终点的黏稠浆液倒入容器中冷却成果冻。

五、果蔬糖制品的质量问题及预防措施

在果蔬糖制品加工中，由于原料处理不当或操作方法失误，往往会出现一些问题，造成产品质量低劣，影响经济效益。

1. 果脯的返砂和流糖

原因主要是转化糖占总糖的比例问题。在糖煮过程中，如果转化糖含量不足，就会造成产品表面出现结晶糖霜，即返砂，会使果脯质地变硬且粗糙，表面失去光泽，品质降低；但如果转化糖含量过高又容易出现流糖现象。转化糖占总糖的50%时，产品不易返砂；转化糖占总糖的70%以上时，产品易发生流糖。预防措施为掌握好蔗糖与转化糖的比例，即严格掌握糖煮时间及糖液pH应为2.5～

3.0。为促进蔗糖转化，可加柠檬酸或酸的果汁调节。

2. 煮烂和干缩

煮烂原因主要是品种选择不当，果蔬的成熟度过高，糖煮温度过高或时间过长等。干缩原因主要是果蔬成熟度过低，糖渍或糖煮时的糖浓度差过大、时间过短，糖液浓度不够等。预防措施包括选择成熟度适中的原料，组织较柔软的原料应糖渍；为防止产品干缩，应分批加糖，使糖浓度逐步提高，并适当延长糖渍时间，吸糖饱满后再进行糖煮，且糖煮时间也要适当。

3. 液汁分泌

主要原因有果块软化不充分，浓缩时间短，果胶含量低未形成良好凝胶。所以原料应该充分软化，使原果胶水解溶出果胶；果胶含量低可适当增加糖量；添加果胶或其他增稠剂。

4. 糖结晶

原因为含糖量过高，酱体中的糖过饱和；果酱中转化糖含量过低。生产中应严格控制含糖量不超过63%，转化糖不低于30%。

5. 变色

主要是原料发生酶褐变或非酶褐变，或原料本身是色素物质受到破坏褪色。糖煮时间越长、温度越高和转化糖越多，干燥条件及操作方法不当都会加速变色。预防方法为原料在去皮切分后要及时护色，减少与氧气接触；缩短糖煮时间和尽量避免重复使用糖煮液；干燥温度不能过高，一般控制在55～65℃；抽真空或充氮气包装；避光、低温贮存等。

6. 发霉变质

主要由于产品含糖量太低或含水量过大；保藏过程中通风不良、卫生条件差，微生物污染等造成。应该控制成品的含糖量和含水量；对于低糖制品一定要采取防腐措施如添加防腐剂、真空包装、加入一定抗氧化剂、保证较低保藏温度。对于罐装果酱一定要注意封口严密，以防止表层残氧过高为霉菌提供生长条件。此外杀菌必须充分。

任务四 果蔬腌制保藏及加工技术

食品腌制过程中，食盐在形成溶液后扩散渗透进入食品组织内，从而降低其游离水分，提高结合水分及其渗透压，正是在这种渗透压的作用下，抑制微生物的活动。凡将新鲜果蔬经过预处理后，再用盐、香料等腌制，使其进行一系列的生物化学变化，制成鲜香嫩脆、咸淡或甜酸适口且耐保存的加工品，统称腌制品，以蔬菜居多。

一、腌制保藏的基本原理

经过腌制后的食品失去了其生理机能，为什么还能保存呢？主要是因为在腌制过程中依靠食盐的高渗透压作用、微生物的发酵作用、蛋白质的分解作用以及其他的生物化学作用而产生的结果。

（一）食盐在腌制中的作用

1. 对微生物的脱水作用

食盐溶液具有很高的渗透压。1%的食盐溶液就可以产生约0.62MPa的渗透压，腌制蔬菜中的食盐含量在10%以上，可以产生相当于约6.2MPa的渗透压。大多数微生物细胞能耐受的渗透压只有0.35～1.69MPa，因此食盐溶液会对微生物有强烈的脱水作用，具有很强的防腐能力。

2. 对微生物的生理毒害作用

食盐溶液中的一些离子，如钠离子、镁离子、钾离子和氯离子等，在高浓度时对微生物发生毒害作用。比如钠离子能和细胞原生质的阴离子结合产生毒害作用，氯离子会和细胞原生质结合，促使细胞死亡，也可能有毒害作用。

3. 降低微生物环境的水分活度

食盐浓度越高，钠离子和氯离子的数目就越多，所吸收的水分子就越多，这些水分子因此由自由状态转变为结合状态，导致了水分活度的降低。而水分活度越低，溶液的渗透压就越大。例如在20℃时，浓度为26.5%的食盐溶液，其水分活度约为0.75，而在这种条件下，细菌、酵母菌等微生物都难以生长。

4. 食盐溶液中氧气浓度下降

食品腌制使用的盐水或由食盐渗入食品组织中形成的盐液浓度较高，氧气难以溶解在其中，形成了缺氧的环境，需氧菌就难以生长。

5. 对酶活力的影响

食物中溶于水的大分子营养物质，微生物难以直接吸收，必须先在微生物分泌的酶的作用下，降解成小分子物质之后才能被利用。有些不溶于水的物质更需要先经微生物酶的作用，转变为可溶性的小分子物质。不过微生物分泌出来的酶的活性常在低浓度的盐溶液中就遭到破坏，有人认为这是由于钠离子和氯离子可分别与酶蛋白的肽键和氨离子相结合，从而使酶失去其催化活力。

（二）微生物的发酵作用

各种腌制品中都在进行或强（如泡菜）或弱（如榨菜）的微生物发酵作用，但有的有益，有的有害。

1. 乳酸发酵

在泡菜的发酵中乳酸菌是主要且有益的，而在榨菜或酱菜中乳酸菌是次要的，因为过分产酸会影响产品品质。乳酸发酵有两种，正型乳酸发酵只产生乳酸，而且生酸量高，比如植物乳杆菌和小片球菌等；异型乳酸发酵除产生乳酸外还能生成乙醇和二氧化碳等物质，比如短乳杆菌和肠膜明串珠菌等。蔬菜在腌制过程中，前期以异型乳酸发酵占优势，中后期以正型乳酸发酵为主。

2. 酒精发酵

酒精发酵是指酵母菌将蔬菜中的糖分分解成酒精和二氧化碳。酵母菌还能将缬氨酸、亮氨酸及异亮氨酸分解为异丁醇和戊醇等高级醇。另外，异型乳酸发酵、蔬菜被卤水淹没时的无氧呼吸也能产生微量的酒精。生成的酒精、高级醇与其他物质化合生成的酯产生的芳香物质，使腌制品具有香味。这对于腌制品在后熟中的品质改善及芳香物质的形成起到重要作用。

3. 醋酸发酵

醋酸菌将乙醇氧化生成醋酸，称为醋酸发酵。某些细菌的活动，如大肠杆菌、戊糖醋酸杆菌等也能将糖转化为醋酸和乳酸等。极少量的醋酸对腌制品品质没有损伤，反而有利，只有在醋酸含量过多时才会影响成品的品质。仅在有空气存在的条件下醋酸发酵才能发生，因此腌制品要及时运坛封口，隔离空气。除此之外，还有一些有害的发酵及腐败作用，如丁酸发酵、不良的乳酸发酵、细菌的腐败作用、有害酵母的作用等，若在蔬菜腌制品中出现时，会降低制品品质，甚至不能食用。

（三）蛋白质的分解作用

在蔬菜腌制过程及制品后熟期，其所含的蛋白质在微生物和蔬菜本身所含蛋白质水解酶的作用下逐渐分解为氨基酸，这个变化是腌制品产生一定色泽、香气和风味的主要原因。

1. 鲜味的形成

鲜味的来源主要是谷氨酸钠，其他的氨基酸也可生成相应的盐类。因此腌制品的鲜味远远超过了谷氨酸钠单纯的鲜味，而是多种鲜味物质综合的效果，如微量的乳酸及具有甜味的甘氨酸、丙氨酸和丝氨酸等，对丰富鲜味大有帮助。

2. 香气的形成

腌制品中的香气主要来源于有机酸、氨基酸与醇类作用所形成的酯类，如乳酸乙酯、醋酸乙酯、氨基丙酸乙酯、琥珀酸乙酯等。氨基酸与戊糖或甲基戊糖的还原产物4-羟基戊烯醛作用，生成含有氨基酸类的烯醛类香味物质，还是使产品色泽变为黄褐色的因素之一。乳酸菌类发酵糖生成乳酸的同时还生成芳香的双乙酰。乳酸发酵产生的乳酸及其他酸类、丁二酮，及加入花椒、辣椒末和各种香料所产生的香气。

3. 色泽的变化

蛋白质水解后生成的氨基酸如酪氨酸，在有氧条件下，在过氧化物酶的作用下，可生成黑色素。高温下，氨基酸中的氨基与含有羰基的化合物如醛、还原糖发生羰氨反应生成黑蛋白素。物理吸附辅料中酱油、酱、食醋、红糖的颜色，会使细胞壁着色。在酸性介质中，叶绿素脱镁生成脱镁叶绿素而使其变成黄褐色，影响制品的外观品质，尤其是咸菜在后熟中的色泽变化，最后生成黄褐、黑褐色。

4. 脆度的变化

蔬菜原料在腌制前变软、过熟或机械伤害可以使其失去脆性；腌制过程中微生物分泌的果胶酶类将果胶物质水解也会使蔬菜失去脆性；腌制时失水，细胞膨压减小，也会使脆性下降。在腌制过程中可使用碳酸钙、硫酸钙和氯化钙作保脆剂，用量为菜质量的0.05% ~0.1%。

二、蔬菜腌制品的分类

低盐、增酸、适甜是蔬菜腌制品发展的方向，低盐化咸菜、乳酸发酵的蔬菜腌制品被誉为健康腌菜。

(一) 发酵性腌制品

这类腌菜的食盐用量较低，通常是加用香辛料。在腌制过程中，利用乳酸发酵产生的乳酸、加入的食盐和香辛料等的防腐作用，来保藏蔬菜并增进其风味。这一类产品都具有较明显的酸味，如酸白菜、泡菜等。可分为半干态发酵和湿态发酵两类。

1. 半干态发酵

在发酵前，将蔬菜中的水分通过不同方法脱掉一部分，然后再加食盐等辅料进行密封腌制，如榨菜等。这类腌制品本身含水量较低，所以保存期较长。

2. 湿态发酵

将原料在卤水中发酵腌制，如酸白菜、泡菜等。泡菜通常是在较低浓度的盐水中发酵，而酸白菜是在清水中发酵。

(二) 非发酵性腌制品

这类腌菜的食盐用量较高，有时也加用香辛料。腌制时不产生乳酸发酵或只有极轻微的发酵，主要是利用高浓度的食盐、糖及其他调味品来保藏和增进其风味。包括咸菜、酱菜和糖醋菜。

1. 咸菜类

是以新鲜蔬菜为主要原料，经盐水渍或盐渍而成。咸菜是利用较浓的盐液来保藏，通过腌制来改进其风味。又可分为干态、半干态和湿态咸菜。干态咸菜是盐腌后，将菜经过晾晒干制，如梅干菜等。半干态咸菜是制成成品后，菜与菜卤分开。湿态咸菜是制品成品后，菜不与菜卤分开，普通的腌菜如雪里蕻等均属于此类。

2. 酱菜类

是将蔬菜经盐渍成咸坯后，再经脱盐并酱渍而成。根据采用酱料的不同，可得到不同风味的酱菜，如山东酱蘑菇、北京八宝菜、武汉酱黄瓜等。

3. 糖醋菜类

是将蔬菜制成咸坯并脱盐后，再经糖醋渍制而成。制品甜酸适口，如南京糖醋萝卜、北京白糖大蒜、酒糟渍菜等。

三、泡菜加工技术

（一）工艺流程

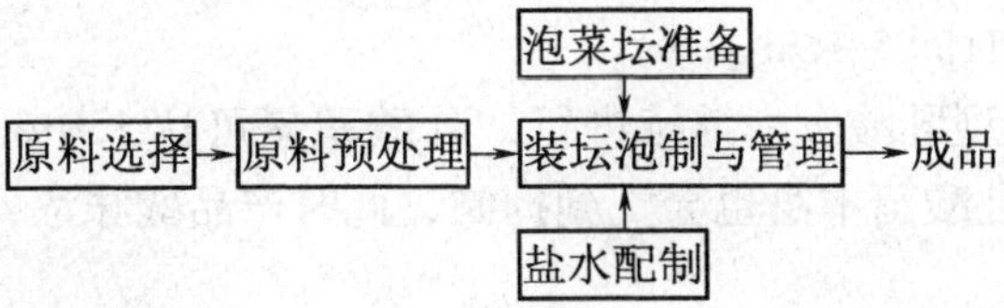

（二）工艺要点

1. 原料选择

凡是组织紧密、质地脆嫩、肉质肥厚且在腌制过程中不易软化的新鲜蔬菜均可作为泡菜的原料。例如大头菜、萝卜、甘蓝、嫩黄瓜等。也可以选用几种蔬菜混合泡制。

2. 原料处理

先将新鲜原料充分洗涤，再将不宜食用的部分剔除，根据原料的体积大小决定是否切分，块形大且质地致密的蔬菜，特别是大块的球茎类蔬菜应适当切分。将清洗、切分的原料沥干表面水分后即可入坛泡制。

3. 配制盐水

井水、泉水或硬度较大的自来水均可用于配制盐水，因为硬水有利于保持泡菜成品的脆性，所以用软水配制盐水时需加入原料重 0.05% 的钙盐。盐水的含盐量为6% ~8%，还可加入2%的红糖、3%的红辣椒以及其他香辛料以增进泡菜的品质，香辛料应用纱布包盛装后置于盐水中。冷盐水中也可以加入 2.5% 的白酒与2.5% 的黄酒。将水和各种配料一起放入锅内煮沸，冷却后备用。

4. 准备泡菜坛

泡菜坛在使用前必须清洗干净，如果其内部沾有油污，应用去污剂清洗干净，然后再用清水冲洗 2 ~3 次，倒置沥干坛内壁的水后备用。

5. 入坛泡制

将处理好的蔬菜装入泡菜坛内，装至半坛时将香辛料包放入，再装原料至坛口 6cm 处即可。用竹片将菜压住，以防原料浮于盐水面上。随后注入配制好的冷盐水，要求盐水将原料淹没。首次腌制时，在新配制的冷盐水中人工接入乳酸菌或加入品质优良的陈泡菜汤，以使发酵迅速并缩短成熟时间。最后将泡菜坛置于室内的阴凉处自然发酵。在发酵中期的泡菜风味最佳，发酵初期咸而不酸，发酵末期则风味过酸。成熟的泡菜取食后，应及时添加新原料及调味料，同时也应按原料的5% ~6% 补充食盐。

6. 发酵过程

（1）初期　异型乳酸发酵为主，伴有微弱的酒精发酵和醋酸发酵，产生乳酸、乙醇、醋酸及二氧化碳，逐渐形成嫌气状态。乳酸积累为0.3%～0.4%，pH 4.0～4.5，是泡菜的初熟阶段，时间2～5d。

（2）中期　正型乳酸发酵，乳杆菌活跃，形成嫌气状态。乳酸积累达0.6%～0.8%，pH3.5～3.8，大肠杆菌等腐败菌死亡，酵母菌、霉菌受到抑制，是泡菜完熟阶段，时间5～9d。

（3）后期　正型乳酸发酵继续进行，乳酸积累可达1.0%以上，当乳酸含量达1.2%以上时，乳酸菌本身也会受到抑制，此时产品酸味浓，也叫酸菜。

7. 成品泡菜

成品泡菜应该洁净卫生，保持蔬菜原有色泽，香气浓郁，组织细腻，质地清脆，咸酸适度，略有甜味与鲜味，尚有蔬菜原有的特殊风味。

四、盐腌青橄榄加工技术

（一）工艺流程

原料处理→盐水制备→容器准备→盐腌处理→密封→腌制

（二）工艺要点

1. 原料处理

应选择组织细嫩、紧实、大小适宜的青橄榄作为原料，青橄榄在加工之前应充分洗净，然后再用清洁的干毛巾把水吸干。

2. 盐水制备

先用锅把水烧开，然后把不沾油的食盐放到开水里，注意水与食盐的比例约为4:1，最后把制好的食盐水放置冷却。

3. 容器准备

最好使用双口坛盐腌青橄榄，并且要确保容器不沾油，要把容器内部进行充分清洗和消毒并且要把容器内部的水滴擦干，比如可以用酒将容器内部清洗干净。

4. 盐腌处理

把经过预处理的青橄榄放进洗净的容器内铺好，再把经过冷却的盐水倒在青橄榄上，高度为淹过青橄榄3～4cm 即可。

5. 密封

如果使用双口坛盐腌，盖上盖后还要在外口上加上清水即可达到密封效果。如果使用单口容器盐腌，则要将容器口密封好。

6. 腌制

腌制时间一般为一周左右，腌制完成后即可食用，只要是咸味适当，腌制时间越长口味越佳，如果使用双口坛腌制就要确保外口一直有水。

五、果蔬腌制品的质量问题及预防措施

1. 脆性减弱

产品质地脆嫩是大部分腌制菜质量标准中的一项重要指标。蔬菜腌制过程中，促使原果胶水解而引起脆性减弱有两方面原因。一是用来腌制加工的蔬菜原料成熟度过高，或者受到了机械损伤，原果胶酶的活性增强，使细胞壁中的原果胶水解；二是由于腌制过程中一些有害微生物的生长繁殖，所分泌的果胶酶类能水解果胶物质，导致蔬菜变软而失去脆性。

预防措施有在腌制前剔除过熟及受过机械损伤的蔬菜，并将原料与泡菜坛清洗干净。收购的蔬菜要及时腌制，防止蔬菜品质下降。不宜久存的泡菜应及时取食，取食后应及时补充新的原料。充分排出坛内空气，同时严密水封并经常检查。泡菜取食时切忌将油脂带入坛内，以防腐败微生物分解脂肪使泡菜腐臭。在腌制时加入保脆剂，即把蔬菜原料放入铝盐和钙盐的水溶液中进行短期浸泡，然后取出再进行初腌，或者直接往初腌的盐卤中加入一定量的钙盐或铝盐，加入量一般为蔬菜原料的0.05% ~0.1%。

2. 生成亚硝酸盐

亚硝胺是由亚硝酸和胺化合而成的，胺来源于蛋白质、氨基酸等含氮物的分解，新鲜蔬菜原料含量极少，但在腌制过程中会逐渐分解，并溶解到腌制液中。在腌制液的表面往往会出现霉点或菌膜，这都是蛋白质含量很高的微生物，如白地霉生成的菌膜，一旦受到腐败菌的侵染，会降解为氨基酸，并进一步分解成胺类，在酸性环境中具备了合成亚硝酸的条件，尤其在腌制条件不当导致腌菜劣变时，还原与合成作用更明显。

预防措施包括原料加工前要冲洗干净，减少硝酸盐还原菌的侵染。采后蔬菜经过晾晒有助于降低菜体内亚硝酸盐的含量。腌制时用盐要适当，撒盐要均匀并要将原料压紧，以使乳酸菌迅速生长、发酵，形成酸性环境抑制分解硝酸盐的细菌活动。如发现腌制品表面产生菌膜，不要打捞或搅动，以免菌膜下沉使菜卤腐败而产生胺类。腌制成熟后食用，不吃霉烂变质的腌菜，待腌制菜亚硝酸盐生成的高峰期过后再食用。

3. 微生物腐败

蔬菜腌制过程中，除了有益微生物发酵作用以外，同时会发生有害微生物发酵作用，如大肠杆菌、丁酸菌、霉菌、有害酵母菌。结果是不仅消耗了糖分和乳酸，还降低制品的质量，使产品劣变。有时还会生成亚硝酸盐、亚硝酸、硫化氢等一些有害物质并产生异味。

预防措施是应保证蔬菜原料鲜嫩完整，清洗附着泥土和污物。加工用水、食

盐必须符合国家卫生标准。容器使用前要进行检查和消毒。添加防腐剂虽能抑制某些微生物和酶的活动，但作用是有限的，常用的防腐剂有苯甲酸钠、山梨酸钾和脱氢醋酸钠等。

任务五 果蔬速冻保藏及加工技术

速冻保藏是现代食品冻藏的最新技术方法。速冻加工就是将原料经过一系列处理后，在 -35 ~ -30℃ 的低温条件下进行快速冻结，再在能保持冻结状态的低温下冷冻保藏。

一、速冻保藏的基本原理

速冻是将产品在 30min 或更短的时间内迅速通过冰结晶最大生成区段（-5 ~ 0℃），使 80% 以上的水分变成微小冰结晶的过程。

（一）速冻过程

可分为三个阶段，首先随温度降低至冰点以下时仍不结冰，分子热运动降低，此时为过冷状态，当温度下降到过冷临界温度时，形成稳定晶核；然后冰晶逐渐长大，并释放出相变热，温度回升至冰点，冰晶析出，原料中的水分全部结冰，形成共晶点；最后结冰的冰晶在超低温度下继续降温。果蔬薄片的冻结曲线如图 1-5 所示。

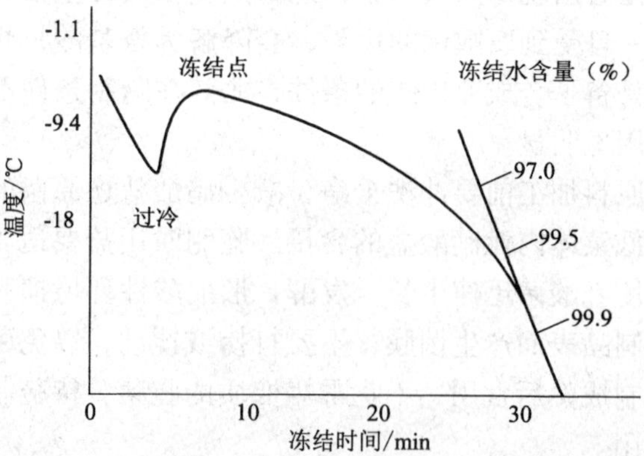

图 1-5 果蔬薄片的冻结曲线
（《果蔬保藏与加工技术》，刘新社，2009）

在冻结过程中，大部分原料在从 0℃ 降至 -5℃ 时，将近 80% 的水分可冻结成冰，此温度范围称为“最大冰晶生成区”，快速通过此温度区域，是保证冻品质量的重要条件。实现快速冻结有以下几个途径：降低冻结温度，提高冷冻介质与制品初温的温差；加快冷冻介质流经原料的速率，增加冷冻介质与原料的接触面积，从而提高原料表面的放热效果；减少制品的体积和厚度，增大制品与冷冻介质的热交换率，缩短冷冻介质与制品中心的距离。

（二）速冻对微生物的影响

冻结可以杀死一部分微生物，冰晶体的形成不仅对微生物细胞具有机械性破坏作用，还能促使微生物细胞内的原生质或胶体脱水，最后导致不可逆的蛋白质变性。冻结温度越低，微生物损伤越大；冻结速度越慢，微生物损伤越大。多数微生物在低于0℃时生长即被抑制，其繁殖的临界温度是 -12℃，因此速冻食品的冻藏温度一般要求低于此温度，通常采用 -18℃甚至更低。

（三）速冻对原料组织结构的影响

缓慢冻结时，冻结时间长，由一个晶核缓慢形成大晶核，存在于细胞间隙，形成巨大的冰晶体对细胞伤害大；同时水分迁移造成细胞浓度增加，这些都直接对冻结制品的品质有不良影响，使其解冻后容易出现流汁、风味劣变等现象。当进行快速冻结时，细胞内外的水分几乎同时在原地形成冰晶，因此所形成冰晶体的体积小、数量多且分布均匀，对原料组织结构不会造成机械损伤，可随大限度地保持可逆性和质量，使得解冻后能基本保持原有的品质。

（四）速冻过程生物化学和酶的变化

速冻产品经过降温、冻结、冻藏和解冻后都会发生色泽、风味和质地等的变化。如蛋白质的变性；原果胶水解成果胶引起的组织结构分离、质地软化；叶绿素转化成脱镁叶绿素，颜色由绿色变成灰绿色。在冻结时，脱氢酶的活性受到强烈抑制。但大多数酶如脂肪酶、脂肪氧化酶、过氧化物酶和果胶酶等在冻结的果蔬中仍有活性，在 -30 ~ -20℃才能完全受到抑制。因此多数酚类物质发生酶促褐变，使产品颜色变暗。

二、速冻保藏方法及设备

（一）速冻方法

按所用的制冷剂或载冷剂与物料接触的状态可分为间接冻结和直接冻结。间接冻结包括接触式冻结（如平板接触冻结）和鼓风式冻结（如带式连续冻结和流化床式速冻）。直接冻结包括浸渍冻结和喷淋式冻结等。

1. 鼓风冷冻法

即空气冷冻法，是利用高速流动的空气促使物料快速散热，以达到冷冻的目的。生产中多采用隧道式鼓风冷冻机，即在一个长方形的、墙壁有隔热装置的通道中进行冷冻。产品放在传送带或筛盘上以一定速度通过隧道，冷空气由鼓风机吹过冷凝管道再送入隧道穿流于产品之间，其方向与产品进入的方向相反。此法采用的空气温度是 -34 ~ -18℃，风速为 30 ~ 100m/min。目前有的工厂采用大型冷冻室，室内装置回旋式输送带，在盘旋传送过程中进行冻结；还有一种冷冻室为方形的直立井筒体，装食品的浅盘自下向上移动，在传送过程中完成冻结。

2. 流化冷冻法

适用于小形颗粒产品或各种切分成小块的果蔬。将产品铺放在一个孔眼的网带上，或有孔眼的盘子上，铺放厚度为2.5～12.5cm，将足够冷冻的空气，以足够的速度由网带下方向上方强制吹送，以使冷空气与产品颗粒能全面的直接接触。吹风速度至少为375m/min，空气温度为-34℃，产品大小要均匀，铺放厚度要一致。此法冷冻迅速且均衡，一般几分钟至十几分钟即可将产品冻结。

3. 间接接触式冻结法

使用经过制冷剂或低温介质（盐水）冷却的金属板与食品接触，以使食品冻结的方法。适用于冻结未包装的和用塑料袋、玻璃纸或纸盒包装的食品。金属板有静止的，也有上下移动的，常用的有平板、浅盘、输送带等。生产上多在绝热的箱橱内装置可移动的空心金属板，冷却剂通过平板的空心内部使食品温度降低。由于冻结品是上下两面同时进行降温冻结，故冻结速度比较快。

4. 直接接触冷冻法

是指散态食品、包装食品与低温介质或超低温制冷剂直接接触进行冻结的方法。一般是将产品直接浸渍在冷冻液中冻结，有的也用冷冻剂喷淋产品，又统称浸渍冻结法。液体是良好的热传导介质，在浸渍或喷淋中，冷冻介质与产品直接接触，接触面积大，热交换效率高，冷冻速度快。常用的冷冻剂有液态氮、液态二氧化碳、一氧化碳、丙二醇、丙三醇、液态空气、糖液和盐液等。

（二）速冻设备

1. 鼓风冻结设备

主要包括隧道式连续速冻器、螺旋式连续速冻器和流化床式速冻器。

2. 流化速冻设备

带式流化速冻设备，适用于较小食品的单体冻结，如蘑菇、青刀豆、豌豆、葡萄和草莓等。流化床式速冻机由多孔板、风机、制冷蒸发器等组成。其工作过程是将预处理后的颗粒状物料从多孔板的一端送入，空气通过蒸发器和风机由多孔板底部进入并向上吹送，使产品呈沸腾状态流动，并使低温冷风与颗粒全面地直接接触，冷冻速率会大大加强，因此冻结时间短，而且可以使物料在不相黏结的情况下完成冻结。其特点是呈单体冻结，连续作业，但由于把物料吹成悬浮状态需要很高的气流速度，因此被冻结物的大小受到一定限制。

3. 间接接触冻结设备

主要包括间接式接触冷冻箱、半自动接触冷冻箱和全自动平板冷冻箱。

4. 直接接触冻结设备

主要是隧道式液氮连续喷淋速冻器，它包括预冷区、喷氮区和冻结区，隧道内有传送带、喷雾器或浸渍器、风机等装置。物料从一端放在传送带上，随带移动进入预冷区，在高速氮气流的吹冲下物料表层迅速冻结然后进入喷氮区，液氮直接喷淋在物料上，由于汽化蒸发吸收大量热量使物料继续冻结，最后在冻结区内冻结到中心温度达 -18℃。采用液氮冻结食品干耗小，几乎无氧化变色现象。但超低温冻结食品易造成食品表面与中心产生瞬间温差而使表面龟裂，因此实际冻结温度限制在 -60 ~ -30℃，有时可达 -120℃。1 ~ 3mm 厚的物料，在 1 ~ 5min 内即可冻至 -18℃以下。该设备的特点是结构简单、使用寿命长，可超速单体冻结，但成本高。

三、冻藏食品的解冻

冷冻食品在食用前要解冻复原。解冻是冻藏食品原料回温、冰结晶融化的过程。由于食品原料在冻结过程的状态和解冻过程的状态不同，解冻并不是冻结的简单逆过程。解冻过程要比冻结过程慢。冻结时食品原料表面首先冻结，形成固化层；解冻时食品原料表面首先融化。冰的导热率和热扩散率较水的大，冻结时的传热较解冻时快。解冻中的食品原料在冻结点附近的温度停留相当长的时间，这时化学反应、重结晶都可能发生。冻藏没有杀死微生物，有的只起抑制作用，解冻后食品的组织结构已有损伤，内容物渗出，加上温度升高，微生物生长繁殖就会发生。有些解冻过程可能在不正确的程序下完成，因此可能成为影响冻藏食品品质的重要阶段。

四、果蔬速冻制品加工技术

果蔬速冻制品的最大特点是能最大限度地保持果蔬原有的色香味和营养价值，并且可以长期保藏。目前，速冻果蔬尤其是速冻蔬菜的需求量不断增加，而我国由于劳动力成本低，原料价格便宜，在国际市场上有较强的竞争力。

（一）工艺流程

原料选择 → 预处理 → 烫漂 → 冷却 → 沥干 → 摆盘 → 快速冻结 → 加冰衣 → 包装 → 冻藏 → 运输

（二）工艺要点

1. 原料选择

所选用原料要求无污染，所含农药残留、微生物等指标符合 HACCP 要求。具体方法见项目一任务一工艺要点，“原料选择”中所述。

2. 原料预处理

原料进厂后要及时进行处理，处理室的温度应控制在15℃以下为宜。处理过程包括挑选、分级、洗涤、去皮、切分、去核、整理。具体内容见项目一任务一工艺要点“原料预处理”中所述。

3. 烫漂

烫漂温度一般为90~100℃，制品温度要达到70℃以上，烫漂时间一般为1~5min。具体内容见项目一任务一工艺要点“烫漂”中所述。

4. 冷却

经烫漂后的原料应立即放在自来水中降温，然后放在冰水中快速冷却，使产品的温度迅速降至0℃以下；或用冰水喷淋，风冷降温，以减少原料的营养成分损失并且防止变色。冷却的同时应进行进一步清洗以去净杂质。冷却过程还应注意迅速。

5. 沥干

目的是除去菜体表面附着的大量水分，避免冻结时结成坨块，既便于蔬菜原料的快速冻结，又便于冻结后的包装。沥干可用自动振动筛或者进行自然控干。沥干时室温要低，当采用吹风法预冷时就可以与沥干同时进行。

6. 摆盘

沥干后的原料要装盘以便做好准备进行冻结。可以用布料机对原料均匀布料，以实现均匀冻结，提高产品质量。

7. 速冻

速冻方法及设备见本节前述内容。

8. 加冰衣

将块茎、豆类等产品浸入0℃的冰水中2~3s，然后迅速提出，振荡除去多余的水分，使产品表面光亮、均匀。质检部门还应在成品包装前进行感官和微生物检验，如不符合规定要求，一概不得进行包装工序。

9. 包装

要求包装能防湿、防气、防脱水、耐低温和高温、耐酸碱并且气密性好。常用的内包装容器为PE袋、PP袋、PET袋和复合袋，可采用普通包装、充氮包装和抽真空包装等；外包装容器为纸箱。包装应在清洁卫生、温度能控制的环境中进行，凡有水湿、霉变、虫蛀、破碎或污染等现象的包装袋不得使用。

10. 冻藏

包装完毕的产品应及时入库，分垛存放，以免温度回升影响质量。库温要保持在-20℃以下，成品中心温度在-18℃以下，温度波动要控制在1℃以内，冷藏库温度要定时检查、记录，此外冷藏库应分期进行冲霜。产品码放要有条理，按生产日期、批次分别存放，码垛整齐，标记清楚，垛底垫板高30cm，垛与垛之间留有一定空隙以便于通风。货垛离墙20cm，离顶棚50cm，距冷气排管40~50cm，垛间距15cm，库内通道大于20cm。

11. 运输

运输厢体的温度必须保持在 -18℃或更低，装载前厢体必须经过预冷却到 -10℃或更低，并且应装有记录产品温度的仪表。产品从冷藏库运出后，在运输途中允许温度升到 -15℃，但交货后应尽快降至 -18℃。产品运送到销售点时，温度不能超过 -12℃。

五、果蔬速冻制品的质量问题及预防措施

1. 龟裂

在0℃时冰比水的体积增大约9%，所以含水量多的果蔬在冻结时体积会膨胀。表面的水分首先结成冰，然后冰层逐渐向内部延伸，当内部水分也因冻结而膨胀时，会受到外部冻结层的阻碍，于是产生内压，当内压过大使外层难以承受时，就会造成产品龟裂。例如在使用较低温度的液氮冻结时，如果果蔬较厚且含水量高，当表面温度下降极快时则易产生龟裂。预防方法为可选择水分含量较低的原料，沥水要干净，冻结要迅速并且要均匀。

2. 干耗

主要原因是果蔬在速冻过程中，热量被带走的同时部分水分也被带走。一般鼓风式冻结比接触式冻结干耗大，在冻藏过程中也会发生干耗。干耗主要是由速冻品表面的冰晶直接升华所致，且保藏时间越长，干耗越重。预防方法为采取加冰衣和包装来降低或避免干耗。

3. 变色

果蔬速冻制品的变色包括酶褐变和非酶褐变。酶褐变包括果蔬的切面变红或变黑；绿色蔬菜由绿色变至灰绿色、橄榄色乃至褐色；由于叶绿素变成脱镁叶绿素使得果蔬失去原有色泽或原有色泽加深；其他色素的氧化；果蔬组织中的多酚氧化酶等使酚类物质氧化。非酶褐变主要有，加工中的金属离子催化速冻制品产生的褐变；制冷剂的泄漏引发的变色等。预防措施为在冻结前对原料进行护色处理，如热烫、硫处理、降低 pH，添加抗氧化剂（维生素 C 等)。

4. 解冻时流汁

主要是由于在冻结及冻藏过程中导致植物细胞膜的透性增加，造成细胞膨压的消失；在冷冻过程中冰晶体的形成和增长导致细胞和原生质体受到不可逆的损害；速冻过程中的迅速但不均匀的温度下降，也会引起组织破裂。冻结速度缓慢使组织受机械损伤，解冻并溶化的水不能被细胞吸收，就会变成汁液流失，使口感、风味、营养价值发生劣变，并造成重量的损失。预防措施为提高冻结速度，避免冷藏时的温度波动，冷冻原料的大小和质地应保持一致，还要避免重结晶。

实训一 糖水水果罐头制作

一、技能目标

通过实训了解制作糖水水果罐头的一般工艺流程、工艺参数及操作要点。掌握保证产品质量的关键操作步骤。

二、教学资源的准备

（一）仪器设备

刀、缸、天平、杀菌锅、封罐机、pH 计、锅、加热装置、素铁罐、杀菌设备、包装机等。

（二）教学场所

果蔬加工实验室。

（三）师资准备

实训时每班配备 1 名教师，技能考核时配备 2 名教师。

（四）实验试剂与材料

材料有柑橘、梨、菠萝、高锰酸钾或漂白粉、盐酸、氢氧化钠、食盐、柠檬酸、焦亚硫酸、六偏磷酸钠、氯化钙、耐酸甲基纤维素钠、活性炭等。

三、原理与知识

罐头食品是在加工过程中杀灭罐内能引起败坏、产毒、致病的微生物，破坏原料组织中自身的酶活性，并保持密封状态使罐头不再受外界微生物的污染，来实现延长保藏时间的目标。

四、操作方法与步骤

（一）操作流程

糖水梨罐头：

原料选择→清洗、去皮、切片→修正、护色→预煮→装罐→注糖水→排气→密封→杀菌→冷却→检罐→成品糖水菠萝罐头：

原料选择→切端去皮→雕目→切片→选片修正→合格片漂洗→装罐→注糖水→排水→密封→杀菌→冷却

（二）操作步骤

1. 糖水梨罐头的制作

（1）原料选择　选择七八成熟、甜酸适口、风味浓郁的品种为原料，果实无病虫害及霉烂等。品种如雪花梨、慈梨、秋白梨及洋梨系统的巴梨等是生产梨罐头的好原料。

（2）清洗、去皮、切分、去心　用清水洗净梨果表面的泥沙及污物。对采前喷施农药的，应将梨放入0.1%盐酸溶液中浸泡5~6min，再用清水冲洗干净。先摘除果梗，然后用旋皮机或手工逐个除去皮。去皮后的原料要浸泡在1%~2%的食盐水中，防止果面变色。用不锈钢水果刀纵切两半，并挖去果心。

（3）修正、护色　用小刀将梨块上的机械性伤、斑点及残留果皮削去，并投入1%~2%食盐水或0.1%的柠檬酸溶液中护色。

（4）抽空　在密闭的容气罐中，将梨块浸泡在1%~2%的食盐水中，加入0.1%~0.2%的柠檬酸，在20~50℃的温度下，抽空5~10min，罐上压力表的真空度控制在66.7kPa以上。抽空后的梨块可直接装罐，或再经预煮后装罐。

（5）预煮　预煮水根据原料含酸量的高低，可酌情加0.1%~0.2%的柠檬酸，沸水投料，煮5~10min；以煮透不夹白心为度。预煮后迅速将梨块冷却并进行修整。

（6）空罐、罐盖消毒　将用清水冲洗过的空罐及罐盖放入85℃的水中消毒5min。

（7）装罐　选择片型完整、色泽一致、无伤疤、斑点等缺陷的扇形片分别装罐，要求果肉排列整齐。

（8）糖水配制　将原料挤汁用手持糖度仪测定含糖量，根据测定值用下式计算加入糖液的浓度：

$$Y=\frac{m_3Z-m_1X}{m_2}$$

式中　Y——糖液浓度,%

m_1——每罐装入果肉量（240g），g

m_2——每罐加入糖液量（160g），g

m_3——每罐净重（400g），g

X——果肉含糖量,%

Z——要求开罐时的糖液浓度（15%）,%

称取所需砂糖和用水量，置于锅内加热溶解并煮沸后，用200目滤布过滤，柠檬酸按0.1%加入糖水中。每罐注入约160g糖水，注糖水时要注意留8～10mm的顶隙。

（9）排气、密封　将已装好罐的罐头放入沸水中，加热至罐中心温度至80～85℃，取出后用手动封罐机进行卷边密封。

（10）杀菌、冷却　将密封后的罐头在沸水中杀菌15～20min，然后冷却至38～40℃。

2. 糖水菠萝罐头的制作

（1）原料选择　选择果形很大、芽眼浅、果心小的圆柱形原料。一般加工成熟度控制在70%～80%，果肉平均可溶性固型物不低于10%～20%。除去病虫、伤残、干瘪果，不允许有发霉、腐烂果存在。

（2）切端去皮、去果目、切片、清洗　用片刀将果实两端垂直于轴线切下，削去外皮，削皮时应将青皮削干净。用三角刀沿果目螺旋方向挖除果目，深浅以正好能挖干净果目为适宜。经雕目后的果实用小刀削除残留表皮及雕目残芽，清洗一遍后置于菜板上，用刀将果六等份纵向切开，去除果芯，果肉切成厚度约为10～13mm的扇形块，要求切面光滑，厚度一致。选片检选大小基本一致的扇形块，用清水洗去果屑。

（3）空罐及罐盖消毒　将用清水冲洗过的空罐及罐盖放入85℃水中消毒5min。

（4）装罐　选择片形完整、色泽一致、无伤疤、斑点等缺陷的扇形片分别装罐，要求果肉排列整齐。每罐装罐量为240g。

（5）糖水配制　将原料菠萝挤汁用手持糖度仪测定含糖量，根据测定值计算加入糖液的浓度。称取所需砂糖和用水量，置于锅内加热溶解并煮沸后，用200目滤布过滤，柠檬酸按0.1%加入糖水中。每罐注入约160g糖水，注糖水时要注意留8～10mm顶隙。

（6）排气、密封　将已装好的罐头放入沸水中，加热至罐中心温度至80～85℃，取出后用手动封罐机进行卷边密封。

（7）杀菌　将已装好的罐头在沸水浴中杀菌10min。

（8）冷却　杀菌结束后取出罐头放入流动水中冷却至约40℃。

（9）保温检验　擦干罐身水分，在20℃保温室中存放1周，观察罐头是否膨胀。

五、思考与讨论

1. 如何配制糖水梨罐头、糖水菠萝罐头的罐液？
2. 空罐使用前应如何处理？如果是回收的旧罐应如何处理？
3. 考核产品质量是否符合标准？（罐头总体要求为色泽均匀，具有果实原有风味、无异味，形态完整、无煮烂，罐液澄清无果肉碎片、无杂质，容器无锈斑和漏气现象。）

实训二 果蔬干制

一、技能目标

通过实训，使学生掌握果蔬干制品的加工方法和设备。掌握主要果蔬的干制加工工艺和技术，理解各工艺过程对干制品的品质影响。

二、教学资源的准备

（一）仪器设备

果刀、烘箱、晒盘、熏硫室、台秤、切片机、果盆等。

（二）教学场所

果蔬加工实验室。

（三）师资准备

实训时每班配备1名教师，技能考核时配备2名教师。

（四）实验试剂与材料

材料有葡萄、苹果、黄花菜、$NaHSO_3$、NaOH、NaCl、硫磺等。

三、原理与知识

果蔬干制原理是利用热能或其他能源排除果蔬原料中所含的大量游离水和部分胶体结合水，降低果蔬的水分活度，使微生物缺水无法生存，同时也可以降低果蔬中酶的活性，使制品得到更好的保存。

四、操作方法与步骤

（一）黄花菜的干制

1. 原料选择

选择花蕾充分发育而尚未开放、外形饱满、颜色由青绿转黄或橙色，含糖量高的品种为原料，早晨采摘，马上加工为宜。

2．烫漂

将花蕾采摘后要及时进行热烫。热烫可用沸水，也可用蒸制法。蒸制法是把花蕾放入蒸笼中，水烧开后用大火蒸5min，然后改用小火焖3～4min。当花蕾向里凹陷，不软不硬，色泽由深黄色变成浅黄色即可出笼，放于阴凉处散热后再进行干燥。

3．干燥

将黄花菜按5kg/m^2装烘盘，初期85～90℃高温，有利于水分蒸发，随着原料的大量吸热，烘房温度下降至60～65℃时，在此温度下保持10～12h，使水分大量蒸发。然后将烘房温度降至50℃直至干燥结束。同时相对湿度达到65%以上应立即通风排湿，并要更换烘盘和翻动黄花菜两三次。

4．回软

将烘干的黄花菜，放于容器中回软2～7d，使其含水趋于一致，稍显微软时再包装。

5．包装

剔除变色、破碎和过湿等不合格者，将回软后的黄花菜装入塑料薄膜袋内，入箱密封，贮于冷凉、通风干燥的库房内。

（二）葡萄的干制

1．原理选择

用于干制的葡萄应选皮薄、果肉丰满、粒大、含糖量高（20%以上），并要达到充分成熟。

2．清洗

采收以后太大的果串剪为几小串，再将果串在1%～3%的NaOH溶液中浸渍5～10s后，立即放到清水中漂洗干净。

3．干燥

将处理好的葡萄装入烘盘，使用逆流干制机干燥，初温为45～50℃，终温为70～75℃，终点相对湿度为25%，干燥时间为16～24h。

4．包装

将果串用聚乙烯塑料袋包装，密封后放置若干天，除去果梗，再用食品袋每袋500g真空包装，即为成品。

（三）苹果的干制

1．原料选择

选择无病虫害、无腐烂斑点、成熟度一致的苹果为原料，每组称苹果5kg。

2．洗涤、去皮

将称取的苹果用自来水清洗干净，手工法去皮，并去除果柄、花萼。

3．切分、去心、护色

将去皮后的苹果纵切为二，挖去果心，称重。再将去果心后的果块切分为2mm厚的果片，果片的厚度要均匀。将切分的果片在0.5%的 $NaHSO_3$ 溶液中浸泡15min。

4. 干燥

将硫处理后的果片放入烘箱中干制，开始用80~85℃温度干燥，以后逐渐降温至50~55℃，干制时间为5~6h，以用手紧握再松手不黏着且富有弹性为度。含水量为20%~22%。

5. 回软、包装

苹果干燥结束，进行回软处理后，装入塑料薄膜袋内，即为成品。

五、思考与讨论

1. 水果护色有哪些方法？原理是什么？

2. 在果蔬干制中应如何控制工艺条件，制出合格的干制品？

3. 考核产品质量是否合格？（果干总体质量要求是具有果实应有的颜色，有原果的芳香、无异味，无杂质，质地软硬适宜。）

实训三 果酱制作

一、技能目标

通过实例，明确果酱制品生产的基本工艺，熟悉各工艺操作要点及成品质量要求，掌握常见糖制品的生产方法。

二、教学资源的准备

（一）仪器设备

不锈钢刀具（挖核、切分）、台秤、夹层锅或不锈钢锅、温度计、手持糖量计、塑料薄膜热合封口机等。

（二）教学场所

果蔬加工实验室。

（三）师资准备

实训时每班配备1名教师，技能考核时配备2名教师。

（四）实验试剂与材料

材料有苹果、草莓、砂糖、柠檬酸、氧化钠、山梨酸、抗坏血酸溶液等。

三、原理与知识

糖制品按其加工方法分为果脯蜜饯类和果酱类，果脯蜜饯类属于高糖食品，大多含糖量50%～70%；果酱类属于高糖高酸类食品，含糖量多在40%～65%，含酸量约在1%以上。利用高糖度糖液产生的高渗透压作用、抗氧化作用及果胶凝胶的原理，采用高浓度的糖液处理果蔬，提高其含糖量（或形成良好的凝胶状态），达到抑制微生物生长并长期保藏产品的目的。

四、操作方法与步骤

（一）操作流程

苹果酱：

苹果→清洗→去皮、切片→预煮→打浆→浓缩→装罐、封口→杀菌、冷却→成品

草莓酱：

草莓→漂洗→去梗、去萼片→配料→浓缩→装罐封口→杀菌→冷却→成品

（二）操作步骤

1. 苹果酱的加工

（1）原料选择　宜选择成熟度适宜、含果胶及果酸成分多、芳香味浓的苹果。

（2）原料处理　用清水将果面洗净后去皮、去心，将苹果切成小块，并及时利用1%～2%的食盐水或0.2%的抗坏血酸溶液进行护色。

（3）预煮　将小果块倒入不锈钢锅内，加果重10%～20%的水，煮沸15～20min，要求果肉煮透，使之软化兼防变色。

（4）打浆　用打浆机打浆或用破碎机来破碎。

（5）配料　按果肉100kg加糖70～80kg（其中砂糖的20%宜用淀粉糖浆代替，砂糖加入前需预先配成75%浓度的糖液）和适量的柠檬酸。

（6）浓缩　先将果浆打入锅中，分2～3次加入糖液，在可溶性固形物达到60%时加入柠檬酸调节果酱的pH为2.5～3.0，待加热浓缩至105～106℃，可溶性固形物达到65%以上时出锅。

（7）装罐、封口　出锅后立即趁热装罐，封罐时酱体温度不低于85℃。

（8）杀菌、冷却　封罐后立即投入沸水中煮沸5～15min，杀菌后分段冷却到38～40℃。

2. 产品质量要求

颜色为酱红色或琥珀色；黏胶状，不流散，不流汁，无糖结晶，无果皮、种子及果梗；具有果酱应有的良好风味，无焦煳和其他异味；可溶性固形物不低于65%（按折光计）。

3. 草莓果酱的加工

（1）原料处理　草莓倒入流动水中浸泡3~5min，分装于有孔筐中，在流动水或通入压缩空气的水槽中淘洗，去净泥砂污物，然后去梗、萼片和腐烂果。

（2）配料　草莓300kg，75%糖水400kg，柠檬酸700g，山梨酸钾250g。

（3）浓缩　采用减压或常压浓缩方法。减压浓缩是将草莓与糖水吸入真空浓缩锅内，调节真空度为4.7~5.3kPa，加热软化5~10min，然后提高真空度到8.0kPa以上，浓缩至可溶性固形物达60%~65%时，加入已溶化的山梨酸、柠檬酸，继续浓缩至终点出锅。常压浓缩是先将果浆打入锅中，分2~3次加入糖液，在可溶性固形物达到60%时加入柠檬酸，调节果酱的pH为2.5~3.0，待加热浓缩至105~106℃，可溶性固形物达到65%以上时出锅。

（4）装罐、封口　出锅后立即趁热装罐，封罐时酱体的温度不低于85℃。

（5）杀菌、冷却　封罐后立即投入沸水中5~15min，杀菌后分段冷却到38~40℃。

4. 产品质量要求

紫红色或红褐色，有光泽，均匀一致；酱体呈胶黏状，块状酱可保留部分果块，泥状酱的酱体细腻；甜酸适度，无焦煳味及其他异味；可溶性固形物65%（外销）或55%（内销）。

五、思考与讨论

1. 制作果酱是否可以添加少量氯化钙？
2. 加工苹果酱时，如果不外加柠檬酸是否可以？

实训四　糖醋菜制作

一、技能目标

通过实训使学生了解糖醋榨菜及糖醋蒜的制作方法，掌握其腌制的操作过程，了解糖醋液的配制，知道如何判断糖醋榨菜及糖醋蒜的质量。

二、教学资源的准备

（一）仪器设备

泡菜坛、菜坛、缸、菜刀、竹筛、瓷盆、台秤、稻草、聚乙烯塑料薄膜等。

（二）教学场所

果蔬加工实验室。

（三）师资准备

实训时每班配备 1 名教师，技能考核时配备 2 名教师。

（四）实验试剂与材料

材料有白块榨菜、食盐、冰醋酸、丁香、豆蔻粉、生姜、红辣椒、月桂叶、白胡椒粉、大蒜、白糖、鲜蒜头、红糖、粮食醋、糖精等。

三、原理与知识

蔬菜腌制主要是利用食盐的高渗透压作用，微生物的发酵作用，蛋白质的分解作用及其他一系列的生物化学作用，抑制有害微生物的活动和增加产品的色香味。

四、操作方法与步骤

（一）操作流程

糖醋榨菜：

原料处理→浸泡→切分→糖醋液配制→糖醋渍→成品

糖醋蒜：

原料选择→清洗→分层干腌→腌制→成品

（二）操作步骤

1. 糖醋榨菜的制作

（1）原料处理　制作糖醋榨菜的原料可直接选用已经修剪挑筋的毛熟菜块或者用盐腌制的白块榨菜，经发酵后可以随时取用。

（2）浸泡　不管是毛熟菜块还是坛装白块榨菜，在使用前都要用清水浸泡脱盐，浸泡 1.5 ~ 2h 即可。浸泡时最好使用流动水，浸泡脱盐的程度以口尝能感觉到少许咸味和鲜味为宜。

（3）切分　脱盐后的菜块取出沥去明水或稍加压力除多余的水分，然后用刀将菜块切成宽 2 cm，长 5cm，厚 0. 3cm 薄片，凡是不能切成片状的部分可以用绞肉机绞成细颗粒作为榨菜末。也可切成长短基本一样的细条作为榨菜丝，或者切成长宽高为 1. 5cm 正方体称为榨菜粒。凡是不能切成一定形状的边角余料都可绞成细末。

（4）糖醋液配制　每 100kg 脱盐切分的榨菜需要凉开水 60kg，冰醋酸 2. 4kg，丁香 36g，豆蔻粉 16g，生姜 80g，红辣椒 100g，月桂叶 16g，白胡椒粉 20g，大蒜 100g 及白糖 9kg，各种香料直接放在醋酸溶液中，在 80℃条件下，加热 1h，凉后过滤，再加热到 80℃，又加入纯净的白糖并使其溶化。

（5）糖醋渍　将上述切好的菜片、菜丝、菜颗及菜末浸泡于糖酸香液中，最好利用泡菜坛子浸泡，坛颈也要横挡竹片以免菜片等上浮。加满后再盖上瓦罐状盖子并用水封口。如此浸泡 15d 后，将坛内的香液取出一部分后再按每 50kg 原料加水醋酸 150g，白糖 3. 5 ~4kg。如此再浸泡一周就成为糖醋榨菜成品。

2. 产品质量要求

产品脆嫩，甜酸度适当。

3. 糖醋蒜的制作

（1）原料选择与处理　蒜头要求肥大、匀整，表皮洁白，质地鲜嫩；剔除蒜皮粗老、有病虫害或腐烂的蒜头；将蒜头根、叶除去，留 2cm 的叶茎，以防蒜瓣脱散；除去包在蒜头外面的大部分鳞片；然后放在清水中浸漂，清洗干净，沥去水分，进行腌制。

（2）腌制　按鲜蒜质量 10% 的用盐量进行腌渍。腌渍时，先在缸内铺上一层盐，然后一层蒜头一层盐，踩紧压实，到八成满缸为止。缸面覆盖一层盐，用石头压实。腌后每天早晚各翻缸一次，直到缸内蒜卤达到蒜量高度的 3/4 时，可不再翻缸。最后一次翻缸可在缸内安置一只竹篓或刨一坑穴，使蒜卤集聚在内，便于淋卤。每天早晚用瓢舀穴或篓中蒜卤浇淋在蒜头上，充分浇淋，经 7 ~10d，即成咸蒜头。

（3）晾晒　将腌好的咸蒜头捞出，沥干水分，置于席上晾晒。每天翻动 1 ~2 次，100kg 蒜头晒至剩下 70kg 左右为止。

（4）糖醋渍　糖醋液的配制方法，各地不一，可按各自的口味，适当调整糖与醋的用量。红蒜：食用红醋 70 kg，红糖 22 kg，酌加少量酱油与香料。白蒜：食用白醋 70kg，白砂糖 22kg。配制时，先将食醋加热到 80℃左右，然后加入糖及其他辅料，待糖全部溶解后，过滤出缸备用。糖醋渍是将半干咸蒜头装入坛中，装到接近坛高 3/4 时，压紧，然后注入事先配好的糖醋液，一般半干咸蒜头与糖醋液比例为 1: 1，坛口需加竹篾盖压住蒜头，防止蒜头上浮脱卤，再将坛密封保存。一个月后即可食用。糖醋渍时间越长，制品风味越纯正。

4. 产品质量要求

成品呈红棕色和乳黄色或乳白色，有光泽感；味甜酸适宜，富有糖醋大蒜应有的蒜香，无异味；蒜头完整，大小均匀，肉质脆嫩，无蒜蒂、虫蛀及霉烂蒜头；总糖含量达25%，总酸含量达1.2%～1.4%。

五、思考与讨论

1. 如何正确处理原料？
2. 腌渍工艺包括什么？

实训五 果蔬速冻

一、技能目标

通过实训了解制作果蔬速冻制品的一般工艺流程及操作要点。

二、教学资源的准备

（一）仪器设备

果蔬速冻机。

（二）教学场所

果蔬加工实验室。

（三）师资准备

实训时每班配备1名教师，技能考核时配备2名教师。

（四）实验试剂与材料

桃、菠菜等水果蔬菜、白砂糖、10% NaOH、2%柠檬酸、0.1%～0.2%维生素C。

三、原理与知识

速冻加工就是将原料经过一系列处理后，在－35～－30℃的低温条件下进行快速冻结，再在能保持冻结状态的低温下冷冻保藏，以实现延长保藏时间的目的。

四、操作方法与步骤

（一）操作流程

速冻桃：

原料选择→分级→清洗→去皮、去核、切分→护色→包装→速冻→冻藏

速冻菠菜：

原料选择→分级、清洗→热烫→沥干→速冻→上冰衣→包装→冻藏

（二）操作步骤

1. 速冻桃的制作

（1）原料选择　选择大小均匀、无机械伤、无病虫害、成熟度为八成熟的黄桃或白桃。

（2）分级　按照果实大小与颜色进行分级。

（3）清洗　用清水洗净果实表面，除去泥沙污物及残留农药。

（4）去皮、去核、切分　可用碱液去皮，温度为60℃的10%的NaOH溶液，将桃浸泡2min，然后用流动水清洗漂洗刷去残留的果皮，再放入2%的柠檬酸溶液中浸泡以中和残留的碱，并可防止褐变。然后再用不锈钢刀具切半、去核和切片。

（5）护色　将切分去核的桃片浸泡在40%～50%的糖液中，糖液中加入0.1%～0.2%的维生素C进行护色。

（6）包装　按桃片70%、糖浆30%的比例装入聚乙烯塑料袋中密封。

（7）冻结　在-35℃的冷冻隧道中快速冷冻到-18℃冻藏。

2. 速冻菠菜的制作

（1）原料选择　选择圆叶品种，挑选无黄叶、无病虫害的菠菜，长度150～300mm。菠菜采收后应当在24h内加工完毕。

（2）分级、清洗　剔除枯黄叶，剪去0.5cm左右的根头，修去面根，用清水漂洗干净。

（3）热汤　用100℃沸水热烫2min，然后用冷水快速冷却到10℃以下。

（4）沥干　将冷却的菠菜沥干水分，放入180mm×130mm的格盘内，摊成长方形的块，每盘1000kg菠菜。

（5）冻结　将装好菠菜的格盘放入-30℃的速冻机中冻结中心温度达到-18℃以下。

（6）上冰衣　将冻结好的格盘取出，置于3～5℃的冷水中浸渍3～5s后迅速

捞出，使冻结的菠菜块表面穿上一层薄薄的冰衣，以保持色泽和品质不变。

（7）包装　将包上冰衣的菠菜迅速装入聚乙烯塑料袋中密封，再用纸箱作外包装。

（8）冻藏　将包装好的速冻菠菜在-18℃以下的温度冻藏。

五、思考与讨论

1. 速冻加工时，如何进行护色处理？
2. 上冰衣的作用是什么？

【项目思考】

1. 果蔬罐藏的基本原理是什么？
2. 罐藏对果蔬原料有什么要求？
3. 果蔬罐制品加工的工艺过程是怎样的？
4. 果蔬罐制品杀菌效果的影响因素有哪些？
5. 果蔬干制保藏的理论依据是什么？
6. 在果蔬干燥过程中，如何加快干燥速度、缩短干燥时间？
7. 果蔬在干制过程中容易出现哪些质量问题？如何防治？
8. 蜜饯类制品的工艺流程及操作要点是怎样的？
9. 果酱类制品的工艺流程及操作要点是怎样的？
10. 如何控制果蔬糖制品的返砂、流汤及煮烂、干缩等现象？
11. 食盐的保藏作用有哪些？
12. 影响乳酸发酵的主要因素有哪几个方面？
13. 发酵性腌制品腌制成败的关键是什么？

项目二
粮油制品加工技术

【知识目标】

1. 了解面包、饼干、蛋糕、方便面、挤压膨化食品、食用油脂的原辅料种类及作用。
2. 识别各种粮油制品的加工原理。
3. 掌握各种粮油制品的生产工艺及过程。

【技能目标】

1. 会制作面包、饼干、糕点及典型膨化小食品。
2. 能设计典型粮油制品的加工工艺。

任务一 面包加工技术

面包是焙烤食品中历史最悠久、消费量最多、品种繁多的一大类食品。它以小麦面粉为主要原料，以酵母、乳制品、油脂、糖、盐等为辅料，加水调成面团，再经过发酵、整形、成型、烘烤、冷却等过程加工而成的焙烤制品。面包的种类很多，按面包软硬度分为硬式和软式面包；按质量和用途分为主食和点心面包；按成型方法分为普通面包和花色面包。

一、面包加工的原辅料

1. 面粉

面粉是制作面包的最主要原料，由小麦磨制加工而成。制作面包的面粉要求面筋量多、质好。所以一般采用高筋粉、粉心粉，硬式面包可用粉心粉和中筋粉，一般不能用低筋粉。高级面包都要用特制粉。面粉的功能是形成持气的黏弹性面团，形成面包的骨架；同时，当配方中糖含量较少或不加糖时，提供酵母发酵所需的能量。

制作面包的面粉在使用前必须过筛，以混入空气及防止杂物和面粉中小的结块存在，并安装磁铁除杂装置，以除掉面粉中铁屑之类的金属杂质。

2. 酵母

酵母是制作面包必不可少的一种重要生物膨松剂。其主要作用是将可发酵的糖转化为 CO_2 和酒精，转化所产生的 CO_2 气体使面团酥松多孔，生产出柔软膨松的面包，此外，酵母在发酵时，能产生面包产品所特有的发酵味道。目前，我国生产面包使用的酵母有鲜酵母、干酵母、活性干酵母等三种。

调粉时一般先用一部分水把称好的酵母化开拌匀再加入面粉，使酵母在面团中分布均匀。在处理和使用各种酵母时，酵母不要与油脂或高浓度的食盐溶液、砂糖溶液直接混合，以免影响酵母的活力。

3. 乳制品

乳制品是生产焙烤制品的重要辅料。在面包配方中使用的乳制品主要有牛乳和乳粉。乳制品能改善面团性质，增加面筋强度，加强面筋韧性，提高面团的发酵耐力，增进面包表皮颜色，改善制品的组织，延缓制品的老化。

乳粉在使用前用适量的水将乳粉调成乳状液后使用，也可与面粉先拌均匀再加水。这样能防止乳粉结块。

4. 油脂

油脂是面包生产中的一种必备辅料。油脂在焙烤食品中使用，起着润滑作用，使制品口感松软，表面光亮，同时提高面团的可塑性。但由于油脂能抑制面筋的形成和影响酵母生长，因此面包配料中油脂用量不宜过多，通常为面粉用量的5%～10%，油脂用量过多或加入时间过早，都会阻止面筋的大量形成，因此，油脂应在最后一次调制面团时加入。

面包中常用的油脂有猪油、奶油、人造奶油和熔化起酥油等。

5. 糖

面包配方中添加糖，一是为了增加制品的甜味，提高制品的色泽和香味；二是提供酵母生长与繁殖所需营养，调节发酵速度，调节面团中面筋的膨胀度。常用的糖有蔗糖、饴糖、葡萄糖浆、淀粉糖浆、蜂蜜等。

添加砂糖时，应先用温水溶解或碎成糖粉，再与面粉混合。如果直接混合会使面包表面存在可见的糖粒或糖粒在高温烘烤时溶化，造成面包表面粗糙及内部产生孔洞。

6. 食盐

食盐是制作面包的基本辅料之一，用量不多，但不论何种面包，其配方中均有盐这一部分。食盐可使面筋质地变密，增强面筋的立体网状结构，易于扩展延伸。同时，盐对酵母菌的发酵有一定的抑制作用，因而可以通过增加或减少配方中盐的用量，来调节、控制好发酵速度。因此，低筋面粉可使用较多的食盐，高筋面粉则少用盐，以调节面粉筋力。盐用量一般为面粉质量的1%～2%。用前必须溶解、过滤，用量不能过高，应避免与酵母直接混合。

二、面包加工工艺

（一）工艺流程

根据面包发酵过程常将面包生产工艺分为一次发酵法、二次发酵法和快速发酵法。如果不考虑发酵方法，面包加工工艺流程主要为：

原辅料预处理→面团调制→发酵→整形→成型→烘烤→冷却→包装→成品

（二）操作要点

1. 面团调制

面团调制也称搅拌、捏合，是经过处理的原辅料按配方用量和工艺要求，通过和面机的机械作用，使各种原辅料充分混合，面筋蛋白和淀粉吸水润胀，调制成具有良好黏弹性、延伸性、柔软、光滑发酵面团的过程，是生产面包的关键工序之一。

（1）面团调制的目的

①使面团中各种原料充分接触，才能将面团调和均匀；②加速面粉吸水、胀润，加速面筋形成速度，缩短面团形成时间；③使面筋充分接触空气，从而促进面筋网络的形成，使面筋达到最佳的弹性和延伸性能。

（2）面团搅拌程度的判断，主要靠操作者的观察，为了观察准确，可将搅拌的过程分为以下六个阶段：

①拾起阶段：此阶段为调制面团的第一个阶段。面粉等原料被水调湿，似泥状，没有形成一体，且不均匀，水化作用仅在表面发生一部分，面筋没有形成，用手摸面团发硬很粗糙，无弹性和延伸性。

②卷起阶段：此阶段水分被面粉全部吸收，由于面筋的形成，面团产生了强大的筋性，将整个面团结合在一起，开始不再粘缸，用手摸面团不是很粗糙，但

仍会粘手，手拉面团时无良好的延伸性，易断裂，缺少弹性，表面湿润。

③面筋扩展阶段：随着面筋的形成，面团表面逐渐趋于干燥，且较光滑，有光泽，用手触摸时有弹性，较柔软，拉面团时具有延伸性，但仍易断裂。

④完成阶段：此时面筋已完全形成，外观干燥、柔软而具有良好的延伸性，面团随和面机的转动发出拍打和面机壁的声音，面团表面干燥而有光泽、细腻而无粗糙感，用手拉取面团时，具有良好的延伸性和弹性，面团非常柔软，此阶段为最佳程度，应立即停止和面，进行发酵。

⑤搅拌过渡阶段：如完成阶段不停止，而继续搅拌，面筋超过了搅拌的耐度，就会逐渐断裂，面筋胶团中吸收的水分又开始溢出，面团表面再次出现水的光泽，出现黏性，流动性增强，用手拉面团时粘手而柔软，这时已严重影响了面包的质量。

⑥破坏阶段：若再继续搅拌下去，面团就开始水化，越搅越稀且流动性很大。用手拉面团时，手掌上会有一丝丝的线状透明胶质出现。这时面筋已彻底被破坏，不能再用于制作面包。

（3）面包品质的好坏与面团调制的程度有一定关系。

①搅拌不足：面团搅拌不足时，因面筋未能充分扩展，面团未达到良好的伸展性和弹性，既不能较好的保存发酵中所产生的 CO_2 气体，又无法使面筋软化，所以做出来的面包体积小，内部组织粗糙，色泽差。搅拌不足的面团，因性质较黏和硬，所以整形操作也很困难，很难滚圆至光滑。

②搅拌过度：面团搅拌过度会使已形成的面筋被打断，导致面包在发酵产气时很难保住气体，使面包体积偏小。在搅拌时形成了过于湿黏的性质，造成在整形操作上很困难。面团滚圆后，无法挺立，向四周扩展。用这种面团烤出来的面包，因无法保存膨大的空气而使面包体积小，内部有空洞，组织粗糙且多颗粒，品质极差。

（4）影响面团调制的因素主要包括以下几方面：

①面团加水量：面团加水量要根据面粉的吸水率而定。一般在面粉量的45%～55%范围内。加水过多造成面团过软，给工艺操作带来困难；加水量过少，造成面团过硬，制品内部组织容易粗糙，并且也会延缓发酵速度。

②面团温度：适宜的面团温度是面团发酵的必要条件。温度过高，会使面团失去良好的伸展性和弹性，无法达到扩展的阶段，这样的面团脆而发黏，严重影响面包的品质；温度过低，面团所需卷起的时间较短，但扩展的时间较长。为了保证面包的品质，面团形成时的温度应控制在26～28℃。这个温度不仅适合酵母的生长繁殖，也有利于面团中面筋的形成。

③搅拌机速度：搅拌机的速度对搅拌和面筋扩展的时间影响很大，快速搅拌面团卷起时间快，达到完成的时间短，面团搅拌后的性质较好。如慢速搅拌则所需卷起的时间较久，而面团达到完成阶段的时间就长。

2．面团发酵

面团发酵是面包加工过程中的关键工序。它是在适宜条件下，面团中的酵母利用营养物质进行繁殖和新陈代谢，产生CO_2气体和风味物质，使面团蓬松而富有弹性，形成大量蜂窝，并使面团营养物质分解为人体易于吸收的物质。

（1）面团发酵的目的

①在面团中积累发酵产物，赋予面包浓郁的风味和芳香；②使面团变得柔软且具有延伸性和多孔结构，在烘烤时得到极薄的膜；③促进面团的氧化，增强面团的持气能力；④使酵母繁殖和发酵，产生CO_2气体，促使面团体积膨胀，具有轻微的海绵结构；⑤有利于烘烤时的上色反应。

（2）面团发酵成熟度的判断主要采取以下三种方法。

①手触法：用手指轻轻按下面团，手指拿出后，面团既不弹回，也不继续下落，仅在凹处周围略微下落，表明面团发酵成熟；如果被压凹的面团，很快恢复原状，表示面团发酵不足；如果凹下的面团随手指离开而很快跌落，表示面团发酵过度。

②拉丝法：用手将面团撕开，如内部呈丝瓜瓤状并有酒香，说明面团已经成熟。

③手握法：用手将面团握成团，如手感发硬或粘手表明面团未成熟；如手感柔软且不粘手就是成熟适度；如面团表面有裂纹或很多气孔，说明面团已经老了。

（3）影响面团发酵的因素主要包括以下几方面。

①发酵温度：温度是酵母生命活动的重要因素。面团发酵过程中，面包酵母的适宜温度为25～28℃，最高不超过30℃。如果温度过低会影响发酵速度，若温度过高，虽缩短发酵时间，但会给杂菌生长创造条件，影响产品质量。

②酵母的影响：酵母的发酵力是酵母质量的重要指标。面团发酵时，酵母发酵力的高低对面团发酵的质量影响很大。所以一般要求鲜酵母的发酵力在650mL以上，活性干酵母的发酵力在600mL以上。在同等条件下，增加酵母的用量，能加速面团短时间发酵，提高气体保持力；但对于长时间发酵，易产生过成熟现象，气体保持力的持久性会缩短，所以长时间发酵，酵母的使用量应少一些。

③添加水量的影响：面团中加水量要根据面粉的吸水能力和面粉中蛋白质含量多少而定。一定范围内，面团中含水量越多，酵母繁殖速度越快，越有利于加快发酵速度。所以适当提高面团加水量有利于面团的发酵。

④面粉质量：面粉中面筋蛋白含量高，持气能力较强，但产生气体的速度较慢，发酵时间较长；面筋蛋白含量较低，发酵面团的持气能力不足，造成成品塌陷、体积小。

3．面团整形

面团整形是将发酵好的面团做成一定形状的面包坯。面包整形包括切块、称量、搓圆、中间醒发（静置）、整形、装盘等工序。

（1）分块称量　按照成品规格的要求，将面团分块称量。在称重过程中，必须考虑在烘烤过程中水分蒸发所导致的重量减轻现象，减少的量为面团7%～12%。分块应在尽量短的时间内完成，主食面包的分块最好在15～20min内完成，点心面包最好在30～40min内完成。否则，面团发酵过度，将影响面包质量。

（2）搓圆　搓圆是将不规则的面块变成球形，使其表面光滑，内部组织结实。搓圆分为手工搓圆和机械搓圆两种。

搓圆的目的：①使所分割的面团外围再形成一层皮膜，以防新生成的气体失去，同时使面团膨胀；②使分割的面团有光滑的表皮，在后面操作过程中不会发黏，烤出的面包表皮光滑好看。

（3）醒发　醒发也称静置。就是把成型后的面包坯经过最后一次发酵，使面包坯达到应有的体积和形状。

醒发目的：①面团经切块、搓圆后，排除一部分气体，内部处于紧张状态，面团缺乏弹性，如立即成型，面团表面易被撕裂，内部裸露出来，具有黏性，面筋受到极大的损伤，保不住气体，面包体积小，外观差，保存时间短；②中间醒发可缓和由切块、搓圆工序产生的紧张状态，使酵母适应新的环境，恢复活性，使面筋恢复弹性，调整面筋延伸方向，增强持气性，使面团柔软，表面光滑，易于成型。

醒发条件：①醒发的时间各不相同，一般为8～20min；②醒发温度一般为27～29℃，温度过高，会促进面团迅速老化，持气性变差和面团的黏性增大；温度过低，面团冷却，醒发迟缓，延长中间醒发时间；③适宜的相对湿度为80%～85%。相对湿度太低，面包坯外表面易结成硬壳，使发酵的面包内部残存硬面块或条纹；湿度过大，面包坯表皮黏度会增大，影响成品外观；④经过醒发的面团应是醒发前体积的0.7～1倍。膨胀不足，整形时不易延伸；膨胀过大，整形时排气困难，压力过大，易产生撕裂现象。

（4）整形　面团经过中间醒发后，将面团整成一定的形状，再放入烤盘内。根据不同品种可采用不同的方法整形。一般花色面包多用手工成型，主食面包多用机械成型。

4. 面团成型

成型也称醒发或后发酵，将整形好的面包坯经过末次发酵，使面包坯体积增加1～1.5倍，也就是达到面包应有的体积和形状，这个过程称为成型。

（1）成型的目的　经过整形的面团，几乎失去了面团应有的充气性质，同时面筋失去原有的柔软而变得脆硬和发黏，如立即送入炉内烘烤，则烘烤的面包体积小，组织颗粒非常粗糙，同时顶上或侧面会出现空洞和边裂现象。为得到形态好、组织好的面包，必须使整形好的面团重新再产生气体，使面筋柔软，增强面筋伸展性和成熟度，使面坯膨胀到所要求的体积，以达到制品松软多孔的目的。

（2）成型的工艺条件主要受温度、湿度、时间等三方面的影响。

①温度：醒发的常用温度是36～38℃，最高不超过40℃。温度过高，会使面包坯的表皮干燥，烤出来的面包皮粗糙，有时甚至有裂口，同时高温也会影响酵母作用。

②湿度：相对湿度控制在80%～90%，以85%为最佳，不能低于80%。相对湿度过低易使面包表面结皮，不易使面包坯膨起，还会影响面包皮的色泽；相对湿度过大，会在面包表面结成水滴，使烤成的面包表面有气泡或白点。

③时间：成型时间一般控制在45～90min。成型时间不足，烤出的面包体积小，内部组织不良；成型时间过长，面包的酸度大，膨胀也过大，超过面筋的延伸极限而跑气塌陷，面包皮缺乏光泽或表面不平。

（3）成型适宜程度的判断

①体积：面包坯体积膨胀到面包应有体积的80%；②膨胀倍数：成型后的面包坯体积增加3～4倍；③形状、透明度和触感：随着醒发的进行，面包坯变得柔软，弹性增强，由于气泡的胀大和变薄，表面有半透明的感觉，用手指轻摸面团表面，感到面团有一种膨胀起来的轻柔感。

5．面包的烘烤

醒发后的面包坯应立即进入烤炉烘烤，使生面包坯成熟、定形、上色，并产生面包特有的蓬松组织、金黄色表皮和可口香气。

（1）面包烘烤过程一般分为初期阶段、中间阶段、最后阶段共三个阶段。

①初期阶段：面包坯进烤炉初期，应在温度较低和相对湿度较高（60%～70%）的条件下进行焙烤，这样有利于面包进一步膨胀体积。烤炉面火要低以防止面包结皮，一般控制在120℃左右，底火要高，使底面固定大小，面包体积最大限度的膨胀，一般控制在200～260℃，时间为2～3min。这样可避免面包坯表面快速干结而造成面包体积不足。

②中间阶段：此时是面包成熟阶段。这阶段需要提高温度使面包定型。面火、底火可同时提高温度，约为270℃左右，时间为3～4min。这样可使面包快速失水，面包坯定型成熟。此时面包体积已基本达到成品体积的要求，面筋已膨胀至弹性极限，酵母活动停止。

③最后阶段：此时是面包表皮着色和增加香气，提高风味的阶段。此阶段面包已经定型并基本成熟。炉温逐步降低，面火调至180～200℃，底火降至140～160℃。底火温度过高，会使面包底部焦煳。

（2）烘烤条件对面包品质的影响主要包括以下几方面。

①烤炉预热温度不足：成型产品随即入炉，使得烤焙时间延长，水分过度蒸发。因此，烘焙损耗大，产品表面厚、颜色浅，这是因为热量不足，表皮无法充分焦化，以致缺乏金黄色泽，且内部组织粗糙。此外，炉门打开时间过长致使炉温下降。

②烤炉温度太高：烤焙时产品表面过早形成硬皮，使内部组织膨胀受到压制，导致产品内部较黏而密实，达不到应有的松软，没有正常的香味。

③烤炉预热后空挡太长：干热过久的内部炉膛聚集太多热量，而较低温度的产品一入炉，所有的热源会在烘烤过程的最初阶段集中于产品表面，形成太强的上火，随即热度消失快速降温，不稳定的炉内温度造成产品内部难熟。可在预热时事先放一杯水缓和热度；或者在产品入炉前先打开炉门让冷空气进入，赶走过多的热量以稳定炉温。

6. 面包的冷却与包装

（1）冷却　冷却的目的是因为面包出炉以后温度很高，皮脆瓤软，没有弹性，经不起外界压力，如果立即进行包装或切片，会造成断裂，破碎或挤压变形；刚出炉的面包如立即包装，热蒸汽不易散发，遇冷产生的冷凝水便吸附在面包的表面，给霉菌生长创造条件，使面包容易发霉变质。冷却后的面包要求瓤心温度为35℃，表皮温度达到室温。

冷却的方法包括自然冷却和吹风冷却法。自然冷却是在室温下冷却，这种方法时间长，如果卫生条件不好易使制品被污染；吹风冷却是用风扇吹冷，冷却速度较快。

（2）包装　包装主要为了隔绝空气，保持产品卫生，防止细菌和杂质污染，同时，面包包装后可延长它的保鲜期，减少水分损失，保持面包特有的风味。

面包的包装材料要符合食品卫生要求，不得直接或间接污染面包；同时要求包装材料无毒、无异味、可与食品接触的材料。包装面包的常用材料有耐油纸、蜡纸、聚乙烯、聚丙烯等。

（三）面包的质量标准

面包卫生质量必须符合GB14611—1993、GB7099—2003要求，评判面包质量的主要指标有形状规格、感官指标、理化指标、卫生指标。

1. 形状规格

（1）形状　形状或对称度合格的面包应外形完整，长、宽、高均匀，边缘部分稍呈圆形而不过于尖锐，两头及中间应整齐。

（2）规格　每个面包质量不低于或高于规定质量的±3%，一般面包质量根据配方中辅料多少而定，每份面粉按出成品面包的1.4份计量，再加上辅料的出品率，就可确定面包成品质量。

2. 感官指标

（1）色泽　表面呈金黄色或红褐色的，色泽基本一致，无斑点，不焦煳。

（2）形态　按品种造型设计不走样，黏连最大面积不大于周长的1/4。

（3）内部组织　气孔细密均匀，呈海绵状，不得有大孔洞，富有弹性。

（4）口感　不酸、不黏、不生、无异味、松软爽口，具有酵母清香味。

3. 理化指标

（1）水分含量　以面包中心部位为准，为34%～44%。

（2）酸度　以面包中心部位为准，pH≤6。

（3）比容　咸面包3.4mL/g以上；淡面包、甜面包及花色面包3.6mL/g以上。

4. 卫生指标

成品无杂质、无霉变、无虫害、无污染。每100g面包细菌总数≤1000个，大肠杆菌≤30个，致病菌不得检出。

任务二 饼干加工技术

饼干是除面包外生产规模最大的焙烤食品。它是以面粉、糖、油脂为主要原料，加入乳品、蛋品及其他辅料，经调制、成型、烘烤而成的松脆食品。饼干口感酥松，水分含量少，体积轻，块形完整，易于保藏，便于包装和携带的特点，是一种深受大众喜爱的休闲食品。

一、饼干生产的基本工艺

（一）基本工艺流程

原辅料预处理→面团调制→面团辊轧→饼坯成型→烘烤→冷却→包装→成品

（二）操作过程

1. 原辅料预处理

生产饼干的原料主要有小麦粉、糖、油脂、淀粉、疏松剂、食盐等。原辅材料的质量和预处理的方法、效果，直接影响着产品的质量。

（1）面粉　饼干制作工艺中除个别品种，一般不希望面筋过大，因为筋力过高将给成型带来困难。所以制作饼干一般选用低筋粉。生产韧性饼干，宜选用面筋弹性中等、延伸性好、面筋含量较低的面粉，一般以湿面筋含量在24%～36%为宜；生产酥性饼干，使用湿面筋含量在25%～30%的面粉为宜；生产发酵饼干一般采用二次发酵法生产技术，在第一次面团发酵时，由于发酵时间过长，应选用湿面筋含量30%左右，筋力强的面粉；在第二次面团发酵时，时间较短，宜选用湿面筋含量为24%～26%、筋力稍弱的面粉。

面粉在使用前应进行过筛，以除去混入的杂质及在贮存过程中因吸潮而结成的面块，同时过筛操作可混入一定量的空气，有利于发酵的进行。一般面粉应通过100目筛，在过筛的同时，增设磁铁装置，可除去金属杂质。

（2）糖　饼干生产一般用糖量较多，用到的糖类主要有砂糖、饴糖、葡萄糖浆等。在面团调制时，砂糖不容易充分溶化，如果直接用砂糖会使饼坯表面有可见的糖粒，烘烤后，饼干表面露出孔洞，影响外观，所以在生产时都将砂糖磨碎成糖粉或溶为糖浆。

糖的作用除增加甜味、上色、增加光泽和帮助发酥外，对酥性饼干，糖的一个重要作用便是组织面筋形成。糖用量在10%以下，对面团吸水影响不大，但在20%以上时对面筋形成有较大的抑制作用。

（3）油脂　油脂在饼干制作中可抑制面筋蛋白质的胀润，使饼干制品质地酥松，口感柔和；使面团弹性降低，黏性减弱。制作饼干的油脂应具有较高的起酥性和稳定性。而不同品种的饼干对油脂的要求又有所差别。

①韧性饼干生产时用油脂量较少，常用到奶油、人造奶油、精炼猪油等。

②酥性饼干与甜酥性饼干生产时油脂用量较大，要求油脂有优良的稳定性、起酥性好，熔点较高，否则极易造成因面团温度太高或油脂熔点太低导致油脂流散度增加，发生“走油”现象。最适宜的油脂有人造奶油及植物性起酥油。

③发酵饼干生产使用的油脂既要有酥性又要有稳定性，尤其是起酥性方面比韧性饼干要高。精炼猪油起酥性对制成细腻松脆的发酵饼干最有利。植物性起酥油在改善饼干的层次方面比较理想，但酥松度稍差，因此可以用植物性起酥油与优良的猪油掺和使用，以达到互补的效果。

（4）乳、蛋　使用鲜蛋时应该经过清洗、消毒、干燥。打蛋时要注意除去坏蛋和蛋壳；冰蛋要充分溶化后使用；蛋粉应先用油脂或水充分溶解混匀后使用。

鲜牛乳可过滤后直接使用；乳粉应经过筛后充分溶解才可使用。

（5）疏松剂　在饼干制作中使制品的体积膨胀，结构疏松的物质称为疏松剂。疏松剂有化学疏松剂和生物疏松剂两种。大多数种类的饼干都使用化学疏松剂。化学疏松剂中最常见的是碳酸氢钠（小苏打）和碳酸氢铵（臭碱）。酵母是制作苏打饼干时起发面团的生物疏松剂。

饼干常使用小苏打作为疏松剂，它可以扩大产品的表面积。溶解面筋，减少面筋强度，消除由于面筋的拉力而使产品表面难以伸长的影响。

（6）水　各种不同饼干所需加的水量是不同的。酥性与甜酥性饼干加水量少（占面粉量的16%左右）。若用水量大，则易起面筋，饼干发硬而不酥。韧性饼干和苏打饼干则加水量可适当高些（占面粉量的20%左右）。

调制面团时，加水时间很重要。常将水与油、糖共同搅匀，乳化后再加面粉，从而降低面筋形成量。切忌面团调制好后再加水，这样水难以被面团吸收，给饼干成型带来困难。

（7）淀粉　在饼干配方中常加淀粉，尤其是酥性和甜酥性饼干。使用淀粉的目的主要是降低面粉中面筋蛋白质的浓度，减少面团在调制过程中形成面筋的量，降低面团的弹性而增加面团塑性，使饼干酥脆。淀粉使用量一般为面粉的

5%～8%。

淀粉的种类很多，如玉米淀粉、小麦淀粉、薯类淀粉等。淀粉在使用前的处理方法和面粉基本相同。

2. 面团调制

面团调制是将各种生产饼干的原辅料混合成均匀面团的过程，是饼干生产的第一道工序，也是最关键的一道工序。面团调制直接影响成品的花纹、形态、疏松度、表面光滑度及内部组织结构等。

影响面团形成的主要因素主要包括投料顺序，面粉中蛋白质的质与量，面团调制时的温度，水和淀粉的用量，调制面团的时间和面团静置时间，都是面团调制过程中影响面团性质的重要因素。

生产不同类型的饼干所需面团加工性能不同，在面团调制工艺上区别就很大。

(1) 韧性面团的调制　韧性饼干面团在调制完毕时具有较高的温度，所以俗称“热粉”，是在蛋白质充分水化条件下调制的面团。韧性面团配料中的油、糖含量低，因此，面粉中面筋容易吸水胀润，形成大量的面筋。为了防止收缩变形，在面团调制时可加定量的热水，提高面团温度，促使面筋充分胀润，同时继续搅拌，面团在和面机长时间的机械拉伸作用下，使面筋逐渐地趋于松弛状态。这种面团的面筋既要充分形成，又要求具有较强的延伸性，适度的弹性，柔软光滑，要有一定程度的可塑性。

韧性面团调制搅拌强度大、时间长，通过两个阶段完成：第一阶段是使面粉在适宜条件下充分胀润，使面筋蛋白质水化物彼此连接起来，形成面筋网络结构；第二阶段是继续搅拌，将已形成的面筋结构破坏，面筋分子间的水分会离析出来，面团表面会再度出现水的光泽，而使面团较软，弹性降低，延伸性增强，从而达到韧性面团的工艺要求。

①投料顺序：韧性面团一般是先将油脂、磷脂、糖、乳制品等辅料加热水或热糖浆在搅拌机中搅拌均匀，再加面粉进行面团调制。如使用改良剂，应在面团初步形成时（约10min后）加入，在调制过程中最后加入疏松剂和香料。40min左右即可调制成韧性面团。

②淀粉用量：用面粉调制韧性面团时，加适量的淀粉可降低面筋含量，缩短调制时间，使面团光滑，降低黏性，增加可塑性，花纹保持能力增强。淀粉用量一般为面粉的5%～10%。过量会使饼干胀发率减弱、破损率增加。

③面团温度及加水量：韧性面团调制后温度一般控制在38～40℃。韧性面团要求比较柔软，面团含水量应保持在18%～21%。

④面团静置：在使用强力粉或面团弹性过强时，面团调制完成后静置15～20min，可降低面团弹性。面团在长时间的机桨拉伸运转中产生一定强度的张力，使面团弹性一时降不下来，静置片刻即可消除张力，同时还能达到减弱黏性的

目的。

⑤面团成熟度的判断：韧性面团调制一定程度后，取出一小块面团搓捏成粗条，用手感觉面团柔软适中，表面干燥，当用手拉断面条时，拉断面团断头有明显的收缩现象，此时面团调制以达到最佳状态。

（2）酥性面团的调制　酥性饼干面团因其温度接近或略低于常温，比韧性面团的温度低得多，俗称“冷粉”，是在控制蛋白质吸水的条件下调制的面团。酥性面团配料中油、糖含量高于韧性面团，酥性面团的水分含量低，温度低，搅拌的时间短，这些条件都能抑制面筋的形成，从而调制成为有一定结合力，可塑性强的酥性面团。成型后的饼干花纹清晰，形态不收缩变形，烘烤后产品口感酥松，内部孔洞好。

①投料顺序：酥性面团的调制方法是先将糖、油脂、乳品、蛋品、膨松剂等辅料与适量的水倒入和面机内均匀搅拌，形成乳浊液，在乳浊液形成后加入香精香料，以防止香味大量挥发。最后加入过筛后面粉、淀粉调制6～12min。

②面团温度：面团温度过高会造成黏弹性增大，结合力较差不宜操作，花纹不清，收缩变形；温度过低，黏性增大，结合力较差无法操作。一般酥性面团温度控制在26～30℃，甜酥性面团温度控制在19～25℃。

③面团调制时间：调制时间的长短是控制面筋形成和面团弹性的重要措施。酥性面团调制时间过长，会使面筋增强，面团可塑性下降，饼干坯表面不光滑，成品不酥；调制时间不足，面团黏性大，易黏辊及黏模型，且不易脱模。一般酥性面团调制时间为6～12min。

④面团静置：面团调好后，适当静置10min左右，使蛋白质水化作用继续进行，降低黏性，增加弹性，方便辊轧。

⑤面团成熟度的判断：从和面机中取出一小块面团，用手搓捏面团，不黏手，软硬适中，面团上有清晰的手纹痕迹，当用手拉断面团时，拉断的面头没有收缩现象，则说明面团的可塑性良好，已达到最佳程度。

（3）发酵饼干面团的调制　发酵饼干是采用酵母和化学疏松剂相结合发酵产生CO_2充盈在面团中，形成膨松状态。成型后体积膨胀、质地酥松，断面有清晰的层次结构。

发酵饼干面团调制根据发酵方法不同，分一次发酵法和二次发酵法。

①一次发酵法：将所有原料按一定投料顺序一次调制成面团，在适宜的温度下完成发酵。

②二次发酵法：第一次先加入面粉总量的40%～50%和全部酵母及适量的水（加水量占面粉的42%左右），搅拌4～6min，调制完毕后，在发酵温度27℃左右条件下发酵，时间6～10h即可。第一次发酵阶段实际是酵母的扩大培养阶段。

第一次发酵完毕后进行第二次发酵，在第一次发酵好的酵头中加入剩余面粉和油脂、精盐、磷脂、饴糖等辅料，搅拌5～7min。发酵温度应在30℃左右，时间3~4h即可。

3. 面团辊轧

辊轧也称辊压，是将调制好的面团，辊轧成形状规则，厚度均匀一致并接近饼坯的薄厚、横断面为矩形的符合要求的面片，以便在成型机上成型。

面团辊轧的作用：

①使面筋进一步形成，黏性减少、塑性增加，便于饼坯的形成。

②使面团中大气泡排除或分散成小气泡，避免烘烤成型后产生较大孔洞，使产品组织细致。

③使制品断面有清晰的层次，避免烘烤时收缩变形，成品饼干有良好的酥脆性。

④使面片厚薄一致、形态完整、表面光泽、质地细腻，有助于成型后花纹清晰。

不同面团辊扎的操作要点：

①韧性饼干面团的辊轧：韧性面团在辊轧前，面团需要静置一段时间，目的是消除面团在搅拌期间因拉伸所形成的内部张力，降低面团的黏度与弹性，提高制品质量与面片工艺性能。静置时间的长短，与面团温度有密切关系。面团温度高，需要静置的时间短，温度低时，静置的时间长。当面团温度达到40℃，静置时间为10~20min。

韧性面团辊轧次数，一般需要9~13次，辊轧时多次折叠并旋转90°，通过辊轧，面团被压制成一定厚薄的面片。

②发酵饼干面团的辊轧：发酵饼干面团是海绵状组织，在未加油酥之前压延比不宜超过1.3，防止过薄，影响膨松。压延比不能太小，头子与新鲜面之间轧的不均匀，会使烘烤后的饼干出现不均匀膨松度及色差。夹入油酥后，压延比不宜过大，一般控制在1:2~1:2.5，否则，表面易被压破，油酥外露，饼干膨发率差，饼干色泽不均，影响产品质量。

③酥性饼干面团的辊轧：多数的酥性或甜酥性饼干面团一般不经辊轧而直接成型。主要因为酥性或甜酥性面团糖、油脂用量多，面筋形成少，质地柔软，可塑性强，一经辊轧易出现面带断裂、黏辊，同时在辊轧中增加了面带的机械强度，面带硬度增加，造成产品酥松度下降。

但当面团黏性过大，或面团的结合力过小，皮子易断裂时，不能顺利成型，采用辊轧可以使面团的加工性能得到较好的改善。当需要辊轧时用2~3对辊轧即可，较小压延比，不需旋转。

4. 饼坯成型

饼坯成型设备随配方和品种不同而各异，可分为摆动式冲印成型、辊印成型、辊切成型、挤条成型、挤浆成型、拉花成型等多种形式。对于不同类型的饼干，由于配方不同，所调制的面团特性不同，这样就使成型方法各不相同。

（1）冲印成型　冲印成型是一种将面团辊轧成连续的面带后，用印模直接将面带冲切成饼坯和头子的成型方法。它的优点是能够适应大多数产品的生产，如韧性饼干、苏打饼干、酥性饼干等。其动作接近于手工冲印动作，对品种的适应性广，凡是面团具有一定韧性的饼干品种都可以冲印成型。

（2）辊印成型　目前在中小企业应用较多的成型方法。辊印成型不要求面团具有韧性，而要求面团含水量少、硬度稍高，特别适用于高油脂、高糖成分的酥性饼干和甜酥性饼干成型，它不适合韧性饼干和发酵饼干的成型。它的优点是设备占地面积小，产量高，无需分离头子，运行平稳，噪声低。

（3）辊切成型　辊切成型是克服冲印成型和辊印成型各自缺点，将二者优点结合起来的组合机械。它先将面团压延成面带后，辊压出花纹，再经辊刀切割成饼干坯。它不仅适应韧性饼干、发酵饼干的生产，也适用于酥性饼干和甜酥性饼干的生产，是目前较为理想的一种饼干成型机械。

5. 饼干烘烤

成型后的饼坯，拣出形态不完整，花纹不清晰的不合格饼坯，送入烤炉输送带进行高温烘烤。饼坯经过一定高温的加热后，发生一系列化学、物理以及生化的作用，水分含量减小，厚度增大，形成具有鲜明的浅金黄色，内部呈多孔性海绵状结构、形态稳定和具有特定香气及风味的饼干。

对于不同类型的饼干以及同一类型不同大小或厚薄的饼干，所需的烘烤温度和烘烤时间存在一定差异。饼干烘烤炉温与烘烤时间见表2－1。

表2－1　各种饼干烘烤炉温与烘烤时间

品　种	炉温/℃	烘烤时间/min	成品含水率/%
韧性饼干	220～250	4～6	2～4
酥性饼干	250～300	3～5	2～4
甜酥性饼干	230～250	5～6	2～4
发酵饼干	240～260	3～5	2.5～5.5
粗饼干	200～210	7～10	2～5

注：参考《焙烤食品工艺学》，李里特，2000年

韧性饼干的饼干坯中面筋含量相对较多，烘烤时水分蒸发速率较慢，宜采用低温长时间烘烤；酥性饼干有一定的油、糖量，易脱水和着色，一般采用高温短时间的烘烤方法；甜酥性饼干含有较高的油、糖量，一般较厚，所以不宜采用高温烘烤，宜采用先高温后中温的烘烤方法；发酵饼干烘烤温度稍低，烘烤时间稍长，使其表面硬壳产生较慢，以达到烘烤胀发均匀的目的。粗性饼干由于水分蒸发比较慢，为防止外焦内软，烘烤温度应较酥性饼干低些，烘烤时间长一些。

6. 冷却、包装

（1）冷却　饼干刚出炉时，表面温度在200℃左右，中心温度在100℃以上。此时饼干还呈外脆而里软状态，略受外力挤压就会发生变形或内部裂纹，因此需逐步降低温度，蒸发出多余的水分，使饼干由软变硬，形态固定下来，口感变得酥松，然后再进行包装。

（2）包装　饼干冷却到要求的温度和水分含量后应立即进行包装销售。

包装目的：①能保持饼干的品质，避免吸水返潮变软，提高商品的外观质量；②防止油脂的氧化带来的饼干酸败变质；③有效地降低饼干在运输销售过程中的破损，减少污染，保证卫生。

饼干的包装形式分为袋装、盒装、听装和箱装等不同包装，包装的质量，可根据顾客的需要包成500、250、100g装等小包装。包装材料应符合相应的国家卫生标准。各种包装应保持完整、紧密、无破损，且适应水、陆运输。

7. 保藏

饼干虽是一种耐储性的食品，但也必须考虑保藏条件。饼干适宜的保藏条件是低温、干燥、空气流通、环境清洁、避免日照的场所。库温应在20℃左右，相对湿度70%～75%为宜。

二、典型饼干的制作实例

饼干花色品种繁多，配方各异，按油糖用量和原料配比不同，可将饼干分为5大类（见表2－2）。

表2－2　按原料配比分类

种　类	油糖比	油糖与面粉比	品　种
粗饼干类	0:10	1:5	发酵硬饼干、硬饼干
韧性饼干类	1:2.5	1:2.5	低档甜饼干，如动物饼干、什锦饼干、玩具饼干等
酥性饼干类	1:2	1:2	一般甜饼干，如椰子饼干、橘子饼干、乳脂饼干等
甜酥性饼干类	1:1.35	1:1.35	高档酥饼类甜饼干，如桃酥、椰蓉酥、奶油酥类
发酵饼干类	10：0	1:5	中、高档苏打饼干等

注：参考《食品工艺学概论》，王如福，2006年

（一）韧性饼干

1. 配方

（1）动物饼干　标准粉100g，小苏打0.7g，砂糖29g，磷脂2g，碳酸氢铵0.35g，饴糖5g，精盐0.75 g，香蕉香精油0.125g，氢化油14g，水18～20g。

（2）什锦饼干　富强粉100g，砂糖20g，人造奶油8g，精炼油7g，饴糖8g，

香草粉0.032g，小苏打1g，碳酸氢铵0.5g，食盐0.75g，水18～21g。

2. 工艺流程

配料→面团调制→静置→辊轧→冲印成型→烘烤→冷却输送→整理→包装

3. 操作要点

（1）面团调制　将除水以外的所有原料全部投入搅拌机中，调至成面团后，用水调节面团软硬度。

（2）静置　调好的面团放在搅拌机中静置15～20min。以保持面团性能稳定，才能进行辊轧操作。

（3）辊轧　取一小块面团放入辊轧机中经三道压延辊压成面皮，厚度在2.2mm左右。通过辊轧工序以后，面团被压制成厚薄均匀、形态平整、表面光滑、质地细腻的面带。

（4）冲印成型　面皮经冲印成型机冲印出饼干坯，头子分离后重回加料斗与新鲜面团合并，按1：2比例添加，进入辊轧机。

（5）烘烤　韧性饼坯在炉温240～260℃，烘烤3.5～5min，达到成品含水率为2%～4%。

（6）冷却输送　出炉后的饼干沿冷却输送带冷却，不能用强制冷却。出炉温度与环境温度之间不能相差太大，否则会造成饼干裂缝现象。

（7）整理、包装　饼干冷却至40℃以下时，及时包装，避免受潮回软。

4. 质量标准

形态：外形完整、花纹清晰，厚薄基本均匀，不收缩，不变形，不起泡，不得有较大或较多的凹底。

色泽：呈棕黄色或金黄色或该品种应有的色泽，色泽基本均匀，表面略带光泽，无白粉，无过焦、过白的现象。

口味：具有该品种应有的香味，无异味。口感松脆细腻，不粘牙。

组织结构：内质结构细密，有明显的层次，无杂质。

（二）酥性饼干

1. 配方

（1）普通酥性饼干　标准粉100g，砂糖31g，饴糖4g，氢化油12g，精炼磷脂1g，精盐0.7g，小苏打0.4g，碳酸氢铵0.3g，橘子香精0.1g。

（2）高级酥性饼干　富强粉100g，淀粉5g，砂糖粉38g，精炼油12g，奶油12g，小苏打0.3g，碳酸氢铵0.2g，食盐1g，香草粉3.5g。

2. 工艺流程

称重→预处理→混合→面团调制→辊轧→成型→摆盘→烘烤→冷却→整理→包装→成品

3. 操作要点

（1）面团的调制　先将糖、油、乳品、蛋品、膨松剂等辅料与适量的水倒入调粉机内均匀搅拌形成乳浊液，然后将过筛后的面粉、淀粉倒入调粉机内，在25℃调制6～12min。最后加入香精香料。

（2）辊轧　面团调制后不需要静置即可轧片。一般以3～7次单向往复辊轧即可，也可采用单向一次辊轧，轧好的面片厚度约为2～4mm，较韧性面团的面片厚。

（3）成型　可采用辊切成型方式进行。

（4）烘烤　酥性饼坯炉温控制在240～260℃，烘烤3.5～5min，至饼干表面呈微黄色为止，成品含水率为2%～4%。

（5）冷却　饼干出炉后应及时冷却，使温度降到25～35℃，在夏、秋、春的季节中，可采用自然冷却法。如果加速冷却，可以使用吹风，但空气的流速不宜超过2.5m/s。

4. 质量标准

色泽：呈金黄色或褐黄色，色泽基本均匀，表面略有光泽，无白粉，不应有过白或过焦现象。

形态：花纹清晰，外观完整，厚薄大致均匀，不得有起泡或较大凹底，内部成多孔性组织。

组织结构：组织细腻，有细密而均匀的小气孔，用手掰易折断，无杂质。

口味：不粘牙，具有该品种应有香味，无异味，口感酥松。

（三）苏打饼干

1. 配方

标准粉50kg，起酥油7.5kg，即发干酵母0.6kg，食盐0.7kg，小苏打0.25kg，水23kg左右，面团改良剂0.5kg，味精、香草粉适量。

2. 工艺流程

配料→第一次面团调制→第一次面团发酵→第二次面团调制→第二次发酵→辊轧、包油酥→成型→焙烤→喷油→冷却→整理→包装→成品

3. 操作要点

（1）面团的第一次调制和发酵　将配方中面粉的40%～50%与活化的酵母液和适量的水混合，搅拌4～5min，调制完毕后，在温度26～28℃、相对湿度75%～80%条件下发酵6～10h。

（2）面团的第二次调制和发酵　将第一次发酵成熟的面团与剩余的面粉、油脂、精盐和饴糖加入搅拌机中进行第二次搅拌，搅拌开始后，缓慢撒入碳酸氢钠，使面团的pH达到7.1或稍高为止。第二次搅拌时间为4～5min，搅拌到面团

手感柔软、弹性明显降低、手拉可成薄膜时调制完毕。然后进行第二次发酵，发酵温度在30℃左右，时间3~4h即可。

（3）压延、成型　面团通过3对压辊，逐渐压薄至厚度为1~1.2mm进行辊切成型。印模以有针眼、无花纹或少有凹形花纹，圆形有花边的为好。

（4）烘烤　将压延成型后的饼干坯放入烤炉内，炉温240~260℃，烘烤时间3.5~5min，成品含水率为2%~4%。

（5）喷油　一般喷棕榈油，油温50~60℃。双面喷油，油耗12%~15%，可使用阻油剂降低油耗。油中应添加抗氧化剂。

（6）冷却、包装　出炉后的苏打饼干立即进行冷却，然后及时包装。

4. 质量标准

色泽：表面呈乳白色至浅黄色，起泡处颜色略深，底部金黄色。

形态：片形整齐，表面有小气泡和针眼状小孔，油酥不外露，表面无生粉。

组织结构：夹酥均匀，层次多而分明，无杂质，无油污。

口味：口感酥、松、脆，具有发酵香味和本品种固有的风味，无异味。

任务三　蛋糕加工技术

蛋糕是以鸡蛋、面粉、油脂、白糖等为原料，经打蛋、调糊、注模、焙烤而成的组织松软、细腻，富有弹性，并有均匀的小蜂窝，较易消化的焙烤制品。蛋糕的种类很多，可分为中式蛋糕和西式蛋糕，中式蛋糕按用料特点和制作原理可分为清蛋糕和油蛋糕。西式蛋糕按其使用的原料、搅拌方法和面糊性质的不同，一般可分为面糊类蛋糕（如黄蛋糕、布丁蛋糕）、乳沫蛋糕（如海绵蛋糕、天使蛋糕）、戚风类蛋糕（如戚风蛋糕）。

一、蛋糕的一般加工工艺

（一）工艺流程

原料准备→打糊→拌粉→装模→焙烤→冷却→脱模→包装

（二）操作要点

1. 原料准备

（1）面粉　面粉是制作蛋糕的主要原料之一。通常用于蛋糕的面粉是软质面粉，也就是低筋粉或蛋糕专用粉。低筋面粉制成的面团具有较强的可塑性，弹性较小，保持面团形状和大小不变。在蛋糕的制作中，面粉的作用是形成产品的组织结构。面粉中的蛋白质吸水并在搅拌作用下形成面筋，面筋构成蛋糕的骨架。同时，面粉中的淀粉吸水胀润，并在适当的温度下糊化、固定。两种作用共同形成了产品的组织结构。

面粉使用前必须过筛，过筛的目的是为了消除杂质，并使面粉中混入一定量的空气，疏松一下，防止面粉结块进入蛋糊中，从而导致蛋糕中产生硬心。在过筛的装置中需要增设磁铁，以吸附金属杂质。

（2）蛋品 鸡蛋是蛋糕制作的重要材料之一，用于蛋糕的蛋品主要是鸡蛋及其制品，包括鲜蛋、冰蛋及蛋粉等。鸭、鹅蛋因有异味，很少在糕点中使用。

鸡蛋的主要功能：

①黏结、凝固作用：鸡蛋含有相当丰富的蛋白质，这些蛋白质在搅拌过程中形成泡沫状，与面粉的面筋形成复杂的网状结构，从而对构成蛋糕的形状、体积、骨架起重要的作用。

②改善制品色泽：面包入炉前，表面涂抹蛋液，可改善其皮色，产生光亮的金黄色或棕黄色，美化表皮，且能防止内部水分蒸发，保持面包柔软性。

③柔软作用：由于鸡蛋与面粉混合后，鸡蛋中蛋白质将空气包成均匀的微型气室，形成细小的蜂窝状组织，在焙烤中空气受热膨胀逸出，因而使蛋糕形成海绵状结构，组织细腻，绵软。这是鸡蛋制品产生蜂窝结构的特殊功能。

④提高制品营养：蛋品中含有蛋白质、脂肪、维生素及矿物质等多种营养素，且易被人体消化吸收，因此，制品中加入鸡蛋可大大提高营养价值。

（3）糖 用于制作蛋糕的糖通常是白砂糖，也有用少量的糖粉或糖浆，在蛋糕制作中，糖是主要原料之一。

糖在蛋糕中的功能：

①增加制品甜味，提高营养价值。

②增加表皮颜色，在烘烤过程中，蛋糕表面呈金黄色或棕黄色并散发出香味。

③填充作用，使面糊光滑细腻，增强面团的可塑性，使制品保持柔软，防收缩变形，质地疏松。

④保持制品水分，延缓老化，具有防腐作用。

（4）油脂 在蛋糕的制作中用的最多的是色拉油和黄油。黄油具有天然纯正的乳香味道，颜色好，营养价值高，对改善产品的质量有很大的帮助；而色拉油无色无味，不影响蛋糕原有的风味，所以广泛采用。

油脂在蛋糕中的功能：

①固体油脂在搅拌过程中能保留空气，有助于面糊的膨发和增大蛋糕的体积。

②提高面筋的胀润度。由于油膜的隔离，使面团中面筋微粒不易彼此黏合而形成面筋网络，从而降低面包面团的筋力和黏度，提高可塑性。

③具有乳化性质，增加面包成品表面的光洁度，使面包组织柔软，有利于面包保持水分，延长贮存时间。

④改善蛋糕的口感，增进产品风味。

2. 打糊

打糊主要是将鸡蛋与糖放在一起充分搅打，使鸡蛋胀发，尽量使之充入大量空气，同时使糖溶解。打好的鸡蛋糊成稳定的泡沫状，且呈乳白色，体积约为原来体积的3倍左右。打糊是蛋糕生产的关键，蛋糊打得好坏直接影响成品蛋糕的质量，特别是蛋糕的体积。若蛋糊打得不充分，则焙烤后的蛋糕胀发不够，蛋糕的体积小，松软度较差。若蛋糊打过头，蛋糊的“筋力”被破坏，持泡力下降，出现蛋糊下塌，焙烤后的蛋糕虽能胀发，但因其持泡能力下降而出现表面“凹陷”。

蛋糕糊的调制根据蛋糕种类的不同主要有以下几种调制方法：

(1) 粉油调制法　适合于含油脂成分较高的面糊蛋糕，尤其适用于低熔点的油脂。制作前可先将面粉置于冷藏库，降低温度后以利于打发的效果。使用此法所做的蛋糕组织细密且松软，体积较大。需注意配方中的油用量必须在60%以上，以防止面粉出筋，造成产品收缩。其搅拌程序为：

①将油脂放入搅拌缸内，用桨状拌打器以中速将油脂打软，再加入过筛的面粉与发粉，改用低速搅拌1~2min，再用高速搅拌至膨松的膏状，在搅拌中途需将机器停止。把缸底未能拌到的原料用刮刀刮匀，然后拌至膨松。此阶段需8~10min。

②将配方中糖与盐加入已打发的面粉和油脂中，以中速搅打使缸内所有原料充分混合均匀。此阶段需3min左右。

③用慢速将蛋分2~3次加入第2步中，每次加蛋时需将机器停止，刮缸底再把面糊拌匀。使全部面糊拌合均匀后，将配方中的牛乳、水等液体缓缓加入，改用中速拌匀。此阶段约5min。

(2) 糖油调制法　又称传统乳化法，是调制面糊类蛋糕的常用方法，此类调制法可加入更多的糖和水分。利用糖和油在搅拌过程中能充入大量空气，使烤出来的蛋糕体积较大，组织松软。其搅拌程序为：

①将奶油或其他油脂（最佳温度为21℃）放入搅拌缸中，用桨状搅拌器以低速将油脂慢慢搅拌至呈柔软的状态。

②加入过筛的糖、盐及调味料，并以中速搅拌至淡黄色、松软且膨松而细腻呈绒毛状，此阶段需8~10min。

③将蛋液分次加入，并以中速搅拌。每次加入蛋时，需先将蛋搅拌至完全被吸收再加入下一批蛋液，此阶段结束后不应再有颗粒状糖存在。此阶段约5min。

④乳粉溶于水，面粉与发粉拌匀后用筛子过筛，分三次与牛乳交替加入以上混合物内，每次加入时应成线状慢慢的加入搅拌物的中间。用低速继续将加入的

干性原料拌至均匀有光泽，然后停止搅拌机，将搅拌缸四周及底部未搅到的面糊用刮刀刮匀。注意不能有团块，不要过分搅拌以尽量减少面筋生成。

⑤最后加入水、牛乳（香精、色素若为水溶性可在此加入，若为油溶性在刚开始加入），如加果干、果仁，可在此加入，直到全部原料加入并拌至光滑均匀，即成糖油法油脂面糊。

(3) 两步调制法（混合法） 就是将粉油法和糖油法相结合的调制方法。两步调制法不适宜使用面筋含量高或者筋力过强的面粉。本法较以上两种方法略为简便。其搅拌方法如下：

①将配方内所有干性原料（面粉、糖、盐、发粉、乳粉等）一起混合过筛和湿性原料（油、水）一起加在搅拌缸内，先用桨状拌打器慢速搅至干性原料沾湿不飞扬，再改用中速搅拌3min，停机将缸底原料刮匀。

②全部蛋及配料中香草水一起加入混匀，慢慢的加入第一步的原料中，待全部加完后停止机器，将缸底刮匀，再改用中速搅拌4min。

(4) 糖蛋拌合法 此法适合于制作乳沫类及戚风类蛋糕。主要起发途径是靠蛋液的起泡。其搅拌步骤为：

①先将全部的糖、蛋放于洁净的搅拌缸内，以慢速打均匀，然后用高速将蛋液搅拌到呈乳黄色，即用手勾起蛋液时，蛋液尖峰向下弯，呈鸡公尾状时，再用中速搅拌1～2min，加入过筛的面粉（或发粉），慢速拌匀。

②最后把液态油或溶化的奶油加入拌匀即可。

(5) 乳化法 蛋糕乳化剂在国内又称为蛋糕油，能够促使泡沫及油、水分散体系的稳定，它的应用是对传统工艺的一种改进。使用蛋糕油时的搅拌方法，也可分为一步拌合法、两步拌合法和分步拌合法。

① 一步拌合法：蛋糕成品内部组织细腻，表面平滑光泽，但体积稍微小一些，将配方内的所有原料（油除外）一步放入搅拌缸内，一次搅拌完毕。采用该法时必须是使用低筋面粉、细砂糖、蛋糕油的用量大于4%。其搅拌方法如下：

把除油之外的所有原料一起投入搅拌缸内，使用网状拌打器，先慢速打1～2min，待面粉全部拌合均匀后再用高速搅拌5min。然后慢速拌合1～2min，同时慢慢加入油，拌匀即可，高成分海绵蛋糕常用此法。

②分步拌合法：所得到的蛋糕成品内部组织比传统的要细腻，但比一步法的稍差些，然而体积较大。将原料分几次加入，实质与传统搅拌法差不多。该法对原料要求不是很高，蛋糕油的用量也可以小于4%（根据蛋用量多少而定）。其搅拌方法如下：

先把蛋、糖两种原料按传统方法搅拌，至蛋液起发到一半体积时，加入蛋糕油，并高速搅拌，同时慢慢地加入水，打至呈细长尖峰时，慢速拌匀即可。然后加入已过筛的面粉，用手（或搅拌机的慢挡）拌匀，最后加入液体油，拌匀即可。低成分的海绵蛋糕（即蛋用量较少的配方）很多采用该法。

③两步拌合法：将原料（油除外）分两次加入进行两次搅拌。该法对原料的要求及成品品质均介于一步法与分步法之间。其搅拌方法如下：

先把蛋、糖、水、蛋糕油加入搅拌缸内，慢速拌匀 1 ~ 2min，高速搅拌 5 ~ 6min，慢速加入面粉，充分拌匀后，高速搅拌 0.5 ~ 1min，最后加入油，慢速拌匀即可。

3. 拌粉

拌粉就是将过筛后的面粉加入蛋糊中搅匀的过程。加粉时要慢慢将面粉倒入蛋糊中，同时轻轻翻动蛋糊，不可用力过猛，拌至见不到生粉即可。

4. 装模

蛋糊搅拌好后，为防止面粉下沉，拌粉后的蛋糊应立即装模焙烤。必须装于烤盘（烤模）内；但是，每种烤盘（烤模）都必须经过预处理才能装载面糊。

（1）烤盘的种类及预处理　用于盛装面糊的烤盘（或烤模）有多种，如高身平烤盘、土司烤盘、空心烤盘、生日蛋糕圈、梅花盏、西洋蛋糕杯、布林盏等；其形状有圆形、长方形、花边形、鸡心形、正方形等；边沿还可分为高边和低边两种。选用时要依据蛋糕的配方不同、相对密度不同、内部组织状况的不同，灵活进行选择。

在使用前，它们均需经过如下预处理：

①扫油：烤盘内壁涂上一层薄薄的植物油以防止黏膜，但戚风蛋糕不能涂油。

②垫纸或撒粉：在涂过油的烤盘上垫上白纸，或撒上面粉（也可用生粉），以便于出炉后脱膜。

（2）面糊的装载　蛋糕面糊装载量，应与蛋糕烤盘（或烤模）大小相一致。过多或过少都会影响蛋糕的品质，同样的面糊使用不同比例的烤盘所做出来的蛋糕体积，组织、颗粒都不相同，而且如果使用不当会增加蛋糕 6% ~ 7% 的烤焙损耗。

蛋糕面糊因种类、配方、搅拌的方法不同，面糊装盘的数量也不同。最标准的装盘数量要经过多次的焙烤试验来确定该项蛋糕装盘的标准。

5. 焙烤

焙烤就是把成型的蛋糕生坯送入烤炉内，经过加热，使产品烤热定型，并具有一定的色泽。蛋糕面糊混合好后应尽快放到烤盘中，进炉烘烤。不立即烤的蛋糕面糊，在进入烤箱之前应连同烤盘一起冷藏，可降低面糊温度，从而减少膨发力引起的损失。

焙烤时间与炉温、蛋糕坯大小、形状、薄厚、含糖量、烤盘的材料等因素有关，但以炉温影响最大。炉温越高，焙烤时间越短；炉温越低，焙烤时间越长。相同配料的蛋糕，越大或越厚，焙烤时间越长；越小或越薄，焙烤时间越短。蛋糕大小与炉温、焙烤时间的关系见表 2 - 3。

表2-3 蛋糕大小与炉温、焙烤时间的关系

蛋糕质量/g	炉温/℃	焙烤时间/min	上下火控制
100	200	12~18	上下火相同
100~450	180	18~40	下火较上火大
450~1000	170	40~60	下火大、上火小

注：参考《焙烤食品工艺学》，李里特，2000年

烤盘的材料、形状和尺寸均对蛋糕的烘烤产生影响。如耐热玻璃烤盘盛装的蛋糕需要的温度略低一些。因为玻璃易于传递辐射热，烤制的产品外皮易上色。

蛋糕在烤炉中烤至该品种所需基本时间后，应检验蛋糕是否已经成熟。检验的方法如下：

①手触法：用手指在蛋糕中央顶部轻轻触试，如果感觉硬实、呈固体状，且用手指压下去的部分马上弹回，则表示蛋糕已经熟透；不能复原，则表示还没有烤熟。

②探针法：用一根细的竹签插入蛋糕中心，然后拔出，若竹签上很光滑，没有蛋糊，表示蛋糕已熟透；若竹签上粘有蛋糊，则表示蛋糕还没熟。

烘焙温度及时间均影响着蛋糕的质量：

①烤炉温度对所烤的蛋糕品质影响很大。

烘烤温度太低：烤出的蛋糕顶部会凹陷，四周收缩并有残余面屑粘于烤盘边缘。低温烤出的蛋糕，比正常温度烤出的蛋糕松散、内部粗糙。

烘烤温度太高：蛋糕顶部隆起，在中央部分容易裂开，四周向内收缩，但不会有面屑黏附烤盘周围。用高温烤出的蛋糕质地较为坚硬。

②烘烤时间对蛋糕品质影响也很大。

烘烤时间不够：蛋糕顶部及周围呈现深色条纹，内部组织发黏。

烘烤时间过长：组织干燥，蛋糕四周表层硬脆。如制作卷筒蛋糕时，则难以卷成圆筒形，并出现断裂现象。

6. 冷却、脱模、包装

蛋糕烤熟从烤炉中取出后，应根据蛋糕不同品质，做相应处理。

（1）面糊类蛋糕从烤炉中取出后，先在烤盘内冷却10min左右。待热量散发后，烤盘不烫手时将蛋糕从烤盘内取出。

（2）用奶油或巧克力等做装饰的蛋糕取出后继续冷却1~2h，到完全冷却后再作装饰。

（3）乳沫类蛋糕所含蛋白较多，蛋糕在炉内受热膨胀率很高，出炉后会遇冷而收缩，所以天使蛋糕和海绵蛋糕出炉后应立即翻转过来，使表面向下。

二、面糊类蛋糕加工技术

面糊类蛋糕又称油脂蛋糕，主要原料依次为糖、油、面粉，其中油脂的用量较多，油脂的作用主要是润滑面糊，产生柔软的组织，同时也可帮助面糊在搅拌过程中融合大量空气，使得蛋糕膨松。

油脂蛋糕种类很多，每种蛋糕则有其独特的品种和风味，根据它们性质的不同在原料的使用和调配上也有差别。各种原料中最能使蛋糕柔软和提高水分用量的是糖，根据糖的用量可将面糊蛋糕分为两种：高糖面糊蛋糕（糖用量高于面粉用量）和低糖面糊类蛋糕（糖用量低于面粉用量）。

面糊类蛋糕可分为两大类，一类是奶油蛋糕如白蛋糕、黄蛋糕、布丁蛋糕、大理石蛋糕等；另一类是水果油脂蛋糕。

（一）大理石蛋糕

1. 配方

低筋粉125g，黄油125g，糖粉90g，白砂糖30g，鸡蛋100g，可可粉13g，牛乳25g，黄油5g。

2. 制作方法

（1）低粉过筛，黄油软化，鸡蛋打散。

（2）将充分软化后的黄油先用打蛋器低速打散，加入糖粉和白砂糖，高速打发至颜色变浅，体积膨大。

（3）分次加入蛋液，继续搅打，每次都彻底搅打均匀后再加下一次，打好后的黄油蛋液糊应该是松发细腻的。

（4）分次筛入低筋粉，翻拌均匀。

（5）将可可粉、5g黄油和牛乳混合均匀，取（4）完成的白面糊的1/4，翻拌均匀成黑面糊。

（6）先将1/3的白面糊倒入抹油的模具内，将一半量的黑面糊倒在白面糊的中间，再将1/3白面糊均匀盖在黑面糊上，剩下的一半黑面糊再往中间放，最后将剩下的白面糊均匀地盖在上面，刮平表面，振几下气泡。

（7）面糊全部倒入模具内入炉。烤炉上火调至170℃，下火调至150℃烘烤至表面呈金黄色即可出炉。时间大约30min。

（二）水果蛋糕

1. 配方

低筋面粉100g，奶油100 g，糖粉100g，盐2g，鸡蛋100g，牛乳20g，菠萝蜜饯100g，朗姆酒100g，金枣20g，葡萄干50g，柠檬10g。

2. 制作方法

（1）各种果料提前1d用温水洗净，沥干后加朗姆酒泡软。

（2）用粉油法调制面糊，处理后的果料在面糊调制完成后加入，慢速拌匀即可。

（3）可用任何形状烤盘装至8分满，炉温为175℃，焙烤约30min即可。

三、乳沫类蛋糕加工技术

乳沫类蛋糕的主要原料依次为蛋、糖、小麦粉，另有少量液体油，乳沫类蛋糕膨发途径主要是靠鸡蛋中的蛋白质在搅打过程中与空气融合，在面糊搅拌和焙烤过程中使蛋糕体积膨大。根据使用鸡蛋成分的不同可分为两类：一是蛋白类，这类蛋糕全部靠蛋白来形成蛋糕的基本组织和膨大体积，称为天使蛋糕；二是海绵类，这类蛋糕使用全蛋或蛋黄与全蛋混合，来形成蛋糕的基本组织和膨大体积，称为海绵蛋糕，例如瑞士蛋糕卷、西洋蛋糕杯等。

（一）天使蛋糕

天使蛋糕由蛋清、白糖、面粉、油脂等按5:3:3:1的比例配合制作而成，因配方中没有用蛋黄，天使蛋糕的面糊主要是利用蛋白的搅打充气特性来调制，所以其发泡性能很好，糕体内部组织相对比较细腻，色泽洁白，质地柔软，几乎呈膨松状。

1. 配方（表2-4）

表2-4　天使蛋糕配方　单位：kg

糕点品种＼原料	低筋粉	细砂糖	蛋白	盐	酒石酸氢钾	其他
香草天使蛋糕	17	32	49	0.375	0.625	香草精1
柠檬天使蛋糕	17	33.5	46	0.5		柠檬汁3
橘子天使蛋糕	18	26	40	0.75	0.25	糖粉5、橘子汁10

注：参考《焙烤食品工艺学》，李里特，2000年

2. 制作方法

（1）搅拌　天使蛋糕品质的好坏，受搅拌的影响很大，所以在搅拌过程中应特别小心。

天使蛋糕面糊搅拌分三个步骤：

①配方中所有蛋白倒入不含油的搅拌缸中，用钢丝网状拌打器，中速将蛋白打至湿性发泡。

鸡蛋蛋白在搅打过程中分为四个时期：

超泡期：蛋白用球状搅拌器以高速搅拌后呈泡沫液体状态，表面有很多不规则的气泡。

湿性发泡期：改用中速搅拌后蛋白会渐渐凝固起来，此时表面不规则气泡消

失，而变为许多均匀的细小气泡，洁白而有光泽，以手指勾起呈细长尖峰，且尾巴有弯曲状。

干性发泡期：将湿性发泡期蛋白改用低速搅拌打发，蛋白无法看出气泡组织，颜色洁白无光泽，以手指勾起呈坚硬尖峰，尾巴会微微的弯曲。

棉花期：干性发泡期继续搅拌，打发至蛋白成为球形凝固状，以手指勾起无法成尖峰状，形态似棉花。此时表示蛋白搅拌过度，无法用来制作蛋糕。

②将2/3的糖和盐一起倒入第一步已打至湿性发泡的蛋白中，继续用中速打至湿性发泡。

③面粉与配方中剩余的糖一起筛匀，用慢速倒入第二步打好的蛋白中，均匀即可，不可搅拌过久，以免面粉产生筋性，影响蛋糕的品质。新鲜果汁在加糖打发拌匀后再加入。

（2）烘烤

①烤盘以及盛装容量：天使蛋糕应使用空心烤盘来烤，面糊的容量应为烤盘的2/3满，这样进炉后面糊本身变热而膨胀，使烤好后的蛋糕内部组织均匀，弹性佳，水分充足而可口，但烤盘四周与底不可擦油（原因：蛋遇油而收缩）。

②烘烤温度：标准烤焙天使蛋糕的温度是205℃左右，时间约为20min。此温度所烤的蛋糕体积大，组织细腻而具有弹性，水分适宜，洁白而有光泽。

（3）出炉冷却　蛋糕烤熟冷却后从烤盘中取出，并将蛋糕倒置放置。

（二）海绵蛋糕

海绵蛋糕是利用蛋白、全蛋的起泡性，先将蛋白搅打起泡，再利用全蛋的起泡性，然后加入砂糖搅拌，最后加入过筛的面粉调制而成。成品因膨大和松软形似海绵，所以被称作海绵蛋糕，国内又称清蛋糕。例如瑞士卷、三角蛋糕等。

海绵蛋糕传统的配方一般有两种：一种是鸡蛋与糖、面粉的比例为1:1:1，另一种为鸡蛋与糖、面粉的比例为2:1:1。与天使蛋糕的不同之处在于其不仅使用蛋清，同时也使用了蛋黄，如果制作方法得当，其成品品质与天使蛋糕无异。

1. 配方（表2-5）

表2-5　海绵蛋糕配方　　单位：kg

糕点品种＼原料	低筋粉	鸡　蛋	蛋　黄	细砂糖	奶　油	其　他
奶油海绵蛋糕	100	200	114	50		
蜂蜜海绵蛋糕	100	120		50	38	蜂蜜50
巧克力海绵蛋糕	100	228		114	43	可可粉28、小苏打1
杏仁海绵蛋糕	100	150	50	150	33	杏仁粉116

注：引自《焙烤食品工艺学》，李里特，2000年

2. 制作方法

（1）面糊调制　海绵蛋糕面糊调制方法主要有三种：全蛋搅拌法、分开搅打法、乳化法。

①全蛋搅打法（热起泡法）：配方中的全部鸡蛋中加入少量的砂糖充分搅开，分数次加入剩余的砂糖（一边水浴加热一边打发，温度至40℃左右去掉水浴），先用慢速搅打2min，待糖、蛋混合均匀，再改用中速搅拌至蛋糖呈乳白色，用手指勾起蛋糊不会往下流时，再改用快速搅打至蛋糊能竖起，但不很坚实，体积达到原来蛋糖体积的3倍左右。在慢速搅拌下加入色素、香精、甘油、牛乳、水等液体原料。最后加入已过筛的面粉，改用手工搅拌面粉（或用慢速搅拌面粉），混合均匀即可。

②分开搅打法（冷起泡法）：将蛋黄和蛋白分开，先将蛋白放在干净的搅拌缸中用中速打至湿性发泡后，分数次加入1/3的糖搅打至干性发泡。另一方面将2/3的糖与蛋黄用钢丝拌打器快速拌至乳黄色。再先将1/3的蛋白倒入打好的蛋黄内，轻轻的用手拌匀，继而把剩余的蛋白加入拌匀，最后加入过筛的面粉，拌匀即可。

用此方法所做的蛋糕失败较少，蛋糕体积较大，组织弹性佳，但需作两次搅拌，增加了操作程序。

③乳化法是使用蛋糕油的搅拌方法，降低了传统海绵蛋糕制作的难度，同时还能使制作出的海绵蛋糕中能溶入更多的水、油脂，使制品不容易老化，口感更加滋润，所以它更适宜于批量生产。

操作时，在传统工艺搅打蛋糖时，使蛋糖打匀，然后加入面粉量10%的蛋糕油，待蛋糖打发白时，加入选好的面粉，再用中速搅拌至奶油色，然后可加入30%的水和15%的油脂搅匀即可。

（2）烤焙　海绵蛋糕因所做成品的式样不同，所使用的烤盘大小形式也就不一样，所以烤焙的温度时间也就不一样。一般炉温控制在160～220℃，上火180℃，下火160℃。时间20～40min。

①小椭圆型或橄榄型：炉温205℃，上火大，下火小，烤焙时间12～15min。

②实心直径31cm以内，高6.5cm的圆形或方形蛋糕：炉温205℃，烤焙时间为25～35min；如直径面积增加，或厚度增高，则使用底火大，上火小，炉温减低为177℃，烤焙时间为35～45min。

③空心烤盘：炉温在177℃左右，下火大，上火小，烤焙时间约为30min。

④用平烤盘做果酱卷与奶油花式小蛋糕：炉温在177℃，上火大，下火小，烤焙时间20～25min。

⑤蜂蜜海绵蛋糕：炉温在177℃，上火大，下火小，烤焙时间45min左右。

（3）出炉冷却　蛋糕烤熟后，可以从炉中取出，再从模具中取出，将海绵蛋糕立即翻过来，放在蛋糕架上，使正面朝下，冷透，然后包装。蛋糕冷却有两种方法，一种是自然冷却，另一种是冷风机冷却。

3. 海绵蛋糕的质量标准

表面呈金黄色，内部呈乳黄色，色泽均匀一致，糕体较轻，顶部平坦或略微凸起，组织细密均匀，无大气孔，柔软而有弹性，内无生心，口感不黏不干，轻微湿润，蛋味甜味相对适中。

任务四 方便面加工技术

方便面是随着现代人们工作和生活的快节奏而出现的一种方便食品，又称“快熟面”、“即食面”、“快餐面”等。它具有加工专业化、生产效率高、携带方便、营养卫生、食用方便、节约时间等特点。

方便面的花色品种很多，按干燥工艺分为油炸方便面和热风干燥方便面两大类；按包装方式分为袋装面、杯装面（桶装面）、碗装面三类；按食用风味分为中华面（中国风味）、和风面（日本风味）、欧风味（欧洲风味）三类。方便面一般都以所带调味汤料来命名，如海鲜方便面、酸辣方便面、牛肉方便面、排骨方便面等。

一、方便面原辅料及其特性

1. 面粉

方便面生产品种的不同，对面粉的要求也不同，我国目前尚未制定方便面专用粉的质量标准。一般选用面粉灰分含量低，面筋含量高，品质好，口感弹性强的面粉，这样面粉制作的方便面嚼劲和复水性较好，同时面饼在油炸工艺过程中吸油量较少，减少了面饼的含油量。我国一般要求面粉的湿面筋含量28% ~ 36%，蛋白质含量9% ~12%，水分含量12% ~14%，灰分含量0. 4%。

面粉中湿面筋含量低或湿面筋质量差都会影响面筋网络形成，使面团的弹性、延伸性受到影响，给压延时光滑、厚薄均匀的面片形成造成困难，并且会影响成品的口感和含油量。若湿面筋含量过高，成品的颜色不好看，口感不好。

面粉的灰分含量高低，不仅会影响面粉的色泽和气味，而且还会影响和面时面粉的均匀吸水，影响面筋网络形成，对产品品质有一定影响。

2. 油脂

油脂在油炸方便面中是与面粉同等重要的原材料，其质量直接关系到产品的色泽、风味、面条含油量、保藏稳定性等多项重要的质量指标。在选用油脂时，最主要原则就是油脂的稳定性，因为油炸时油脂一直处于连续高温，易腐败，其次才是风味和色泽。实际生产中一般以50%的棕榈油搭配50%的猪油作煎炸用油。方便面生产中常用的油脂有棕榈油、精炼硬化油、猪油、麻油。

3. 水

水是方便面生产必不可少的辅助原料。

水的作用主要体现在方便面的面团制作中：①水使面粉中的淀粉吸水湿润，干粉成为可塑性的湿面团，使面条产生良好的口感；②面粉中的蛋白质吸水膨胀形成面筋，增加面条的弹性、韧性和延伸性；③水对面团湿度进行调节，从而调节面团的软硬程度，利于轧片；④在蒸面时促进淀粉受热糊化；⑤作为辅料盐、碱的溶剂。

4. 鸡蛋

一般高档的方便面均需添加鸡蛋，鸡蛋可以提高面条的营养价值，改善风味，改善面条色泽，膨化面条结构，延缓淀粉老化。鸡蛋用量一般按面粉质量的1%～2%加入。

5. 淀粉

淀粉可以调整面条的风味，增加面团硬度，使面条熟后有嚼劲，还可调整蛋白质含量。常用的有玉米淀粉、马铃薯淀粉、木薯淀粉等。

6. 食盐

食盐作为面条制作的重要辅料，所占比例不大，但对制面工艺影响很大。

食盐的作用：①食盐起到强化面筋，增加面团弹性的作用；②使面粉吸水快而均匀，面团容易成熟；③防止面团发酵，抑制酶的活性。

一般食盐添加量为面粉的1.5%～2%。食盐的加入量要根据季节、气温高低来调整，一般原则是：蛋白质含量高则多加，蛋白质含量低则少加；加水率高则多加，加水率低则少加；夏季气温高则多加，冬季气温低则少加。加盐一般选用精盐，将精盐溶于水后再加入面粉中。

7. 食碱

碱是制作方便面不可缺少的辅料，制面条用的碱一般有碳酸钠和碳酸钾两种。

食碱的作用：①碱作用于面粉中的蛋白质和淀粉，让面筋具有独特的韧性、弹性和润滑性；②碱能增强面条筋力，煮面时不浑汤，还可中和游离脂肪酸，减少对面筋的危害；③碱促进面条着色，有利增进食欲；④碱可促进淀粉熟化，提高面团的复水性，增进口感。

加碱方法通常采用混合碱水，主要有无水碳酸钠（占57%），无水碳酸钾（占30%），还有一些磷酸盐（占13%），添加量为面粉的0.2%～0.5%，过量会产生褐变。加碱时要将碱粉一点点倒入水中，并不断搅拌，使碱逐渐溶解，并等到碱水冷却后再使用。添加食碱后，应尽量使面团的pH保持7.5左右，以防碱过量而产生不愉快的碱味。

8. 品质改良剂

品质改良剂可增加面团弹性、缩短和面时间、减少吸油量、改善方便面口感、提高方便面复水性能。常用的品质改良剂有：羧甲基纤维素、瓜尔胶、海藻酸钠。

9．乳化剂

常用的乳化剂有单硬脂酸甘油酯、蔗糖酯、山梨醇酯。添加量为小麦粉的0.1%～0.3%。

乳化剂的作用：①能降低面条表面的黏性，提高面条弹性；②提高面团的吸水性和持水性；③可以防止面条老化，提高复水性能；④使面条表面光滑而均匀，改善成品的口感。

10．抗氧化剂

抗氧化剂主要用于煎炸油中，延缓油脂高温氧化劣变，延长方便面的保藏期。常用的抗氧化剂有维生素E、BHT（2－丁基羟基甲苯）、BHA（丁基羟基茴香醚）。

二、方便面的生产工艺

（一）工艺流程

面粉→和面→熟化→复合压延→连续压延→切丝成型→蒸面→定量切断→油炸→冷却→包装

（二）操作要点

1．和面

和面是原料、辅料、水、添加剂均匀混合一定时间，蛋白质和淀粉充分吸水胀润，形成具有一定弹性、韧性、延伸性、可塑性的湿面筋面团。

（1）基本原理　面粉与水均匀混合时，面粉中的蛋白质与淀粉充分吸水膨胀形成面筋网络，淀粉被湿面筋网络包围。当一定的面筋网络形成之后，停止快打，以免已形成的网络被打断，开始慢打，使面筋进一步扩展延伸，从而使形成的面团具有良好的加工性能。

（2）工艺要求　根据面粉的含水量、面筋含量、气候和和面时水分蒸发等因素来确定和面加水量，使面粉充分均匀的吸水，颗粒松散，大小均匀，干湿统一，色泽均匀，手握成团，轻轻揉搓仍能松散成小颗粒，不含“生粉”。

（3）面团调制　方便面的面团调制可分为四个阶段。

①松散混合阶段：和面开始时，将各种固态和液态的原辅料混合均匀，面粉和水进行有限的表面接触和黏合，使面团结构松散，呈粉状或小颗粒状。此阶段需3～4min。

②成团阶段：已经润湿的面粉颗粒，水分从表面渗透到内部，使蛋白质进行水化作用，在面团局部形成面筋。使松散的颗粒在搅拌作用下彼此黏连成网络结

构，此时面团中出现较大的团状物。此阶段需5~6min。

③成熟阶段：团状物内面筋网络结构的内聚力松散，表面粗糙。此阶段面团在机桨不断搅揉下，内聚力逐渐增强，面筋弹性更为强韧。此时水分不断向蛋白质分子内部渗透，使面团黏性下降，由软变硬，面团表面逐渐光滑，混合逐渐均匀。此阶段需6~7min。

④塑性增强阶段：成熟阶段的面团黏弹性强，而可塑性和延伸性不足，此时轧片，面片表面会产生小孔洞，表面不够光滑，折花后的生坯形态不理想。若改用低速搅拌，面团弹性会降低，可塑性和延伸性增强，面团会重新由硬变软，黏性有所提高，适合后续加工。通常在成熟阶段后继续搅拌1~2min即可。

2. 熟化

面团熟化就是将和好的颗粒状面团，静置一段时间，使处于紧张状态的面团网络结构松弛，这个过程称为熟化。

（1）主要作用

①使水分进一步渗入蛋白质和淀粉粒子的内部，充分吸水膨胀，进一步形成面筋网络；②在搅拌过程中，面团受到机械的拉伸和挤压，撕断部分已形成的面筋，使面团内部结构不稳定。熟化有利于面团的均质化；③对复合压延起到均匀喂料的作用。

（2）影响熟化效果的因素

①熟化时间：熟化时间的长短是影响熟化效果的主要因素。通常熟化时间不超过30min，但不应该小于10min，以10~20min为宜。熟化时间太短，面筋网络未充分形成，制成的面饼不耐泡，易混汤。熟化时间延长，面团黏弹性增加、拉伸性降低。

②搅拌速度：面团熟化在静态下进行较好，但为避免面团粘连结块，影响面团的排放，因此面团熟化时改为低速搅拌。搅拌速度以能防止面团结块和满足喂料为原则，通常是2.5~5r/min的低速搅拌。

③熟化温度：面团熟化温度要低于和面温度。一般以不超过25℃为宜。熟化时注意保持面团水分。

3. 复合压延

复合压延又称压片，将熟化后的面团通过两道平行的压辊压成两个面片，两个面片平行重叠，通过一道压辊，即被复合成一条厚度均匀坚实的面带，使面带具有一定的韧性和强度，保证产品的质量。一般复合压延的压延道数为6~8道。

（1）主要作用　①将松散的面团压成型，根据产品特点控制面带厚度，碗装面厚度约0.3mm，袋装煮食型油炸方便面厚度为1~1.2mm，软面及炒面厚度在1.2mm以上；②促进面筋网络组织在面片中均匀分布，增加面片的韧性和强度。

（2）工艺要求　压延后的面片要求厚薄均匀，表面平整光滑，无破边、无孔洞，色泽均匀，并有一定的韧性和强度。

（3）影响复压效果的主要因素

①面团的工艺性质：面团干湿均匀、面筋形成充分、温度适当、结构性能好，复压后的面片质量也好；反之，压片效果差。

②压延倍数：压延倍数指压延前面片厚度与压延后面片厚度之比。压延倍数越大，面片被轧薄的程度越大，其内部面筋网络组织越细密。但压延倍数不可压延比过大，否则会损坏压辊。

③压延比：压延比是指压片前面片厚度与压片后面片厚度的比值。压延比太小，会使压辊道数增加，不太合理；压延比过大，面片被拉伸的幅度就大，当拉伸力超过面筋承受能力时，会将已形成的面筋撕裂，使面片表面粗糙。

此外，压辊直径、压延道数、压辊转速都对压延效果有影响。

4. 切条折花

压片后的面带，如只进行切条，并排的直线形面条在蒸煮时会黏连在一起。所以，方便面生产时，面带切条后需要进行折花，使其具有波浪形花纹，彼此紧靠，形状美观，在蒸煮时不易粘连。同时，干燥时脱水也快，切断时碎面少且复水时间短。

（1）工艺要求　切条后的面条光滑、无并条、无粗条，波纹整齐，行行之间不连接。

（2）影响切条折花的因素

①面片质量：面片含水要适中，厚度必须符合标准。面带含水过多，切丝成型后，花型塌陷堆积；含水太少，花型松散，不整齐。若面片破边、有孔洞，则会形成断条。面片过厚，成型后面条表面会有皱纹。

②面刀质量：面刀的两齿辊啮合深度、箅齿压紧度要求适中。若刀辊的齿辊啮合不够深，面条切不断，会引起并条；齿辊表面粗糙，切出的面条会有毛刺，光洁度差。箅齿压紧度不够，会使面刀齿槽中积累杂质。成型盒内有杂质，会产生挂条。

③刀辊速度与成型网带速度之比。二者之比要求在6~8范围内。比值过大，面条花型堆积，会导致蒸煮不透、油炸不透；比值过小，面条波浪过大、松散，会导致面饼质量不够。

④成型导箱前壁压力门上的压力。压力要求大小适中。过大，波纹密，过小，波纹稀；成型导箱的质量与安装均会影响花纹的质量。

5. 蒸面

蒸面是方便面生产中的一步重要工序，就是波纹面坯在蒸汽的作用下将其中的生淀粉糊化（α－化程度），蛋白质发生变性，基本固定面条花纹的形状，改变成品的复水性，降低成品的含油量，改善面条的透明度。

（1）工艺要求　糊化后的淀粉会回生，即分子结构又变成β状。因此要尽量提高蒸煮时的糊化度。α－化程度越高，方便面品质越好。通常非油炸方便面的糊化度要求达到80%以上，油炸方便面的糊化度要求达到85%以上。

（2）影响蒸面的因素

①蒸面温度：淀粉糊化要有适当的温度，一定时间内，蒸面温度越高，糊化度越高。淀粉的糊化温度为65～67.5℃，要使淀粉糊化，蒸面的温度一定要控制在67.5℃以上。但方便面是由多层面条扭曲折叠而成的面块，有一定的厚度和密度，要使这些面块在短时间内蒸熟，需要有较高的温度。

②面条含水：在蒸面温度和蒸面时间相同的条件下，生面条含水量越高糊化程度越高，面条含水量与糊化程度成正比。

③蒸面时间：蒸面时间和α－化程度成正比。延长蒸面时间，可以提高产品的糊化度。通常蒸面机蒸面时间为90～120s。

④面条粗细厚薄和面块花纹的疏密：面条越细、越薄，面块花形越疏的面越容易蒸熟，糊化度高；反之，糊化度低。

6. 切段成型

蒸熟的波纹面块含水量很高，用鼓风机在面条上表面和下表面强制冷却，使温度下降、表面硬结，有利于切块。面条切块要由定量切断装置按一定的长度切断，方便面的定量切断是将质量换成长度，以长度来计质量，因此每块面块的质量随花纹的疏密而变化，花纹密则质量大，花纹疏则质量小。所以成型折花时花纹的疏密应保持稳定。

定量切断的工艺要求：每块面块定量基本准确，并将两面块对折整齐，再经分路装置送入热风干燥机或自动油炸机。

7. 干燥

干燥就是使熟面块快速脱水，固定α－化的状态和面块的几何形状，以防回生，利于包装、运输和保藏。干燥方法有油炸干燥和热风干燥。前者属于高温短时干燥，产品膨松，多微孔，复水性好；后者干燥温度较低，干燥时间较长，干燥后的面条没有膨化现象，无微孔，复水性差，食用时需要较长的浸泡时间。干燥后的方便面要求水分含量在8%（油炸干燥）或12%（热风干燥）以下。

（1）油炸干燥　油炸是把定量切断的面块放入油炸盒中，通过高温的油槽，面块中的水迅速汽化，面条中形成多孔性结构，淀粉进一步糊化。常用油脂为棕榈油和猪油的1∶1混合油。油炸时的油温，袋装方便面一般为150℃左右，油炸时间为70s左右；杯（碗）装面为180℃左右，以使其膨化程度高一些。

油炸的作用：使淀粉完全糊化；蒸煮后的面块充分脱水；形成方便面的固定形状。

油炸干燥的工艺要求：油炸均匀，色泽一致、面块不焦不枯、含油少、复水性好，其他指标符合有关质量标准。

影响油炸效果的因素：

①油炸温度：油温140～150℃是一般方便面的可调范围。油温低于140℃，

油炸时间过长，会使膨松后的面条收缩，膨松性下降。超过 150℃，面条升温太快，影响油炸时淀粉 α－化程度的提高。面块较厚的面条炸不透，温度过高，面块会炸焦。

②油炸时间：油炸时间也是影响油炸效果的重要因素。它与油温相互影响。面块中水分含量确定，油温低，则油炸时间长；油温高，油炸时间短。油炸时间太短，面块脱水不彻底，不易储存；时间太长，面块起泡、炸焦，影响面饼品质，也增加成本。

③控制油位：为了保持油锅中油的新鲜度，油炸操作中应注意油位的控制。油位太低，面块脱水慢，有可能炸不透，耗油；油位高，循环量增加，易酸败。油位高低不稳定，对面块糊化度、产品含油量都有影响。

④油脂质量：因高温加热的关系，煎炸油容易“老化”，从而影响面条在保存期内的稳定性。油脂中饱和脂肪酸含量少，油易酸败，产品不仅会耗油多，而且易酸败。油脂质量好，不仅会省油，而且炸出的面饼品质也非常好。目前大多数国家采用熔点在 26～30℃的棕榈油作为方便面的煎炸用油。

（2）热风干燥　热风干燥是生产非油炸方便面的主要干燥方法，利用多段式网状输送带进行热风干燥。热风干燥的时间随面块的大小厚薄不同而异。干燥时间一般为 35～45min。干燥温度一般为 70～90℃，干燥后成品含水量为 12.5%左右，干燥机传送链的速度一般为 3m/min。

工艺要求：面块形状一致，含水量达到产品质量标准规定的水分以下，干燥速度尽量高，以尽量固定 α－化状态，并保证产品有良好的复水性。

8. 冷却

冷却是为了便于包装和保藏，防止产品变质。通过油炸或热风干燥的产品有较高的温度，如果不冷却，在高温条件下容易使附加的汤料变质。

（1）冷却方法　冷却方法有自然冷却和强制冷却。自然冷却成本低，但冷却速度慢。强制冷却是借助鼓风机加强空气流动，强制冷却，冷却速度快，适合连续化生产，目前使用比较普遍。

（2）冷却工艺要求　面块经冷却后的温度接近室温或稍高于室温（温差 5℃以内）。冷却时间控制在 3～5min，若冷却效果不好，可以调节其他影响因素。

9. 检测

产品包装前，必须先经检测器对有无金属杂物和面块质量是否合格进行检测。有异常时，电子感应器会使压缩空气喷嘴或一个横向推杆将金属杂物或质量不合格的面块吹出传送带。

10. 包装

包装就是把冷却后经检测合格的面块配上合适的调味料包装成产品。目前，方便面的包装形式有袋装、碗装和杯装三种形式。油炸方便面包装材料要求有良好的透气性、隔湿性、耐油性、遮光性和一定的强度。

（1）袋式包装的工艺要求　包装整齐，纵向、横向密封不漏，两端切口平直，不漏汤料。

（2）碗装和杯装的工艺要求　包装不漏汤料和其他内容物，盖与碗（杯）密封不漏气，外层透明塑料膜收缩不皱、不破、松紧合适。

（三）调味汤料

汤料是方便面的主要组成部分之一，是决定产品营养价值和口味的关键，也关系到方便面的档次和等级。方便面所附带的调味汤料品种很多，如三鲜汤料、鲜虾汤料、鸡肉汤料、牛肉汤料、麻辣汤料等；形态上有粉末状、固体状、膏状和液体状四种。一般方便面中都附带有多包汤料，如汤粉包、脱水蔬菜包、调味油包、调味酱包及嗜好性调味包等，使用时可根据不同品种及口味要求分别选用其中的数种。

1．粉末调味汤料

几乎所有附带汤料的方便面中均添加的基本调味料，通常用复合铝箔袋包装。粉状汤料中通常包括咸味料、甜味料、酸味料、鲜味料、着色料等。

2．液体调味汤料

液体汤料有两种：一种是纯粹以油脂作内容物的复合薄膜小包装；另一种是各种液体调味料混合后用复合薄膜或复合铝箔袋包装。这种汤料一般用在中高档产品中。液体调味料的配方中以酱油为主，配以食醋、辣椒油或胡椒、辣椒、大蒜、洋葱等浸出汁，再辅以酒、味精等调料配制而成。

3．固体状汤料

固体状汤料是固体状的附加菜肴，是面条的营养物质，用于高档产品。一般经过脱水干燥制成，含水量很低。植物性物料有甘蓝、胡萝卜片、香菇、青葱等；动物性物料有牛肉丁、猪肉丁、鸡肉丁、火腿丁、干贝、虾仁等。大多以冷冻干燥工艺制成，形态与色泽均近似新鲜状态，复水速度快，口味鲜美。

4．膏状调味汤料

加工方法与固体汤料相近。膏状汤料大都用香辛料与辣味料配制而成，其液体汤料内不再加有辛辣料。在高档方便面中常使用。

5．粉末与固形物混合汤料

将粉末汤料与某些固形物混合包装而成的配合调味料。方便面中低档产品常用，一般每份包装料中只有1包这种汤料，或再加1包液状汤料。其组成包括干燥的虾仁、香菇片、胡萝卜丁、榨菜丁等。

（四）方便面的质量标准

1．感官指标

色泽光亮，透明度较好，有弹性、韧性、口感好、口味鲜美，无杂质，不碜牙，无异味。烹调性好，煮、泡3～5min，不夹生，无明显断条现象。

2．理化指标（表2－6）

表2-6 方便面理化指标

项目	指标
水分	2.35%
酸值（以脂肪含量计）	1.6%
α-度	92.11
复水时间	2.5min
盐分	0.94%
含油量	21%
过氧化值（以脂肪含量计）	0.21%

3. 卫生指标（表2-7）

表2-7 方便面微生物指标

项目	指标
大肠菌群/（MPN/100g）	≤70个
细菌总数/（cfu/g）	≤3000个
致病菌（肠道致病菌和致病性球菌）	不得检出

任务五 挤压膨化食品加工技术

一、概述

膨化食品是近年来世界上发展起来的一种新型食品，由于膨化食品的概念出现时间并不长，目前食品科学界还没有一个公认的定义。膨化食品在国外又称挤压食品、喷爆食品、轻便食品等，它是以谷物、豆类、薯类、蔬菜等作为主要原料，利用油炸、挤压、焙烤、微波等膨化技术加工而成的，体积有明显增加现象的一种食品。其组织结构多孔膨松、口感酥脆香美、外形精巧、品种繁多，具有一定的营养价值。

膨化食品与传统的蒸煮、烘烤不同，由于膨化时间很短，加工的食品营养素损失最小。原料中部分淀粉转化为糊精和麦芽糖，有利于人体吸收，膨化后，淀粉的分子间出现间隙和裂解，消化酶易于进入，从而提高了消化率。由于膨化过程是一个高温短时（HTST）的加工过程，原料受热时间短（3～5s），食品中的营养成分受破坏程度小。膨化组织呈多孔的疏松质构有利于消化酶的进入，促进了消化吸收。由于食品膨化后有很多微孔，吸水力强，容易复水，可保持食品独特的风味。同时，粗粮膨化后改善了口感，并且可将膨化后的原料进一步生产各种美味食品。

挤压膨化技术作为一种经济实用的新型加工方法在20世纪40年代末期逐渐扩大到食品领域，它应用于各种膨化食品的生产。近年来，挤压膨化技术发展迅速，目前已成为最常用的膨化食品技术之一。挤压膨化加工技术适用范围广。该技术适合加工早餐谷物食品、方便食品、休闲食品、组织化仿生食品、调味品、糖制品、巧克力食品等许多食品种类。经简单的更换模具，即可改变产品形状，生产出不同外形和花色的产品。通过挤压膨化加工生产的食品，营养损失少，容易被人体消化吸收，生产的产品口感好，改善了产品的风味，不易产生“回生”现象，便于长期保存。

经挤压膨化后这种以淀粉为主要原料的食品富含蛋白质、热量、维生素、矿物质等营养成分，保证了饮食需要的平衡；而且膨化过程中部分淀粉截断成小分子可溶性糖、部分蛋白质裂解为复合氨基酸，美味可口、易于消化吸收，深受广大消费者的青睐。挤压膨化食品具有产品种类多、生产效率高、成本低、产量高、产品质量好、能使用低价粗原料、无废弃物、可实现生产全过程的自动化和连续化等特点，是膨化食品加工技术发展的一个方向。

二、挤压膨化原理

（一）挤压膨化食品的概念

挤压膨化食品就是原料经粉碎、混合、调湿，送入螺杆挤压机中经高温蒸煮并通过特殊设计的模孔而制得的膨化成型的食品。在实际生产中一般还需将挤压膨化后的食品再经过焙烤或油炸使其进一步脱水和膨松，这既可降低对挤压机的要求，又能降低食品中的水分，赋予食品较好的质构和香味并起到杀菌的作用，还能降低生产成本。

（二）挤压膨化的基本原理

膨化食品的生产原料主要是含淀粉较多的谷物粉、薯粉或生淀粉等。膨化状态的形成主要是靠淀粉完成的。含有一定水分的淀粉原料，密封在膨化机中，进行加热、加压或机械作用，使淀粉物料处于高温高压状态（温度可达150～200℃，压力可达到1MPa以上），物料在此状态下，所有组织成分都积蓄了大量的能量，淀粉颗粒首先发生糊化，进而在高温和高剪切力的作用下分子之间相互结合和交联，形成网状的结构，物料组织变得柔软。水分呈过热状态，当原料从挤压机中出来时压力突然降低，原料中的水分瞬间汽化，体积迅速膨胀，可膨胀大约2000倍。当结构达到弹性极限时，气泡破裂，热蒸汽逃散，内部压力下降，气泡逐渐塌陷，气泡壁相连，但这个过程在远未恢复到原来密度前就停止了。这是因为面团失去水分且温度下降，物料的整个结构固定成型，成为膨化食品的结构和骨架，其他原料中的成分填充其中。从而使多孔疏松的海绵体结构得到固定。因此物料中淀粉的含量直接影响到产品的膨化程度，在原料中没有淀粉存在的情况下，则基本上不产生膨化效果。

原料经过挤压膨化后，会产生各种各样的变化，其体积宏观结构的变化可用膨化度来表示。膨化度是指膨化后制品的体积增大倍数，用如下公式表示：

$$膨化度=\frac{膨化制品的截面积}{挤压机模具孔口的截面积}$$

一般情况下，膨化度在5以上，产品就比较疏松。根据不同的工艺要求，膨化度可控制在10~20。

（三）膨化的产生过程

膨化过程分为三个阶段：

（1）相变阶段　此时物料内部的液体因吸收了外部提供的能量而发生汽化。

（2）增压阶段　随着能量的持续供应，汽化后的气体快速增压并开始带动物料膨胀。

（3）固化阶段　当物料内部的瞬间压力达到并超过物料能够承受的内外压力平衡极限时，气体迅速外溢，内部因失水而温度升高，物料不断干燥并固化，最终形成多孔、疏松的膨化产品。

（四）挤压膨化设备

挤压膨化设备是一种相当有效的将电能转换为热能的转换器，是一种集输送、混合、加热、加压等多项单元操作于一体的连续式高温短时反应器。各种挤压机，按照它们的设计特点，可区分成两种类型：单螺杆挤压机和双螺杆挤压机。

1. 单螺杆挤压机

单螺杆挤压膨化机的螺杆由一根轴把各种结构的螺杆单元连接组成。该挤压机结构简单，制造容易，价格便宜，属于高、中剪切类型，适用于生产直接膨化的小食品。物料从喂料口进入机筒后，在螺杆中经历固体输送、熔融和均化过程，使物料从松散状态转变成连续可塑的面团状，同时物料经压缩和摩擦温度会升高，高温物料从模具中挤出时，由于瞬间减压，物料会随水的汽化作用而急剧膨胀，形成膨松多孔结构，降温冷却后固化而变脆。

单螺杆挤压膨化机的整个螺杆由三段组成：喂料段、挤压段（压缩段）及熔融均化段。

①喂料段：占总螺杆的10%~25%，一般采用深螺纹。此段保证充足的物料均匀而稳定的向前移动和输送，使后面的螺杆完全充满。

②挤压段：占50%左右，挤压是螺杆的核心功能。可以改变螺纹的深度、螺距、套筒结构等，使物料受压的方式得到改变。此段使原来颗粒或粉末状态的物

料被挤压成连续的面团状物质。

③熔融段：具有很浅的螺槽和很小螺距的螺纹。此段使物料进一步受到高剪切力的作用，从而使温度急剧上升，物料呈熔融状态。

2. 双螺杆挤压机

双螺杆挤压膨化机是多螺杆挤压膨化机中的一种，是在单螺杆挤压膨化机的基础上发展起来的，在双螺杆挤压膨化机的机筒中，并排安放两根螺杆，故称双螺杆挤压膨化机。

双螺杆挤压膨化机特点：温度处理和机械处理可同步进行。膨化机的压力可达19.6MPa，温度达180～200℃以上。在短时间（10～30s）可完成原料传递、压缩、混合（搅拌）、粉碎、溶化、剪切、化学反应、杀菌、膨化、成型等工序，而且可控制调整产品的感官质量。

该设备广泛用于谷类食品、休闲食品、营养米粉、组织蛋白、大米再造、淀粉糊化、焦糖产品、宠物食品、水产饲料等。

三、挤压膨化食品分类

膨化食品品种繁多，外形精巧，酥脆香美，深受人们的喜爱。挤压膨化食品可从生产工艺、加工原料、食品形状、产品风味和形状等几个方面进行分类。

1. 按膨化加工的工艺过程分类

（1）直接膨化食品　又称一次膨化食品，是指把原料放入加工设备（目前主要是膨化设备）中，通过加热、加压再降温减压而使原料膨胀化的食品。如爆米花、膨化米果等。

（2）间接膨化食品　又称二次膨化食品，是指先用一定的工艺方法制成半熟的食品毛坯，再把这种坯料通过微波、焙烤、油炸、炒制等方法进行第二次加工，得到酥脆的膨化食品。如果是利用双螺杆挤压机生产食品毛坯后再加工，则称为第三代挤压食品。

2. 按原料分类

（1）淀粉类膨化食品　如玉米、大米、小米等原料生产的膨化食品。

（2）蛋白质类膨化食品　如脱脂大豆、脱脂棉籽等原料生产的膨化食品。

（3）淀粉和蛋白类混合的膨化食品　如虾片、鱼片等原料生产的膨化食品。

3. 按生产的食品性状分类

（1）小吃及休闲食品类　可直接食用的非主食膨化食品。如麦圈、锅巴、米果等。

（2）快餐汤料类　需加水后食用的膨化食品。如速食玉米粉、快餐粥、婴儿羹等。

4. 按产品的风味、形状分类

按产品的风味、形状分类可分为成千上万种。如从风味上分，可分为甜味、咸味、辣味、怪味、海鲜味、咖喱味、鸡味、牛肉味等膨化食品。

从形状上分可分为条形、圆形、饼形、环形、不规则形等膨化食品。在这方面的任何一个变动都能扩大出一种挤压食品品种来。

四、挤压膨化食品加工工艺

（一）工艺流程

原料→去皮→粉碎→混合（湿润）→调理→输送→喂料→挤压膨化→整形、切割→烘烤→喷油、调味→包装

（二）操作要点

1. 粉碎

为使原料混合均匀、挤压蒸煮时淀粉充分糊化，有利于膨化，各物料（玉米应先除去皮和胚芽）粉碎至30～40目颗粒大小，双螺杆挤压机的用料粉碎至60目以上。

2. 混合调理

将不同的原料及辅料按一定比例在加湿机中混合均匀，根据气候和环境温度、湿度的不同确定加水量的多少，混合后的原料水分控制在13%～18%。

3. 挤压膨化

挤压膨化是整个流程的关键，直接影响到产品的质感和口感。影响挤压膨化的变量较多，物料的水分含量、挤压过程中的温度、压力、螺杆转速、原料的种类及其配比等。挤压机螺杆转速为200～350r/min，温度为120～160℃，机内最高工作压力为0.8～1MPa，食品在挤压机内停留时间为10～20s。

4. 整形、切割

膨化物料从模孔挤出后，由紧贴模孔的旋转刀具切割成形或经牵引至整形机，经辊压成型后，由切刀切成长度一致、粗细厚度均匀的卷、饼等膨化半成品。此时食品因水蒸气的外溢水分可下降8%～10%。

5. 烘烤

若挤压出来的半成品水分较高，需经带式输送机送入隧道式烤炉做进一步烘烤，使水分低于3%～5%，以延长保质期。同时，烘烤后产生一种特殊的香味，提高品质。

6. 调味

为获得不同风味的膨化食品，在旋转式调味机中进行调味。按一定比例混合的植物油和奶油加温至80℃左右，通过雾状喷头时均匀的喷洒在旋转而翻动的物料表面。喷油的目的一是为了改善口感；二是为了使物料容易粘裹上调味料。为

了防止受潮、保证酥脆，调味后的产品应及时包装。

7. 包装

由于膨化食品本身含水量低，吸湿性强，对其包装要求是：能防止产品酸败和变味、水分入侵、香气外逸、异味窜入和受压破碎，故应考虑如下问题：排除空气，避光保存，防止与其他氧化膜接触。为此，可采用如下几种方法：①采用透湿性和透气性很低的包装材料；②采用化学上惰性的包装材料；③在真空或惰性气体下包装；④包装内加干燥剂；⑤包装内使用除氧剂。

对于挤压膨化食品，常用的包装材料为聚丙烯聚酯组成的复合膜或真空镀铝薄膜，为了防止产品在运输过程中挤坏，并防止产品氧化变质，常在包装袋中充入氮气。

（三）影响挤压膨化效果的因素

1. 原料组成

挤压膨化的主要原料为谷物，因此，其主要成分为淀粉，另外，根据需要可加入大豆分离蛋白、糖、酪蛋白酸钠和氯化钠、矿物质、维生素、氨基酸成分以及脂类、乳化剂等。较高的挤压温度对氨基酸和某些维生素会造成损失，挤压膨化产品颜色越深，损失的可能越多。原料中油脂含量高，会降低产品的膨化度。

2. 原料粒度

为使原料混合均匀、挤压蒸煮时淀粉充分糊化有利于膨化，原料粒度应越细越好。一般物料粒度在 30 ~ 40 目颗粒大小为宜，双螺杆挤压机的用料粒度应在 60 目以上。

3. 原料水分含量

挤压加工对原料含水量的需求范围较大，挤压不同种类的产品有着对原料含水量的不同要求，含水量变化范围可在 10% ~ 20%。物料中水分含量与膨化食品的膨化率有关。原料含水量大时，所得到的膨化食品外皮易结痂、夹渣不匀、口感过硬；原料水分含量过低时，膨化食品往往出现焦黄而味苦，严重时引起机腔内碳化并堵塞喷头，也会导致膨化倍数过小。若原料含水适当，则膨化倍数较大，食品组织结构均匀疏松，成品质量优良。

4. 挤压温度

挤压筒内原料的温度是挤压膨化中很重要因素之一。温度是促使淀粉糊化、蛋白质变性和其他成分熟化的必要条件。原料膨化过程中，升温成熟时间要短，而膨化成熟后降温要快，这样有利于保持原料中的维生素、氨基酸等营养成分。

5. 设备选择

挤压膨化设备有单螺杆挤压机和双螺杆挤压机两种。相对单螺杆挤压机来说，双螺杆挤压机的原料适应性更宽、产品适应性更广、产品内在和外观质量更好、同等动力下产量更高、熟化均质效果更好、工艺操作更简便、易损件磨损更轻、生产成本更低的诸多优势。

6. 喂料速度

在一定的挤压速度下，喂料量决定了加工过程中挤压腔的填充过程，进而影响物料在挤压腔中受到的挤压摩擦力、升温速度、挤压压力、最终影响产品的膨化度及生产效率。加料速度应均衡，各种物料成分应均匀分布，否则影响生产的连续性和产品质量的稳定性。

7. 螺杆转速

在挤压过程中，螺杆转速影响螺杆被物料的封闭程度、物料在挤压机中的停留时间、热传递速度和挤压机机械能的输入量，以及物料所承受的剪切力大小。同时，螺杆转速影响到挤压机的产量，螺杆转速高，生产能力大。

任务六 食用植物油脂加工技术

一、概述

植物油脂是由脂肪酸和甘油化合而成的天然高分子化合物，广泛分布于自然界中。凡是从植物种子、果肉及其他部分提取所得的脂肪统称植物油脂。按性状，植物油可分为油和脂两类。通常把在常温下为液体者称为油；常温下为固体和半固体者称为脂。按用途，分为食用植物油脂和工业用植物油脂两大类。

食用植物油脂是人类必不可少的主要膳食成分之一，具有重要的生理功能，是人体必需脂肪酸的主要来源，常见的植物油包括豆油、花生油、菜籽油、芝麻油、玉米油、葵花籽油、茶油等。植物油脂制取通过研究油料的性质，选择合理的加工技术，制造符合人类需求的产品，使油料资源得到充分的利用。目前植物油脂制取方法主要有机械压榨法、溶剂浸出法、超临界流体萃取法及水溶剂法。

二、食用油脂加工技术

（一）植物油料的预处理

植物油料制油对油料的工艺性质具有一定的要求。因此制油前应对油料进行一系列的处理，使油料具有最佳的制油性能，以满足不同制油工艺的要求。植物油制取工艺中，从原料开始到提取油脂前的所有准备工序统称为预处理。主要包括油料净化和制坯两大步骤。油料净化包括保藏、清理除杂、剥壳、仁壳分离等；制坯包括破碎、软化、压坯、膨化成型及蒸炒等工序。

1. 油料的保藏

油料的保藏是整个油脂制取工艺不可忽略的环节，保藏的目的是保证油料在保藏过程中质量不发生损耗，品质不发生劣变，为生产提供品质均匀一致的原料或中间产物，提高油脂生产的工艺效果以及产品的数量和质量。

2. 油料的清理

（1）清理的目的

①减少油脂损失，提高出油率：油料中的大多数杂质本身并不含油脂，若不事先除去而让其混在油料中进行压榨或浸出，将吸附一定量的油脂而留在饼粕内，使出油率降低。油料中如果泥灰过多，会降低油胚的可塑性，并堵塞油路，影响出油率。

②提高油脂和饼粕的质量：油料中含有的泥土、植物茎叶、皮壳等有机杂质，会使毛油颜色加深，沉淀物增多。

③减少设备磨损，延长设备使用寿命：泥沙、石子、金属等杂质对设备均有强烈的摩擦作用，从而使各种机件很快摩损，使用寿命缩短。

④避免生产事故，保证生产的安全：油料中的麻绳、蒿草等长纤维杂质，很容易缠绕在运转设备的旋转轴上，增加动力消耗，甚至堵塞设备的进出口，造成生产事故或设备故障。

⑤增大设备对油料的处理量：油料中杂质含量越多，占据的体积就越大，特别是茎叶和皮壳。除去油料中的杂质，可减轻设备的负担，增大设备的处理量。

⑥可改善生产条件：油料中含有灰尘在输送加工时会造成车间灰尘飞扬，有害工人身体健康，造成环境污染，严重时会有爆炸的危险。

（2）清理的方法　清理方法依据油料与杂质之间物理性质的不同来具体选择。

①筛选：筛选主要是根据油料和杂质颗粒大小的差别，利用它们之间的宽度和厚度的不同，借助筛选设备除去大于和小于油料杂质的一种方法。

②风选：风选是根据油料和杂质之间悬浮速度的差别，利用气流借助风选设备将浮尘及其他轻于或重于油料的杂质除去的一种方法。

③磁选：磁选是利用油料和金属杂质磁性上的差别，借助磁选设备将铁质杂质清除出去的一种方法。

④去除并肩泥：并肩泥是指形状、大小与油料颗粒相等或相近的泥沙石料。去除并肩泥是根据油料和并肩泥的机械强度不同，借助并肩泥清选设备，先将并肩泥在摩擦和打击的作用下粉碎，然后再用筛选和风选的方法使其与油料分离的一种清理方法。

⑤干法相对密度分选：干法相对密度分选主要是利用油料与杂质的相对密度不同，利用相对密度去石设备分离杂质的一种方法。

3. 剥壳

剥壳是带壳油料在取油之前的一道重要工序。在油料中，除油菜籽、芝麻、大豆不需要剥壳外，其他如花生、棉籽、葵花籽等一些带壳油料必须经过剥壳才能用于制油。

(1) 剥壳的目的　剥壳后制坯提油能减少油脂损失，提高出油率，提高毛油和饼粕的质量，精炼率高；减轻对设备的磨损，增加设备的有效生产量，有利轧坯等后续工序的进行。

(2) 剥壳方法　油料剥壳时根据油料皮壳的不同性质、油料的形状和大小、仁皮之间结合情况的不同，采用不同的剥壳方法。主要方法有摩擦搓碾法、撞击法、剪切法、挤压法、气流冲击法等。

(3) 剥壳要求　剥壳率高、漏籽少、粉末度小，有利于剥壳后的仁、壳分离。

4. 仁壳分离

油料经剥壳后成为含有整仁、壳、碎仁、碎壳及未剥壳的整籽的混合物。为了便于生产，必须将这些混合物分成仁、壳及整籽三部分。仁和仁屑进入制油工序，壳和壳屑送入壳库打包，整籽返回剥壳设备重新剥壳。

生产上常根据仁、壳、籽等组分的线性大小以及气体动力学性质方面的差异，采用筛选和风选的方法将其分离。

5. 油料的破碎

(1) 破碎的目的　破碎可使大粒油料（如大豆、花生）具有一定的粒度以符合轧坯操作，同时油料破碎后表面积增大，利于软化时温度和水分的传递，软化效果好。

(2) 破碎要求　破碎后的油料粒度均匀，不出油，不成团，粉末少，粒度符合要求。为了达到破碎的要求，必须控制破碎时油料的水分含量。水分含量过高，油料不易破碎，易被压扁、出油、成团，还会造成破碎设备不易吃料、产量降低等；水分含量过低，将增大粉碎度，粉末过多也容易成团。

6. 油料的软化

软化是通过调节油料水分和温度，使其变软，增加弹塑性的工序。软化主要用于含油量低、含水分低和含壳量高的油料。

软化的目的：通过调节油料的温度和水分，使油料具有适宜的弹塑性，以减少轧坯时的粉末度和粘辊现象，保证坯片的质量。为轧坯和蒸炒创造良好操作条件。

7. 轧坯

轧坯是利用机械的挤压力，将颗粒状油料轧成片状料坯的过程。经轧坯后制成的片状油料称为生坯，生坯经蒸炒后制成的料坯称为熟坯。

(1) 轧坯的目的　轧坯可以破坏油料的细胞组织，使料坯成为片状，从而大大缩短了油脂从油料中排出的路程，以提高浸出或压榨时的出油速度和出油率。另外，蒸炒时片状料坯有利于水热的传递，从而加快蛋白质变性，细胞性质改变，提高料坯蒸炒的效果。

（2）轧坯要求　轧坯后料坯应厚薄均匀，粉末少，不露油，手握发松而松手发散，并具有一定的机械强度。

8. 油料的挤压膨化

油料的挤压膨化是利用挤压膨化设备将经过破碎、轧坯或整粒油料转变成多孔的膨化颗粒物料的过程。生坯经挤压膨化后可直接进行浸出取油。

挤压膨化的目的：油料生坯经挤压膨化后，其容重增大，多孔性增加，油料细胞组织被彻底破坏，酶类被钝化。这使得膨化物料浸出时，溶剂对料层的渗透性和排泄性都大为改善，浸出速率提高，浸出时间缩短，混合油浓度增大，湿粕含溶剂量降低，浸出设备的产量提高及湿粕脱溶剂所需的能量消耗大大降低，提高了浸出毛油的质量，并能明显降低浸出生产的溶剂损耗及蒸汽消耗。

9. 油料的蒸炒

油料生坯经过湿润、加热、蒸坯、炒坯等处理转变为熟坯的过程称为蒸炒。

（1）蒸炒目的　蒸炒可使油坯内部结构发生改变，以提高压榨出油率及改善油脂和饼粕的质量；蒸炒使油料细胞组织结构受到彻底破坏，蛋白质变性、油脂聚集、油脂黏度和表面张力降低，为提高油料出油率创造条件；借助水分和温度的作用，使料坯的弹性和塑性得到适当的调整；改善毛油品质，降低毛油精炼的负担。

（2）蒸炒要求　蒸炒后的熟坯应生熟均匀，内外一致，熟坯水分、温度及结构性满足制油要求。

（3）蒸炒方法　蒸炒方法按制油方法和设备的不同，一般分为湿润蒸炒和干蒸坯两种。

①湿润蒸炒是指在蒸炒开始时，利用添加水分或喷入直接蒸汽的方法，使生坯水分达到蒸炒要求，再将湿润过的料坯进行蒸炒，使蒸炒后熟坯中的水分、温度及结构性能满足压榨取油的要求。这是一种比较普遍采用的蒸炒方法。

②干蒸坯是只对料坯或油籽进行加热和干燥，不进行湿润。这种蒸炒方法仅用于特种油料的蒸炒，如制取香油用的芝麻。

（二）油脂的制取

食用植物油的制取一般有两种方法：压榨法和浸出法。压榨法是用物理压榨方式，从油料中榨油的方法。浸出法是用化工原理，用食用级溶剂从油料中抽提出油脂的一种方法，是目前国际上公认的最先进的生产工艺。

压榨油和浸出油都需经过化学精炼才能成为可食用的成品油。只经过压榨或浸出这第一步加工工艺得到的油叫毛油，毛油不能吃。压榨油一般经过初步的脱酸和脱胶即可。压榨油因此保留了油料本身（如花生）的香味。而浸出油要经过脱酸、脱胶、脱色和脱臭，期间还去除了人们所不喜欢的豆腥味。这样才能使之符合国家标准，成为可食用的成品油。

1. 压榨法制油

压榨法利用纯物理压榨制油工艺，经过原料精选，油料去杂、去石后进行破碎、蒸炒、挤压，让油脂从油料中分离出来，机榨过程中添加炒籽，经榨机榨制后，采用高科技天然过滤提纯技术而制成的。压榨油工艺目前在国内基本用于花生油、橄榄油、坚果油、芝麻油等高档油品的生产。

（1）压榨法制油的基本原理　压榨过程中，压力、黏度和油饼成型是压榨法制油的三要素。压力和黏度是决定榨料排油的主要动力和可能条件，油饼成型是决定榨料排油的必要条件。

①排油动力：榨料受压之后，料坯间空隙被压缩，空气被排出，料坯密度迅速增加，发生料坯互相挤压变形和位移的运动状态。这样料坯的外表面被封闭，内表面的孔道迅速缩小。孔道小到一定程度时，常压液态油变为高压油。高压油产生了流动能量。在流动中，小油滴聚成大油滴，甚至成独立液相存在料坯的间隙内。当压力大到一定程度时，高压油打开流动油路，摆脱榨料蛋白质分子与油分子、油分子与油分子的摩擦阻力，冲出榨料高压力场之外，与塑性饼分离。

②排油深度：压榨取油时，榨料中残留的油量可反映排油深度，排油深度与压力大小、压力递增量、黏度影响等因素有关。

压榨过程中，必须提供一定的压榨压力使料坯被挤压变形，密度增加，空气排出，间隙缩小，内外表面积缩小。压力大，物料变形也就大。

压榨过程中，合理递增压力，才能获得好的排油深度。在压榨中，压力递增量要小，增压时间长。这样料间隙逐渐变小，有充分时间使油聚集流动，聚集起来的油又可以打开油路排出料外，排油深度方可提高。

③油饼成型：如果榨料塑性低，受压后，榨料不变形或很难变形，油饼不能成型，排油压力建立不起来，坯外表面不能被封闭，内表面孔道不能被压缩变小，密度不能增加。在这种状况下，油不能由不连续相变为连续相，不能由小油滴聚为大油滴，常压油不能被封闭起来变为高压油，也就产生不了流动的排油动力，排油深度也就无从谈起。饼的顺利成型，是排油必要条件。料坯受压形成饼，压力可以顺利建立起来，适当控制温度，减少排油阻力，排油深度就会提高。

（2）压榨法制油的特点

①优点：工艺简单，配套设备少，适应性强，生产灵活，油品质量好，色泽浅，风味纯正。

②缺点：油饼残油量高，出油效率较低，动力消耗大，零件易损耗。

（3）影响压榨制油效果的因素 压榨取油效果的好坏决定因素很多。主要包括榨料结构与压榨条件两方面。

①榨料结构：榨料结构性质主要取决于油料本身的成分和预处理效果。对于榨料结构一般要求，榨料颗粒大小应适当并一致；榨料内外结构的一致性好；榨料中完整细胞的数量越少越好；榨料容重在不影响内外结构的前提下越大越好；

榨料中油脂黏度与表面张力尽量要低；榨料粒子具有足够的可塑性。

②压榨条件：压榨条件即工艺参数（压力、时间、温度、料层厚度、排油阻力等）是提高出油效率的决定因素。

榨膛内的压力：对榨料施加的压力必须合理，压力变化必须与排油速度一致，即做到“流油不断”。

压榨时间：压榨时间长，出油率高。然而，压榨时间过长，会造成不必要的热量散失，对出油率的提高不利，还会影响设备处理量。因此，在满足出油率的前提下，尽可能缩短压榨时间。

温度：温度的变化将直接影响榨料的可塑性及油脂黏度，进而影响压榨取油效率，关系到榨出油脂和饼粕的质量。合适的压榨温度范围，通常是指榨料入榨温度（100～135℃）。不同的压榨方式及不同的油料有不同的温度要求。

（4）榨油设备　目前压榨设备主要有两大类：间隙式生产的液压式榨油机和连续式生产的螺旋榨油机。油料品种繁多，要求压榨设备在结构设计中尽可能满足多方面的要求，同时，榨油设备应具有生产能力大，出油效率高，操作维护方便，一机多用，动力消耗少等特点。

2. 浸出法制油

浸出是油脂制取工厂对溶剂提取油料中油脂的俗称。在化工单元操作中，称作萃取或提取。浸出法制油就是用溶剂将含有油脂的油料料坯进行浸泡或淋洗，使料坯中的油脂被萃取溶解在溶剂中，经过滤得到含有溶剂和油脂的混合油。加热混合油，使溶剂挥发并与油脂分离得到毛油，毛油经水化、碱炼、脱色等精炼工序处理，成为符合国家标准的食用油脂。挥发出来的溶剂气体，经过冷却回收，循环使用。

（1）浸出法制油的基本原理　油料浸出过程主要是利用油料中的油脂，能溶解在选定溶剂中的特性，并借助它们之间相互进行扩散的过程。此过程兼有分子扩散和对流扩散两种方式。

分子扩散：油料与溶剂接触时，油料中的油脂分子借助本身的热运动，从油料中渗透出来，再扩散到溶剂里形成混合油；同时，溶剂分子同样渗透到油料中去，与油料组成混合油。

对流扩散：浸出过程中，物质溶液以较少的体积形式进行转移，是依靠外来能量作用进行的。

油脂浸出过程的实质是传质过程，其传质过程是由分子扩散和对流扩散共同完成的。在分子扩散时，物质依靠分子热运动的动能进行转移。适当提高浸出温度，有利于提高分子扩散系数，加速分子扩散。而在对流扩散时，物质主要是依靠外界提供的能量进行转移。一般是利用液位差或泵产生的压力使溶剂或混合油与油料处于相对运动状态下，促进对流扩散。

（2）浸出法制油的特点

①优点：粕中残油可控制在1%以下，出油率明显提高；油粕质量好；饼粕可制取植物蛋白；加工成本低，劳动强度小。

②缺点：一次性投资较大；浸出溶剂易燃、易爆、有毒，生产安全性差；毛油含有非脂成分数量较多，色泽深，质量较差。

(3) 影响油脂浸出的因素

①料坯结构和预榨饼的性质：油料细胞的破坏程度越彻底，浸出效果越好。料坯越薄，浸出油路短，浸出时间减少，此时效果较好。浸出油料水分高，会消减溶剂对油料的溶解作用。所以，对浸出生产来说，料坯水分低一些较好。浸出温度在不超过溶剂沸点的条件下，尽量提高浸出温度。用6号溶剂油一般温度为50～55℃。

②浸出时间和料层高度：浸出时间越长，浸出越彻底，但影响产量。料层较厚，将减少溶剂与其接触的表面积，加大溶剂对其渗透的阻力，降低浸出效果，但对提高生产能力有利。

③混合油浓度：混合油浓度越高，其黏度相应增大，会降低浸出速率。料坯先用较浓混合油来浸出，再用稀混合油浸出，最后用新鲜溶剂冲洗。混合油浓度一般控制在10%～25%。

④滴干时间：滴干时间一般应掌握在15～25min。

⑤溶剂的温度和用量：用6号溶剂油，其温度可预热到50～55℃。采用浸泡时所用的溶剂比例是（溶剂∶料）（1.6～2）∶1；采用喷淋湿浸出的溶剂比例为（0.3～1）∶1。

(4) 油脂浸出方式和设备　在油脂浸出工业中，按溶剂与油料的混合方式，可分为浸泡式、喷淋式、混合式3种。

①浸泡式：油料浸泡在溶剂之中，完成油脂溶解出来的过程。

②喷淋式：溶剂喷洒到油料料床上，溶剂在油料间往往是非连续的滴状流动，完成浸出过程。

③混合式：溶剂与油料接触过程中，既有浸泡式，又有喷淋式，两种方式同在一个设备内进行，这种浸出方式称混合式。

目前国内使用的罐组式浸出器、U形拖链式和Y形浸出器，均属浸泡式浸出器；履带式浸出器是典型的喷淋式浸出器；平转、环形浸出器，均属混合式浸出器。

(三) 油脂的精炼

用压榨法、浸出法或水代法制取的毛油中成分比较复杂，除甘油三脂肪酸酯外，还含有磷脂、游离脂肪酸、色素、过氧化物、蜡脂及各种机械杂质等。这些杂质的存在对油脂的储存、使用或加工都有不利的影响，因此，有必要对杂质进行有效的去除。毛油去杂的工艺过程称为油脂的精炼。

1. 毛油中不溶性杂质

毛油中不溶性杂质包括饼粉、壳屑与沙土等固体物质，可采取沉淀、过滤或离心等方法加以去除。

（1）沉降法　沉降法主要用来分离机榨毛油中的饼渣、油脚、皂脚、粕末等杂质。其原理是利用油脂与杂质相对密度不同而借助重力将它们分开。这种方法沉降时间长、效率低，故生产中很少采用。

（2）过滤法　过滤分离原理是按照颗粒度大小，借助重力、压力、真空或离心力的作用，在一定温度条件下用滤布过滤，油能通过滤布而杂质留存在滤布表面，从而达到分离的目的。过滤分离法的设备处理量大、分离效果较好。

（3）离心分离法　离心分离法原理是利用物料组分在旋转时产生不同离心力而进行分离的方法。此法特点是分离效果好、生产连续化、处理能力大且滤渣中含油少，但设备成本高。

2. 脱胶

毛油中或多或少都含有磷脂、蛋白质以及多种树脂胶质。磷脂吸水性强，与其他胶体物质一样，它的存在对油脂的保藏加工会有不利影响，但提取出来的磷脂具有很高的营养及应用价值。所以，脱除磷脂等胶体物质是油脂精炼的关键。脱胶的方法主要有水化法和加酸脱胶两种方法。

（1）水化脱胶　水化脱胶就是利用加热水或稀碱、盐或其他电解质溶液处理毛油，使毛油中的磷脂等亲水性胶溶性杂质吸水膨胀、凝聚形成相对密度较油大的“水合物”沉淀，而从油中分离出来的方法。在沉淀胶质的同时，也能使机械杂质及其他杂质一起沉淀出来。沉淀出来的胶质称为油脚。

（2）加酸脱胶　加酸脱胶就是在毛油中加入一定量的无机酸或有机酸，使油中的非亲水性磷脂转化为亲水性磷脂，或使油中的胶质结构变得紧密，达到容易沉淀和分离的目的的一种方法。

3. 脱酸

游离脂肪酸的存在会导致油脂酸价提高，所以，欲提高油脂的质量，需脱除游离脂肪酸。脱除毛油中游离脂肪酸的过程称为脱酸。脱酸的方法很多，最广泛使用的有碱炼法和物理精炼法。

（1）碱炼法　碱炼法是利用碱液与毛油中的游离脂肪酸起中和反应，生成脂肪酸盐和水，将其分离提纯的过程。形成的沉淀物称为皂脚。

碱炼法的作用：中和脂肪酸生成皂角沉淀，皂角吸附蛋白质、胶质、色素及少量机械杂质一起沉淀；与磷脂发生皂化反应，对于酸价较高而含磷量较少的毛油可用一步碱炼法同时脱磷和脱酸。

（2）物理精炼法（蒸馏脱酸法）

①脱酸原理：将毛油经过预处理、脱胶、脱色以后，借助直接蒸汽加热，在真空条件下，将油中的游离脂肪酸与低分子气味物质随着蒸汽一起排出，此法适合于高酸价油脂。

②特点：不用碱液中和，中性油损失少；减少酸碱的消耗与环境污染；精炼率高；脱酸与脱臭在同一台设备完成，节省了投资；成品油风味好。

4. 脱色

植物油中的色素成分复杂，主要包括叶绿素、胡萝卜素、黄铜色素、花色素以及某些糖类、蛋白质的分解产物等。另外，在棉籽油中含有棕红色的棉酚，它是一种有毒成分。色素的存在不仅影响油脂的外观，而且对风味、甚至人体健康都有很大的影响。因此要将其去除。

(1) 脱色作用　脱色的主要作用是脱除色素；去除微量金属；除去残留肥皂、胶质和某些臭味物质；消除氧化作用产物；脱除油脂中大分子量的多环芳烃及农药。

(2) 脱色方法　油脂脱色有多种方法，如吸附脱色、氧化脱色法、加热脱色法、离子交换树脂吸附等，但工业上常用吸附脱色法。

吸附脱色原理：利用吸附力强的吸附剂在热油中能吸附色素及其他杂质的特性，在过滤去除吸附剂的同时也把被吸附的色素及杂质除掉，从而达到脱色净化的目的。

(3) 吸附脱色的工艺条件

①对吸附剂的要求：吸附剂应吸附力强；选择性好，吸油率低；与油脂不发生化学反应；吸附剂与油分离方便；无特殊气味和滋味，来源充足价格低廉。常用的吸附剂有活性白土、活性炭、水凝胶。

②脱色温度：温度低时有利于表面吸附。温度高时可进行化学吸附，但却易使皂质分解产生脂肪酸、不利于脱色，所以，最高脱色温度一般常压下为104～110℃，在真空条件下为82℃。

③脱色时间：间歇式操作为15～30min，连续脱色为5～10min。

④油脂水分含量：油脂水分含量在0.2%以下，达到0.3%时就会影响白土吸附，含磷量小于10～30mg/kg。

⑤白土用量：白土用量与白土的种类、性质、油的损耗等因素有关。一般以达到规定的脱色效果为限。

5. 脱臭

纯粹的甘油三脂肪酸酯无色、无气味，但天然油脂都具有本身特有的气味（也称臭味）。气味是氧化产物，进一步氧化生成过氧化合物，分解成醛，因而使油呈味。此外，在制油过程中经脱酸、脱色处理的油脂中还会有微量的醛类、酮类、烃类、低分子脂肪酸、甘油酯的氧化物以及白土、残留溶剂的气味等，除去油脂特有气味（呈味物质）的工艺过程就称为油脂的脱臭。

(1) 脱臭方法　脱臭的方法有真空汽提法、气体吹入法、加氢法等。目前国内外应用最广、效果最好的是真空蒸汽脱臭法。

(2) 影响脱臭的工艺条件

①温度：增加温度会使臭味物质蒸气压迅速增加，有利于提高脱臭效率。同时可降低直接蒸汽的用量，但温度太高会造成油脂中较多的生育酚、甾醇等进入馏出物，会促使油脂水解而增加损耗，产生热聚合。

②真空度：真空度可以减少直接蒸汽的用量，减少脱臭时间，降低油脂的水解损失，防止油脂氧化。

③汽提气体：脱臭使用的气体可以采用热蒸汽或氮气。

6. 脱蜡

某些油脂中含有较多的蜡脂，蜡脂是一元脂肪酸和一元醇结合的高分子酯类。在温度较高时，蜡脂以分子分散状态溶解于油中。因其熔点较高（78～82℃），当温度逐渐降低时，会从油相中结晶析出，使油呈不透明状态而影响油脂的外观。同时，含蜡量高的油吃起来糊嘴，影响食欲，进入人体后也不能为人体消化吸收，所以有必要将其除去。脱除液体油中（如米糠油、玉米胚芽油、葵花籽油等）高熔点蜡脂的工艺过程称为脱蜡。

脱蜡可利用油脂与蜡脂熔点差别大的特性，通过冷却、结晶、然后过滤或离心分离进行油蜡分离。

7. 脱脂

油脂是各种甘油三脂肪酸酯的混合物（简称甘三酯）。其组成的脂肪酸不同，油脂的熔点也不一样，饱和度高的甘三酯的熔点很高；而饱和度低的甘三酯的熔点较低。

米糠油等经过脱胶、脱酸、脱色、脱臭、脱蜡后，已经可以食用，但随着用途不同，人们对油脂的要求也不一样。例如色拉油，要求它不能含有固体脂（简称“硬脂”），以便能在0℃中5.5h内保持透明。米糠油经过上述五脱后，仍含有部分固体脂，达不到色拉油的质量标准，要得到米糠色拉油，就必须将这些固体脂也脱除。这种脱除液体油脂中的高熔点甘三酯的工艺过程称为油脂的脱硬脂，其方法是进行“冬化”。

“冬化”是指脱除存在油脂中的少量蜡脂或饱和脂的一种“干法分提”过程。以达到油脂在冷藏时不产生浑浊的目的。

三、食用油脂质量标准

我国已经对各种食用植物油制定了卫生标准，其中食用植物油卫生标准适用于普通食用油，精炼食用植物油卫生标准适用于高级烹调油，色拉油卫生标准适用于色拉油。评判质量的主要指标有感官指标、理化指标、卫生指标等。

1. 感官指标

具有正常植物油的色泽、透明度、气味和滋味，无焦臭、酸败及其他异味。

2. 理化指标（表2－8）

表2-8　精炼食用植物油理化指标

项　目	指　标
酸价（KOH）/（mg/g）	≤0.5
过氧化值/（meq/kg）	≤10
羰基价/（meq/kg）	≤10
黄曲霉毒素 B_1/（μg/kg）	≤5

3. 卫生指标（表2-9）

表2-9　精炼食用植物油卫生指标

项　目	指　标
浸出油溶剂残留量（MPN/100g）	≤70 个
棉籽油中游离棉酚/%	≤0.02
砷（以 As 计）/（mg/kg）	≤0.1
汞（以 Hg 计）/（mg/kg）	≤0.5
黄曲霉毒素 B_1/（μg/kg）	花生油≤20 其他植物油≤10
苯并芘/（μg/kg）	≤10

实训六　面包制作

一、技能目标

熟悉面包生产的基本原理、工艺过程和操作方法。

二、教学资源的准备

（一）仪器设备

搅拌机、醒化箱、远红外线电烤炉、案板、刮板、温度计、台秤、面包烤模、烤盘、排笔、塑料袋。

（二）教学场所

食品工艺学实验室

（三）师资准备

实训时每班配备 1 名教师，技能考核时配备 2 名教师。

（四）实验试剂与材料

面粉 1000g，水 400g，即发干酵母 15g，食盐 12g，砂糖 200g，黄油 80g，鸡蛋 100g，乳粉 30g，蔗糖酯 15g。

三、原理与知识

面团的发酵过程就是小麦粉中的淀粉、蔗糖分解成单糖提供酵母繁殖所需营养成分的过程，从而产生大量的 CO_2 气体，并同时产生 H_2O 和热量，被面团中的面筋网络包住不能逸出，从而使面团出现“蜂窝状”组织，体积膨大，并使面团松软，产生酒香味，同时伴随的还有酸味物质的出现。

四、操作方法与步骤

（一）操作流程

原料 → 调制面团 → 发酵 → 分割称量 → 搓团 → 静置 → 成型 → 醒发 → 烘烤 → 冷却 → 成品

（二）操作步骤

1. 面团调制

（1）将水、糖、蛋、甜味剂、面包添加剂置于搅拌机中，除油脂、食盐及乳化剂外，其余材料放入搅拌缸（水需测量水温，必要时需加入冰块），以钩状搅拌器用“低速”开始搅拌。

（2）将乳粉、即发干酵母与面粉混合，放入搅拌机，“低速”搅拌，搅拌至“拾起阶段”，然后将速度切换成“中速”（拾起阶段的面团，呈粗糙而无弹性及延展性）。

（3）搅拌至“扩展阶段”加入油脂及乳化剂（扩展阶段的面团较为光滑有弹性，但用手拉面团仍易断裂）。

（4）当油脂及乳化剂和面团混合均匀后，加食盐搅拌。一般在面团中的面筋已经扩展，但还未充分扩展或面团搅拌完成前的 5 ~6min 加入食盐。

（5）搅拌至“完成阶段”（此阶段的面团因面筋已充分扩展，具有良好的伸展性及弹性，以手拉开面团呈光滑的薄膜状，而且断裂时为光滑的圆洞，而非锯齿状，此阶段为最佳的程度）。

（6）先在钢盆中涂油，将面团移出搅拌缸，稍滚圆置于钢盆，并测量面团搅拌终温，以26~28℃为最佳温度。

2. 发酵

温度28~30℃，相对湿度75%~85%，时间约90min。

3. 分割、成型、搓圆

分割成60g的小面团，揉圆后在案板上醒发8~15min。待面团内部重新产生气体，恢复柔软性后方可整形操作。进行中间醒发的方法是：滚圆好的面团按滚圆的先后顺序整齐成行的排放在案板上，用塑料薄膜盖好以防表面风干结皮，8~15min后按先后顺序取出逐个进行整形。可直接做成圆形，也可以夹入馅料。

4. 醒发

装有生坯的烤模，置于醒化箱内，箱内温度为35~38℃，相对湿度为80%~85%，进行醒发。醒发时间为45~60 min，观察生坯发起的最高点略高出烤模上口即醒发成熟，立即取出。

5. 烘烤

刷蛋水，放入面火210℃、底火190℃的炉中，烤约15min。

6. 冷却

出炉的面包待稍冷后脱出烤模，置于空气中自然冷却至其中心温度下降至32℃，整体水分含量为38%~44%。冷却后的面包可用塑料袋进行包装。

五、思考与讨论

通过对制作面包的综合分析评定，结合实验讨论面包生产中易出现的问题及如何提高面包品质。

实训七 蛋糕制作

一、技能目标

掌握蛋糕制作的基本原理、工艺流程及操作要点。

二、教学资源的准备

（一）仪器设备

小型搅拌机、不锈钢盘、打蛋机、蛋糕烤盘及烤模、刷子、远红外食品烤箱。

（二）教学场所

食品工艺学实验室

（三）师资准备

实训时每班配备1名教师，技能考核时配备2名教师。

（四）实验试剂与材料

鸡蛋100g，蔗糖100g，低筋面粉100g，水15g，泡打粉2g，饴糖0.2g，食用油0.15g。

三、原理与知识

清蛋糕糊的制作原理是依靠蛋白的发泡性。蛋白在打蛋机的高速搅打下，蛋液卷入大量空气，形成了许多被蛋白质胶体薄膜所包围的气泡。随着搅打不断进行，空气的卷入量不断增加，蛋糊体积不断增加。刚开始气泡较大而透明，并呈流动状态，空气泡受高速搅打后不断分散，形成越来越多的小气泡，蛋液变成乳白色细密泡沫，并呈不流动状态。气泡越多越细密，制作的蛋糕体积越大，组织越细致，结构越疏松柔软。

油蛋糕糊的制作除使用鸡蛋、糖和小麦粉外，还使用相当数量的油脂以及少量的化学疏松剂，主要利用油脂具有搅打充气性，当油脂被搅打时能融合大量空气，形成无数气泡，这些气泡被油膜包围不会逸出，随着搅打不断进行，油脂融合的空气越来越多，体积逐渐增大，并和水、糖等互相分散形成乳化状泡沫体。

四、操作方法与步骤

（一）操作流程

配料→打蛋→拌粉→注模→烘烤→冷却→包装→成品

（二）操作步骤

1. 打蛋浆

将鸡蛋洗净打入打蛋机中，同时加入蔗糖和饴糖，搅打约20min，当蛋液充气后体积增大1.5~2倍时停止，然后加入水和其他添加剂。

2. 调糊

将面粉及泡打粉搅拌均匀，过筛后加入蛋液内搅拌2~3min。要求搅拌均匀，不可有生面团存在，并要避免搅拌过度而起筋。

3. 上模

蛋糕烤盘的蛋糕模先预烤涂油后，注入蛋糕面糊，注入量应为模的 1/2 左右为好。

4. 烘烤

将注好蛋糕面糊的蛋糕烤盘放入烤箱内烘烤。入炉温度以 180℃ 为宜，10min 内逐渐升温至 200℃；出炉温度为 220℃。烘烤时间为 10～15min，至完全熟透为止（用竹签插入糕坯内拔出无粘附物即可出炉）。出炉后的蛋糕应立即脱模。

5. 冷却

将脱模的蛋糕冷却至常温，然后包装，即为成品。

五、思考题

根据你所制作的蛋糕品质，从用料和操作要点的角度，分析影响蛋糕质量的因素。

实训八 酥性饼干制作

一、技能目标

了解酥性饼干生产的制作原理，掌握酥性饼干工艺流程和生产方法。

二、教学资源的准备

（一）仪器设备

和面机，辊轧机，食品搅拌机（打蛋机），远红外线电烤炉，台秤，研钵，面筛，面盆，擀筒，模具，烤盘，手套，塑料袋，封口机。

（二）教学场所

食品工艺学实验室。

（三）师资准备

实训时每班配备 1 名教师，技能考核时配备 2 名教师。

（四）实验试剂与材料

低筋粉 500g，淀粉 15kg，白糖 150g，植物油 100g，起酥油 25g，小苏打 3g，碳酸氢铵 3g，鸡蛋 1 个，食盐 0.6g，饼干膨松剂 0.3g，水 60mL。

三、原理与知识

酥性饼干是以小麦粉、糖、油脂为主要原料，加入疏松剂、改良剂和其他辅料，经冷粉工艺调粉、辊压或不辊压、成型、烘烤制成的表面花纹多为凸花、断面结构呈多孔状组织、口感酥松或松脆的饼干。

四、操作方法与步骤

（一）操作流程

称重→预处理→混合→面团调制→辊轧→成型→烘烤→冷却→整理→包装→成品

（二）操作步骤

1. 称重

按照上述配方将各原辅料称重。

2. 预处理

将制作的面粉过筛，结块的要压碎；将糖粉与鸡蛋充分搅打充气。

3. 配料

在糖液中加入植物油、起酥油、盐、食用碳酸氢铵、饼干膨松剂、小苏打等，在搅拌机中搅拌乳化均匀。

4. 面团调制

在和面机中加入上述混合料，再加入过筛并混合均匀的面粉、淀粉等，在25℃调制10min左右，加水量不宜过多，也不能在调制时随便加水，否则会造成面筋过量胀润，影响质量。调好的面团应干散，手握成团，具有良好的可塑性，无弹性、韧性和延伸性。搅匀为止，不宜多搅。

5. 辊轧

将面分成中块，经辊轧机一次辊轧，以改善面团性能。

6. 成型

将搅好的面团放置3～5min后，用擀筒将面团擀成较厚的面片，然后用模具扣压成型。

7. 装盘

将饼坯放入烤盘，生坯摆放不可太密，间距应均匀。

8. 烘烤

将烤盘直接（或换盘后）放入预热到220～240℃的烤箱，在200℃烘烤3～5min，至饼干表面呈微黄色为止。

9. 出炉

戴上棉手套（或帆布手套），用火钩拉出烤盘，振动后倒出饼干，摊匀，防止饼干弯曲变形。

10. 冷却

冷却至40℃以下，若室温为25℃，可自然冷却5min左右即可。

11. 包装

装袋，用塑料袋封口机封口。

五、思考题

1. 酥性饼干的面团调制有何特点？

2. 结合所学的理论知识，综合分析生产饼干的质量，讨论影响酥性饼干品质的因素。

实训九 膨化锅巴制作

一、技能目标

了解锅巴类膨化食品的生产方法，了解锅巴类膨化食品的生产设备。

二、教学资源的准备

（一）仪器设备

搅拌机，螺旋膨化机，油炸锅及包装袋热封机。

（二）教学场所

食品工艺学实验室。

（三）师资准备

实训时每班配备1名教师，技能考核时配备2名教师。

（四）实验试剂与材料

1. 原辅料配方

小米90kg，淀粉10kg，乳粉2kg。

2. 调味料配

（1）海鲜味　味精20%，花椒粉2%，盐78%。

（2）麻辣味 辣椒粉 30%，胡椒粉 4%，味精 3%，五香粉 13%，精盐 50%。

（3）孜然味 盐 60%，花椒粉 9%，孜然 28%，姜粉 3%。

三、原理与知识

具有一定含水量的物料在挤压膨化机筒内受到螺杆的推动作用、卸料模具的反向阻滞作用、物料与螺杆及套筒内部的摩擦热作用、螺杆的剪切作用及外部的加热等综合作用，使物料呈现高压和高温的熔融状态，当物料被螺杆强行挤出模具口时，压力骤然降低为常压，物料中的水分发生急骤闪蒸，物料随之膨胀。

四、操作方法与步骤

（一）操作流程

米粉、淀粉、乳粉→混合→加水搅拌→膨化→晾凉、切段→油炸→调味→称量→包装

（二）操作步骤

1. 混合、加水搅拌

首先将小米磨成粉，再将原辅料按配方在搅拌机内充分混合，在混合时要边搅拌边喷水，可根据实际情况加入约 30% 的水。在加水时，应缓慢加入，使其混合均匀成松散的湿粉。

2. 膨化

开机膨化前，先配些水分较多的米粉放入机器中，再开动机器，使湿料不膨化，容易通过出口。机器运转正常后，将混合好的物料放入螺旋膨化机内进行膨化。如果出料太膨松，说明加水量少，出来的料软、白、无弹性。如果出来的料不膨化，说明粉料中含水量多。要求出料呈半膨化状态，有弹性和熟面颜色，并有均匀小孔。

3. 晾凉、切段

将膨化出来的半成品晾几分钟，然后用刀切成所需要的长度。

4. 油炸

在油炸锅内装满油加热，当油温为 130～140℃时，放入切好的半成品，料层约厚 3cm。下锅后将料打散，几分钟后打料有声响，便可出锅。由于油温较高，在出锅前为白色，放一段时间后变成黄白色。

5. 调味

当炸好后的锅巴出锅后，应趁热一边搅拌，一边加入各种调味料，使得调味料能均匀地撒在锅巴表面上。

五、思考题

本产品的风味、口味如果不合适，应如何改进？

【项目思考】

1. 面包制作过程中如何判断面团的成熟度？
2. 什么是面团调制？简述面团形成基本过程？
3. 面团发酵的机理是什么？影响面团发酵的因素是什么？
4. 调制酥性面团、韧性面团时有哪些注意事项？如何判断面团调制成熟？
5. 简述方便面生产工艺过程，并分析影响方便面品质的因素。
6. 试述挤压膨化食品的生产原理及工艺过程。
7. 油料进行杂质清理的目的是什么？
8. 什么是机械压榨法制油？机械压榨法制油的特点、基本原理。
9. 什么是浸出法制油？溶剂浸出法制油的特点、基本原理。
10. 油脂精炼的目的是什么？包括哪些工艺？

项目三
畜产品和水产品加工技术

【知识目标】

1. 了解肉制品、乳制品、蛋制品、水产品的原辅料种类及作用。
2. 识别畜产品和水产品的加工原理。
3. 掌握各种畜产品和水产品的生产工艺及过程。

【技能目标】

1. 会制作肉类制品，乳类制品，蛋类制品。
2. 能设计简单的肉类、乳类、蛋类、水产类食品的加工工艺。

任务一 肉品加工技术

一、肉品加工原料

肉类是指来源于热血动物且适合人类食用的所有部分的总称。肉类包括畜肉和禽肉，畜肉是指猪、牛、马、羊、兔等牲畜的肌肉、内脏及其制品。禽肉是指鸡、鸭、鹅、鸽、鹌鹑等的肌肉、内脏及其制品。肉类制品是以畜禽肉为原料经加工后的产品。肉与肉制品是人们日常生活中摄取蛋白质、脂肪等营养物质的重要来源，在人类的饮食中占有极其重要的地位。

1. 牛肉

牛肉是中国人消费的肉类食品之一，仅次于猪肉，牛肉蛋白质含量高，而脂肪含量低，所以味道鲜美，一般肉质呈红褐色，组织硬而有弹性。质量好的牛肉其肌肉组织之间含有脂肪。脂肪颜色为白色，且较硬、未满一年的小牛肉色呈淡红色，水分多、脂肪少。

2. 猪肉

中国是世界上最大的猪肉生产国，猪肉产量约占世界总量的40%。猪肉含有丰富的蛋白质及脂肪、碳水化合物、Ca、P、Fe等成分。肉质呈淡红色，有些部位呈灰红色。肌肉纤维细，肉质软。与其他肉相比，脂肪蓄积较多。

3. 羊肉

羊肉以其独特的膻腥味而深受一些特殊人群的喜爱。羊肉的蛋白质含量高而脂肪含量低。羊肉中含丰富的维生素和Ca、P、Fe等矿物质，Cu和Zn含量显著高于其他肉类。羊肉呈红砖色或红褐色，肉质肌纤维束较细嫩，容易熟和消化。

4. 兔肉

兔肉脂肪含量少、肉质细嫩、营养丰富、易于消化吸收。兔肉肉质松软，似鸡肉，颜色呈淡红色，脂肪少。

5. 鸡肉

鸡肉的肌纤维细。胸部的肌肉白，腿部的肌肉呈灰红色，脂肪为黄色，且软。

6. 鸭肉

鸭肉蛋白质含量比畜肉含量高很多，脂肪含量适中且分布较均匀，所含B族维生素和维生素E较其他肉类多。

7. 鹅肉

鹅肉质地鲜美，含有人体所需要的各种营养物质；但肉质较粗，带有腥味。

二、冷鲜肉加工技术

1. 冷鲜肉的概念

冷鲜肉是指严格执行检疫制度屠宰后的畜禽胴体迅速进行冷却处理，使胴体温度（以后腿内部为测量点）在24h内降为0~4℃，并在后续的加工、流通和零售过程中始终保持在0~4℃范围内的鲜肉。

由于冷鲜肉始终处于冷却条件下，大多数微生物的生长繁殖被抑制，可以确保肉的安全卫生。同时冷鲜肉始终处于冷却条件，经历了较为充分的解僵成熟过程，同热鲜肉和冷冻肉相比，冷却肉质地柔软有弹性，滋味鲜美，汁液流失少、营养价值较高。

2. 冷却的目的

牲畜在刚屠宰完时，肉体温度一般在37℃左右，同时由于肉的“后熟”作用，在糖原分解时还要产生一部分热量，使肉体温度升至38～39℃。刚屠宰完的肉体温度高，表面潮湿，最适于微生物的生长和繁殖，能使肉体迅速腐败变质，这对肉的保存和保藏是不利的。

肉类冷却的目的是为了迅速排除肉体内部的热量，降低肉体深层的温度并在肉的表面形成一层干燥膜，以抑制微生物的生长繁殖，延长肉的保藏时间，并能减缓肉体内部水分的蒸发。

3. 冷却肉的冷却方法

猪胴体冷却工艺从理论上分为两种：快速冷却和急速冷却。急速冷却采用两段式冷却法，即在第一阶段采用低于肉冻结点的温度和较高的风速，时间1～1.5h；第二阶段即转入0～5℃冷却间，时间8h左右，使胴体温度均衡并最终降至7℃以下。两阶段冷却法更有利于抑制微生物的生长繁殖。

从安全卫生和经济考虑，宰后胴体冷却降温的速度越快，越不利于微生物的生长繁殖，冷却时间越短，质量损失越小。但过度追求冷却速度，会使肉组织发生冻结，影响冷却肉的品质。

4. 冷却肉的冷藏条件

经过冷却的肉，如不能及时加工或销售，应立即送入冷却肉冷藏间内作短期保藏。冷却肉在冷藏间内的适宜空气温度为－1～1℃，相对湿度应为85%～90%，过高的空气相对湿度对微生物的生长繁殖有利。如果冷藏间空气温度降低，相对湿度可增大一些。一般温度每降低1℃，相对湿度可增大5%左右。冷藏间内空气流速一般控制在0.05～0.1m/s。根据肉体温度和冷藏条件来确定冷却肉的冷藏时间，一般为15～20d。冷却肉的冷藏温度和冷藏期见表3－1。

表3－1　冷却肉的冷藏条件和冷藏期

肉种类	温度/℃	相对湿度/%	冷藏期/d
牛肉	－1.5～0	90	28～35
小牛肉	－1～0	90	7～21
羊肉	－1～0	85～90	7～14
猪肉	－1.5～0	85～90	7～14
兔肉	－1～0	85～90	5

注：引自《肉制品加工原理与技术》，夏文水，2003年

5. 冷却链的建立

冷却肉始终处于冷却链控制之下，保持温度0～4℃，不要超过7℃。下面是冷却肉加工与流通过程各环节要求的环境温度和允许滞留时间。

胴体宰后 → 快速冷却 → 分割剔骨 → 包装 → 冷藏 → 运输 → 超市零售

环境温度/℃	0～4	8～12	8～12	0～4	≤7	≤7
允许时间/h	24	0.5	0.5	24	—	48

三、中式肉制品加工技术

中式肉制品即指中国传统风味肉制品，它是在辽阔的中国境内五十多个民族，经过三千多年世代相传发展起来的各具特色的肉禽制品。其中包括腌腊制品、酱卤制品、熏烧烤制品、干肉制品、油炸制品、罐头制品等六大类500多个品种，因其颜色、香味、外形独特而著称于世。

（一）腌腊肉制品加工技术

腌腊技术是我国的传统肉制品加工技术，有3000多年的历史，腌制最早是一种保藏肉的方法。腌腊肉制品是肉经腌制、酱制、晾晒（或烘烤）等工艺加工而成的生肉类制品，产生独特的产品风味，食用前需经熟化加工。根据腌腊肉制品的加工工艺及产品特点分为咸肉类、腊肉类、酱肉类和风干肉类等。

1. 腌制的方法

（1）干腌法　利用食盐或混合盐、硝酸盐、糖、调味料的混合物涂抹在肉的表面，然后层堆在腌制架上或层装在腌制容器内，依靠外渗汁液形成盐液进行腌制的方法。

优点：制品较干，耐保藏、营养损失少。

缺点：腌制时间长；咸度不均匀、色泽不好、味过咸、质地较硬；制品的质量和养分减少。

（2）湿腌法　将盐和其他配料配成一定浓度的盐水卤，然后将肉浸泡在其中，通过扩散和水分转移，让腌制剂渗入肉内部，并获得比较均匀分布的腌制方法。盐水的浓度根据产品的种类、肉的肥瘦、温度、保藏条件和腌制时间来决定。腌制液的配料对肉的风味有一定影响。

优点：渗透速度快，省时省力，腌制均匀，肉质柔软。

缺点：蛋白质损失较大，含水量高，不易保藏；色泽和风味不及干腌制品。

（3）盐水注射法（滚揉）　用专门的盐水注射机把已配好的腌制液，通过针头注射到肉中而进行腌制的方法，是中快速腌制法。注射的方法有动脉注射和肌肉注射。注射用盐水一般占肉重的8%～12%。

①动脉注射腌制法：使用泵将盐水或腌制液经动脉系统压送入分割肉或腿肉内的腌制方法，为腌制的最好方法。

②肌肉注射法：采用注射针头将盐液注入肉内。注射针头分为单针头和多针头两种，此法适于分割肉。每针腌液注射量为85g左右，一般增重10%。

优点：腌制速度快，提高生产效益。

缺点：腌制肉必须是血管系统没有损伤、刺杀放血良好的前后腿，同时产品容易腐败变质，必须进行冷藏。

（4）混合腌制法　将干腌法、湿腌法结合起来腌制的方法。其方式有两种：一是先湿腌，再用干的盐和硝酸盐混合物涂抹；二是先干腌后湿腌。

优点：可以增加制品保藏时的稳定性，防止产品过多脱水，免于营养物过分损失。

缺点：此法较麻烦。

2. 腌制肉加工技术

（1）咸肉的加工　咸肉是以鲜猪肉或冻猪肉为原料，用猪肋条肉经食盐和其他调料腌制而成的生肉制品，食用时需经熟制。成品肥肉呈白色，瘦肉呈玫瑰红色或红色，具有独特的腌制风味，味稍咸。我国较有名的咸肉有浙江咸肉、江苏如皋咸肉、四川咸肉、上海咸肉等。

①工艺流程

原料选择→修整→腌制→晾挂→成品

②操作要点

a. 选料：选择卫检合格的肉，鲜猪肉或冻猪肉都可以作咸肉原料。

b. 修整：去掉杀口肉，去掉不规则的碎肉、污血，割除血管、淋巴、碎油及横膈膜等。

c. 腌制：在3~4℃条件下腌制。温度高，腌制过程快，但易发生腐败。肉结冰时，则腌制过程停止。

干腌法：分3次上盐，用盐总量6%~8%。初盐用总盐量的30%，在肉的表面撒些盐。初盐24h后上大盐，用总盐量的50%。复三盐，在大盐后2d，涂抹上余下的盐。每次上盐后肉块翻缸一次，下面的肉面向上，最后一层肉块皮面向上。

湿腌法：用开水配制22%~35%的食盐液，再加入0.7%~1.2%的硝石，2%~7%的食糖。将肉成排堆放在缸内，再加入配好的澄清盐液，以浸没肉块为度。盐液重为肉重的30%~40%，肉面压上石块。每隔4~5d上下层翻转一次，15~20d即成。用过盐液可反复利用。

d. 晾挂：腌制5~7d后，用60℃左右的热水漂洗1min。在5℃以下环境晾挂保藏。

③质量特征：外观结实整齐，肉质坚实，表面无黏液，瘦肉切面鲜红色，肥

膘稍带黄色，特有的鲜肉香气味。

（2）腊肉类的加工　腊肉是我国古老的腌腊肉制品之一。腊肉是肉经较少的食盐、硝酸盐、亚硝酸盐、糖及调味香料等腌制后，再经干燥（烘烤或烟熏等）工艺加工而成的生肉类制品，食用前需熟化。成品呈金黄色或红棕色，产品整齐美观，不带碎骨，具有腊香，味美可口。腊肉类有中式火腿、腊猪肉（如川式腊肉，重庆城口老腊肉）、板鸭、鹅肥肝等。四川腊肉的加工如下。

①工艺流程

原料选择 → 剔骨、切肉块 → 配料 → 腌制 → 烘烤 → 包装 → 成品

②操作要点

a. 选料与修整：选择新鲜的猪肋条肉。生产腊肉应去骨，以防止在保藏过程中肉骨分离而开裂。

b. 切肉块：肉块切成宽 4 ~ 5cm，长 20 ~ 30cm，大小质量 0.5 ~ 1kg 的肉块，肉的一端穿一小孔，便于穿绳晾挂。

c. 配料：肉 100kg，食盐 3 ~ 4kg，曲酒 0.5 ~ 1kg，硝酸钠 50g，红糖汁 500g（主要用于上色和调味），花椒 100g，总香辛料（五香粉）200g。

d. 腌制：与咸肉相同。

e. 烘烤和烟熏：晾干水汽后，烘烤温度为 55℃，烘烤过程应上下、左右调换肉条的位置，以使烘烤均匀。整个烘烤时间需 36 ~ 48h，当皮色干爽，瘦肉内部呈鲜红，肥肉透明或呈乳白色时，即已烤好。

烟熏用锯末和芸香科的植物。

f. 包装：可以采用复合薄膜真空包装（城口老腊肉一般不包装）。

③产品质量：瘦肉呈红色或暗红色，肥肉金黄色，微透明，水分含量 25% 以下，食盐含量 5% 以下。

（二）干肉制品加工技术

干肉制品是指肉（主要是瘦肉）经晾晒、煮炒、烘焙、冷冻或喷雾干燥后所制成的干燥制品。干制肉制品具有营养丰富、美味可口、质量轻、体积小、食用方便、便于保存携带的特点。干制肉制品主要包括有肉干、肉松、肉脯三大类。

1. 肉干的加工

肉干是指牛、猪等瘦肉经预煮、切丁（条、片）、调味、浸煮、收汤、干燥等工艺制成的干熟肉制品。由于原辅料、加工工艺、形状、产地的不同，肉干的种类很多。根据原料肉不同有牛肉干、猪肉干、羊肉干等；根据形状分为片状、条状、粒状等；按辅料不同有五香肉干、麻辣肉干、咖喱肉干等。但各种肉干的加工工艺基本相同。

（1）工艺流程

原料选择与整理→预煮→切块→复煮→烘烤→包装→成品

（2）操作要点

①原料选择：选用检疫合格的新鲜猪、牛肉，以前、后腿的瘦肉为最佳。

②预处理：剔除原料肉中的软骨、碎骨、筋、膜和淋巴等组织，然后分割成0.5kg左右的肉块。将肉放入凉水中，以浸出肉中残余的血液，根据水的情况可适当换水，大约浸1h即可，然后沥干，称重备用。

③初煮：将食盐及肉放入夹层锅中，加水进行煮制，加水量以盖过肉为准。煮制过程中，不断翻动肉块，使其上下煮制均匀，并随时撇去肉汤上的浮油沫，约煮1.5h，肉内部切面呈粉红色即可出锅。

④切块：出锅后的肉放在竹筐中凉透，然后除去肉块上较大的筋腱，切成$1cm^3$左右肉丁（按需要而定）。

⑤配方：见表3－2。

表3－2　几种肉干的配方　单位：kg

配方	食盐	酱油	五香粉	白糖	黄酒	生姜	葱
1	2.5	5.0	0.25	—	—	—	—
2	3.0	6.0	0.15	—	—	—	—
3	2.0	6.0	0.25	8.0	1.0	0.25	0.25

注：（1）引自《畜产品加工》，孔保华，2008年

（2）按100kg瘦肉计算

⑥复煮：又称红烧。取原汤一部分，除去杂质，重新倒入锅中，加辅料及肉块，继续煮制。煮制过程中不断翻动肉块，待肉汤快要熬干时，倒入酒、味精等，翻动数次，汤干出锅。将肉块均匀摊在烘筛上冷却。

⑦烘烤：将肉块均匀摊在筛子上，放入烘房或烘炉的架子上进行烘烤，烘烤的温度保持在50～60℃，每隔1h将烤筛上下换一次位置，同时翻动肉干，烘6～8h。肉干变硬即可取出，放在通风处凉透即为成品。

⑧包装成品：肉干冷却至室温后用塑料袋进行真空包装，经检验合格后即为成品。

（3）质量标准　产品呈褐色，肉丁大小均匀，质地干爽而不柴，软硬适度，无膻味，香甜鲜美。

2. 肉松的加工

肉松是将肉煮烂，再经过炒制、揉搓而成的一种脱水肉制品。肉松营养丰

富、易于消化、食用方便、易于保藏。根据原料肉不同，有猪肉松、牛肉松、鸡肉松及鱼肉松等。我国著名的传统产品是太仓肉松和福建肉松。太仓肉松的加工如下。

（1）工艺流程

原料选择与整理→煮制→炒制→成品

（2）操作要点

①原料选择与整理：选用瘦肉多的后腿肌肉为原料，先剔除骨、脂肪、筋腱和结缔组织，再将瘦肉切成3～4cm的方块。

②配料：猪瘦肉100kg，精盐1.6kg，酱油7.0kg，白糖11.1kg，50°白酒1.01kg，八角0.4kg，生姜0.3kg，味精0.2kg。

③加工方法：将切好的瘦肉块和生姜、香料（用纱布包起）放入锅中，加入与肉等量的水，按以下三个阶段进行：

a. 肉烂期（大火期）：用大火煮，直到煮烂为止，大约需要4h，煮肉期间要不断加水，以防煮干，并撇去上浮的油沫。检查肉是否煮烂的方法是用筷子夹住肉块，稍加压力，如果肉纤维自行分离，可认为肉已煮烂。这时可将其他调味料全部加入，继续煮肉，直到汤煮干为止。

b. 炒压期（中火期）：取出生姜和香料，采用中火，用锅铲一边压散肉块，一边翻炒。注意炒压要适时，因为过早炒压功效很低，而炒压过迟，肉太烂，容易粘锅炒煳，造成损失。

c. 成熟期（小火期）：用小火勤炒勤翻，操作轻而均匀。当肉块全部炒松散和炒干时，颜色即由灰棕色变为金黄色，成为具有特殊香味的肉松。

④包装、保藏：肉松的吸水性很强，长期保藏最好装入玻璃瓶或马口铁盒中，短期保藏可装入食品塑料袋内。

（3）质量标准　成品呈金黄色或淡黄色，带有光泽，絮状，纤维疏松，无异味臭味。

3. 肉脯的加工

肉脯是经过直接烘干的干肉制品，与肉干不同之处是不经过煮制，多为片状。肉脯的品种很多，但加工过程基本相同，只是配料不同，各有特色。靖江猪肉脯加工如下。

（1）工艺流程

选料与整理→冷冻→切片、拌料→烘干→烘烤→成品

（2）操作要点

①原料肉的选择与整理：选新鲜猪后腿瘦肉，剔除骨、脂肪、筋膜，然后用

温水洗净，沥干水分。

②冷冻：将沥干水分的肉块送入冷库速冻至肉中心温度为 -2℃即可出库。冷冻目的是便于切片。

③配方：瘦肉 50kg，白糖 6.75kg，酱油 4.25kg，胡椒 0.05kg，鸡蛋 1.5 kg，味精 0.25kg。

④切片、拌料：将经过冷冻的肉切成 2mm 厚的肉片。肉片与配料充分混合，搅拌均匀，腌制一段时间，使调味料吸收到肉片内，然后把肉片平摆在筛上。

⑤烘干：将装有肉片的筛网放入烘烤房内，温度为 65℃，烘烤 5～6h 后取出冷却。

⑥烘烤：把烘干的半成品放入烘烤炉内，炉温为 200～250℃，使肉片烘出油，呈棕红色。烘熟后的肉片用压平机压平，即为成品。

（3）质量标准　成品颜色棕红，肉质松脆，美味可口，香味浓郁。

（三）酱卤制品的加工技术

酱卤制品是原料肉加调味料和香辛料，以水为加热介质煮制而成的熟肉类制品。酱卤制品是我国一大类传统肉制品，主要特点是成品都是熟的，可以直接食用，产品酥润，有的带卤汁，不易包装和保藏，适于就地生产。

1. 调味

调味就是根据不同品种、不同口味加入不同种类或数量的调料，加工成具有特定风味的产品。根据加入调味料的时间将调味方法大致分为基本调味、定性调味、辅助调味。

（1）基本调料　加工原料整理之后，加盐、酱料或其他配料进行腌制，奠定产品的咸味。

（2）定性调味　原料下锅后，随同加入主要配料（酱油、盐、酒、香料等）加热煮制或红烧，决定产品的口味；

（3）辅助调味　加热煮制后或即将出锅时加入糖、味精等增进产品的色泽、鲜味。

2. 煮制

煮制是酱卤制品加工中主要的工艺环节，原料肉在热加工的过程中，使肌肉收缩变形，降低肉的硬度，改变肉的色泽，提高肉的风味，达到熟制的作用。加热的方式有水、蒸汽、油加热等。在酱卤制品加工中煮制方法包括清煮和红烧。

（1）清煮　又称预煮、白煮、白锅。是将整理后的原料肉投入沸水中，不加任何调料，只用清水煮制。清煮的目的是去掉肉中的血水和肉本身的腥、膻味。煮制的时间一般为 15～40min。

（2）红烧　在加入各种调味料后进行煮制，是产品加工的重要工序。红烧不仅使制品成熟，还可使产品的色、香、味发生较大的改变。加热时间和火候根据产品的要求而定，一般为 1～4h。

3. 苏州酱肉

(1) 工艺流程

原料选择与整理→腌制→上铁叉→烤制→上麦芽糖→成品

(2) 操作要点

①原料整理：选择皮薄、肉质鲜嫩、肥膘2cm以下的肋条肉，除去奶头，洗净、切成4cm的肉条，大小重0.8kg左右的肉块，在长轴方向切10条刀口，以利于腌制。

②配料：猪肉100kg，八角200g，酱油3kg，葱2kg，食盐3～3.5kg，绍兴酒3kg，生姜200g，白砂糖1kg，桂皮150g，硝酸钠50g。

③腌制：将上述调料配制成溶液洒在原料肉上，并在坯料的四周肥膘及表皮抹上盐粒放入木桶中，腌制5～6h后，再转入盐卤缸中腌制，时间因气候而异，夏季20℃，12h；30℃，6h；冬季10℃以下，1～2d；腌制结束后晾干腌制水。

④酱制：锅中加入老汤烧开后，再加入其他香料，放入腌制肉，大火烧开，加入酒和酱油后，用小火煮2h，出锅前将白糖均匀撒在肉上，待糖溶化后，立即出锅。

(3) 质量标准　成品色泽金黄，瘦肉略红，肥膘洁白晶莹；滋味鲜美醇香，肥而不腻，入口即化。

（四）熏烤肉制品

熏烤肉制品是指原料肉经腌制、煮制后，再以烟气、高温空气、明火或高温固体为介质加工而成的肉制品。其制品分为熏制品和烤制品两类。常见的产品主要有北京熏肉、广东叉烧肉、北京烤鸭等。

1. 烟熏的方法

(1) 冷熏法　冷熏法是一种在低温（15～30℃）下进行较长时间（4～7d）熏制的方法。食品采用冷熏时，水分损失量大，制品含盐量及烟熏成分聚集量相对提高，保藏期增长。冷熏法主要用于干制的香肠，带骨火腿及培根的熏制。

(2) 温熏法　温熏法是在30～50℃的温度内进行的烟熏方法。烟熏时间一般控制在5～6h，最长不能超过2～3d，温熏法常用于熏制脱骨火腿和通脊火腿及培根等。熏制时应控制温度缓慢上升，用这种温度熏制，重量损失少，产品风味好，但耐保藏性差。

(3) 热熏法　热熏法采用的温度为50～85℃，实际操作中，烟熏温度大多控制在60℃左右。熏制时间4～6h，因为熏制的温度较高，制品在短时间内就能形成较好的熏烟色泽，但熏制的温度必须缓慢上升，不能升温过急，否则产生发色不均匀。灌肠产品采用此种方法。

2. 广东叉烧肉

(1) 工艺流程

原料选择与整理→腌制→上铁叉→烤制→上麦芽糖→成品

(2) 操作要点

①原料选择与整理：将肉洗净并沥干水，然后切成长约40cm、宽4cm、厚2cm的肉条。

②配料：鲜猪肉50kg，精盐2kg，白糖6.5kg，酱油5kg，50°白酒2kg，五香粉250g，桂皮粉350g，味精、葱、姜、色素、麦芽糖适量。

③腌制：切好的肉条放入盆内，加入全部辅料并与肉拌匀，将肉不断翻动，使辅料均匀渗入肉内，腌制1~2h。

④上铁叉：将肉条穿上特制的倒丁字形铁叉，肉条之间间隔一定空隙，以使制品受热均匀。

⑤烤制：把炉温升至180~220℃，将肉条挂入炉内进行烤制。烤制35~45min，制品呈酱红色即可出炉。

⑥上麦芽糖：当叉烧肉出炉稍冷却后，在其表面刷上一层糖胶状的麦芽糖即为成品。

(3) 质量标准　成品色泽为酱红色，香润发亮，肉质美味可口，咸甜适宜。

四、西式肉制品加工技术

西式肉制品是指以欧美为代表生产的肉制品。品种主要有火腿类（如盐水火腿、熏制火腿）、灌肠类（如蒸煮肠、火腿肠）、培根三大类。西式制品的特点是工业化程度高、工艺标准化、产品标准化、可以大规模生产。

（一）西式火腿类

传统的西式火腿加工与中式火腿相似。一般以猪后腿肉为原料加工的称为火腿。根据原料肉的部位不同，分为带骨火腿、去骨火腿、通脊火腿、肩肉火腿、组合火腿、蒸煮火腿等。这些火腿加工工艺各不相同，但其腌制都是以食盐为主要原料，而加工中其他调味料用量很少，故又称盐水火腿。西式火腿中除带骨火腿食用前需熟制外，其他种类的火腿均为熟制品。其产品色泽鲜艳、肉质细嫩、口味鲜美、出品率高，适于大规模机械化生产。

1. 工艺流程

原料修整→盐水注射腌制→嫩化→滚揉→装模→蒸煮→冷却→包装

2. 操作要点

(1) 原料修整　选用经兽医卫生检验合格的猪后腿或大排肌肉作为原料。选好的原料肉经修整，去除皮、骨、脂肪、筋腱、结缔组织、血管、伤斑后，将肉放在2～5℃的冷藏库中备用。

（2）盐水注射　注射腌制用的盐水，主要成分包括食盐、亚硝酸钠、糖类、柠檬酸、抗坏血酸钠、磷酸盐等。盐水应根据注射量来调制，调制后采用多针头盐水注射器均匀注入肌肉中，注射量为肉重的20%～25%，盐水温度为8～10℃，腌渍时间控制在16～20h。

（3）嫩化　原料肉注射盐水之后，再进行一次嫩化，嫩化在嫩化机内进行。嫩化时会造成一部分盐水损失，可将肉倒入滚揉筒后，直接加入些盐水。

（4）滚揉　经盐水注射、嫩化后的原料肉要进行滚揉（也叫按摩）。滚揉是在滚揉机内进行的。

滚揉的目的：①加速盐水在肌肉中的扩散，缩短腌制时间；②使原料肉软化、肌肉组织松弛；③使肌肉中可溶性蛋白质外渗，形成黏糊状物质，增强肉的黏结性；④加速肉的成熟，改善制品的风味。

（5）装模或灌装　滚揉好的原料肉称重后定量装入尼龙塑料袋中，装好后，在袋的下部及四周扎孔，然后装入不锈钢的模具中，加上盖子压紧。也可直接用灌装机将原料肉灌入天然肠衣或人造肠衣（如聚偏二氯乙烯肠衣、纤维素肠衣）中，两端打上铝卡。

（6）蒸煮　加热方式一般有蒸汽和水煮两种。水煮加热时，先将装肉的模具装入水温约55℃水浴锅中，水位稍高于模具，然后用蒸汽加热，使肉的中心温度达到68～70℃即可。灌入肠衣的火腿可先在55℃的蒸汽或水浴中发色60min，随后将温度升高到74～76℃，使火腿中心温度达到68～70℃。

（7）冷却　蒸煮结束的西式火腿应立即用冷水冷却，冷却后存放在5℃以下冷库内。

（二）西式灌肠类

灌肠是畜禽肉经腌制、绞碎、斩拌后成肉馅（肉丁，肉糜或其化合物）并添加调味料、香辛料或填充料，灌装到肠衣中，再经烘烤、蒸煮、烟熏等工艺加工而成。灌肠又分为很多种，按加工方法可分为生香肠、生熏肠、熟熏肠、干制或半干制香肠等。

1. 工艺流程

原料的选择→腌制→制馅→灌装→烘烤→煮制→熏制→冷却冷藏

2. 操作要点

（1）原料的选择　生产灌肠的原料范围很广，除猪肉和牛肉外，其他畜禽肉以及其内脏如头、肝、心、血液等都可作为灌肠的原料。但所有的原料都必须经兽医卫生检验合格方可使用。

（2）腌制　原料肉经修整，剔去骨、筋腱、结缔组织、血污后，切成小块进行腌制。腌制多采用干腌法，主要腌制料为食盐、硝酸盐、磷酸盐等。食盐的用量为2%～3%，亚硝酸盐的用量为0.015%，磷酸盐的用量为0.5%。瘦肉腌制48～72h，温度4～10℃。脂肪加盐3%～4%进行腌制（一般不加硝酸盐），时间3～5d，温度4～10℃。

（3）绞肉或斩拌　腌制好的原料肉用绞肉机绞碎，绞肉机筛板的孔径可根据所生产的产品进行选择。绞碎的肉可在斩拌机中进行斩拌。腌制好的肉也可不经绞肉机而直接在斩拌机中斩碎。斩拌过程中应加原料肉重20%～30%的冰屑（冰的数量应包含在肉馅加水的总重量中），使斩拌结束的肉馅温度不高于10℃，时间10～20min。

斩拌时的投料顺序是：牛肉→猪肉（先瘦后肥）→其他肉类→冰水→调料等。也可先把肉绞碎或斩碎，倒入搅拌机内，然后将辅料和香辛料及切成方丁的脂肪倒入拌匀即可。

（4）灌装　灌装是将斩好的肉馅用灌肠机充入肠衣内的操作。灌装时要注意肠衣内肉馅的松紧程度，不可过紧或过松，灌装的同时应注意扎孔排气。

（5）烘烤　灌装结束后，应用清水冲洗肠体表面，晾干后送入70～90℃的烘房或烟熏炉烘25～60min（依灌肠直径而定），至肠体表面干燥、肉馅变色即可。烘烤的目的主要是使肠衣蛋白质变性凝固，增加肠衣的坚实性。

（6）煮制　可采用蒸汽或水浴煮制两种方法进行。煮制时间根据肠依粗细而定，肠体中心温度达到70℃时煮制结束。

（7）熏制　煮制后，送入烟熏室，烟熏主要是赋予制品特有的烟熏风味，改善制品的色泽，通过熏烟成分的杀菌作用增加制品的保藏性。烟熏温度为50～80℃，时间为10min到24h不等。

熏制完成后，用冷水进行冷却，然后送入0～7℃的冷库内保藏。

（三）培根

“培根”系由英语“Bacon”译音而来，其原意是烟熏肋条肉（即方肉）或烟熏咸背脊肉。培根外皮油润呈金黄色，皮质坚硬，瘦肉呈深棕色，质地干硬，切开后肉色鲜艳。风味除带有适口的咸味之外，还具有浓郁的烟熏香味。培根分大培根（也称丹麦式培根）、排培根和奶培根三种，制作工艺相近。

1. 工艺流程

选料→预整形→腌制→浸泡、清洗→剔骨、修刮、再整形→烟熏

2. 操作要点

（1）选料　选取中等肥度的瘦肉型猪，取整片带皮猪胴体（白条肉）的中段。

①选料部位：前端从第三肋骨处斩断，后端到腰脊椎之间斩断，割除奶脯为大培根坯料。前端从第五肋骨处斩断，后端到最后两节脊椎处斩断，去掉奶脯，再沿距背脊13～14cm处分斩为两部分，上为排培根，下为奶培根坯料。

②膘厚标准：大培根最厚处以 3.3 ~ 4.0cm 为宜；排培根最厚处以 2.5 ~ 3.0cm 为宜；奶培根最厚处约为 2.5cm。

（2）初步整形　修去碎肉、碎油、筋腱、血块等杂物，使其表面和四周整齐、光滑，四边基本各自成直线。整形决定产品的规格和形状。

原料肉质量：大培根 8 ~ 11kg；排培根 2.5 ~ 4.5kg；奶培根 2.5 ~ 5kg。

（3）腌制　温度控制在 0 ~ 4℃。先干腌，将食盐（加 1% $NaNO_3$）撒在肉坯表面，用手揉搓均匀，然后堆叠于腌缸，时间为 20 ~ 24h；后湿腌，用 16 ~ 17°Bé（每 100kg 盐液中含 $NaNO_3$ 370g）食盐液浸泡干腌后的肉坯两周左右，期间需翻缸 3 ~ 4 次，以使肉坯受压均匀，腌制咸度一致。

（4）浸泡、清洗　将腌制好的肉坯用 25℃左右的清水中浸泡 30 ~ 60min，目的是溶解表面油污，防止出现“盐花”，以及便于软化后的整形。

（5）剔骨、修刮、再整形　培根剔骨只允许用刀尖划破骨表的骨膜，不得刺破肌肉，以免生水浸入，不耐保藏；刮尽残毛和皮上的油腻。

由于腌制、堆压使肉坯形状改变，所以要再次整形，使肉的四边成直线，然后穿绳吊挂起来，沥水 6 ~ 8h 后进行烟熏。

（6）烟熏　烟熏室温度保持在 60 ~ 70℃，时间约 8h。烟熏后自然冷却即为成品。出品率约 83%。

（7）储存　成品用白蜡纸或薄尼龙袋包装。若不包装，吊挂或平摊，一般可保存 1 ~ 2 个月，夏天 1 周。

任务二　乳品加工技术

一、消毒乳加工技术

（一）消毒乳的概念

消毒乳又称杀菌鲜乳，指以新鲜牛乳为原料，经净化、均质、杀菌等处理，以液体鲜乳状态用瓶装或其他形式的小包装，直接供应消费者饮用的商品乳。

（二）消毒乳的种类

消毒乳可根据制品的组成、杀菌处理方法、包装形式等进行分类。

1. 按组成分类

（1）普通乳　以生鲜乳为原料，不添加任何添加剂或其他食品原料而加工成的产品。分为全脂乳、半脱脂乳和脱脂乳。

（2）强化乳　在生鲜乳中添加各种维生素和 Ca、P、Fe 等无机盐类，以增加对人体有益的营养成分，但风味和外观与普通消毒乳无区别。

（3）调味乳　以生鲜乳为原料，添加咖啡、可可、果汁或各种谷物成分制成的产品，其风味和外观与普通乳有较大差异。

（4）再制乳　也称复原乳。指以全脂乳粉、浓缩乳、脱脂乳粉和无水奶油等为原料，经混合溶解后，制成与牛乳成分相同的饮用乳。

2. 按杀菌方法分类

（1）低温长时间杀菌乳（LTLT）　又称巴氏杀菌乳，牛乳经过 62～65℃、保持 30min 杀菌的乳。

（2）高温短时杀菌乳（HTST）　牛乳经 72～75℃，保持 15s 杀菌，或采用 80～85℃，保持 10～15s 的加热杀菌的乳。

（3）超高温瞬时杀菌乳（UHT）　牛乳经 130～150℃，保持 0.5～4.0s 杀菌的乳。此法由于时间短，所以风味、性质和营养成分等与普通乳相比无差异。

（三）消毒乳加工

1. 工艺流程

原料乳验收 → 过滤与净化 → 冷却 → 标准化 → 均质 → 杀菌或灭菌 → 冷却 → 灌装 → 封盖 → 装箱 → 冷藏 → 成品

2. 操作要点

（1）原料乳的验收　消毒乳的质量取决于原料乳，要想生产高质量的产品，必须选用质量优良的原料乳。因此，必须对原料乳进行严格管理、认真检验。

检验内容包括：①感官指标：包括牛乳的滋味、清洁度、色泽、组织状态等；②理化指标：包括酸度（酒精试验和滴定酸度）、相对密度、含脂率、冰点、抗生素残留量等，前三项为必检项目，后几项可定期进行检验；③微生物指标：主要是细菌总数、芽孢数、耐热芽孢数等。

（2）过滤与净化　将原料乳验收后，为了除去其中的尘埃杂质、上皮细菌等，必须对原料乳进行过滤和净化处理。

①过滤：奶牛场常用的过滤方法是纱布过滤。乳品厂简单的过滤是在受乳槽上装过滤网并铺上多层纱布，也可在乳的输送管道中连接一个管道过滤器。中型乳品厂也可采用双筒牛乳过滤器。一般连续生产都设有两个过滤器交替使用。

②净化：原料乳经过数次过滤后，虽然除去了大部分杂质，但乳中污染的某些微生物、机械杂质、乳腺体细胞等，不能用一般的过滤方法除去，需用离心式净乳机进一步净化。使用离心净乳机可以显著提高净化效果，有利于提高制品质量。

③冷却：净化后的原料乳应立即冷却至 4～10℃，以抑制细菌的繁殖，如不及时冷却，乳中的微生物会迅速繁殖，使乳的酸度增高，凝固性变质，风味变差。

（3）标准化　标准化的目的是为了符合国家标准要求的最低脂肪含量，在半脱脂乳和标准化乳生产中需要进行标准化，而脱脂乳是一种稀奶油分离产品，原则上无需标准化。我国的国家标准规定全脂乳脂肪含量大于3.1%、部分脱脂乳脂肪含量为1.0% ~2.0%、脱脂乳脂肪含量小于0.5%。

(4) 均质　均质是指对脂肪球进行适当的机械处理，把它们分散成细小的微粒，均匀一致地分散在乳中。乳均质时的温度应控制在50 ~65℃，在此温度下乳脂肪处于熔融状态，脂肪球膜软化有利于提高均质效果。一般均质压力为16.7 ~20.6MPa。

均质目的：①增大乳脂肪表面积，增加产品稳定性；②乳脂肪直径减小，更易被人体消化吸收；③乳脂肪球被打碎后，增加了产品风味、使其口感细腻。

(5) 杀菌或灭菌　消毒乳的杀菌或灭菌可根据设备条件选择低温长时杀菌法、高温短时杀菌法或超高温杀菌法。

杀菌，就是将乳中的致病菌和造成成品缺陷的有害菌全部杀死，并非百分百地杀灭非致病菌，还会残留部分乳酸菌、酵母菌和霉菌等。

灭菌，就是杀灭乳中所有的细菌，使其呈无菌状态。但实际还会有极微量的细菌存在，在检测上接近于零。

(6) 冷却　杀菌后的乳应尽快冷却至4℃。以防止蛋白质变性、脂肪球膜破裂、维生素损失及褐变等不良反应的发生。

(7) 灌装　采用的包装材料应无毒害、无污染；避光、密封性好，有一定的抗压强度；便于运输、携带、开启。

消毒乳的包装形式主要有塑料袋、复合塑纸袋、玻璃瓶、塑料瓶和纸盒。目前广泛使用的是塑料袋和复合塑纸袋，主要是此种材料轻便且不用回收。

(8) 冷藏　灌装后的杀菌乳，如不能立即发送，应储存冷藏库内。冷藏库温度一般控制在4 ~6℃，时间为1 ~2d。无菌包装乳可在室温下保藏3 ~6 个月。

二、乳粉加工技术

(一) 乳粉的概念及种类

乳粉是以鲜乳为原料，添加一定数量的其他食物原料，经杀菌、浓缩、干燥等工艺过程制得的粉末状产品。乳粉中保存有鲜乳的全部营养成分，但由于乳粉含水量低，因而耐藏性提高，减少了运输量，并具有冲调容易，方便使用的特点。

乳粉按照加工方法及原料处理的不同，可分为以下几种：

(1) 全脂乳粉　以鲜乳直接加工成的粉末状制品。

(2) 脱脂乳粉　用脱去脂肪的脱脂乳为原料加工成的粉末状制品。

(3) 乳清粉　用制造干酪或干酪素的副产品乳清加工成的乳粉。

(4) 调制乳粉　将乳中的某些成分进行调整，并按要求添加某些营养成分加工成的粉末状制品。调制乳粉主要有婴幼儿配方乳粉、中小学生乳粉、孕妇乳粉、中老年乳粉等。

（二）乳粉的加工

1. 工艺流程

原料乳验收→预处理→标准化→加糖→预热→均质→杀菌→真空浓缩→喷雾干燥→出粉、冷却→过筛→包装→检验→成品

2. 操作要点

（1）原料乳验收　原料乳质量的好坏是生产优质乳粉的先决条件，因此，原料乳进厂时必须进行检验。检验结果必须符合国家标准规定的各项指标，检验合格者方可投入使用。验收后的原料乳应及时进行过滤、净化、冷却，其要求与消毒乳相同。

（2）标准化　为使成品中脂肪含量符合国家标准要求，必须对乳中的脂肪进行调整。

（3）加糖　生产加糖乳粉或某些配方乳粉时，需向乳中加糖。加糖方法有：①预热杀菌时加糖；②包装前加蔗糖细粉于干燥完的乳粉中；③预热杀菌时加一部分糖，包装前再加一部分糖。

当产品中蔗糖含量低于20%时，可以在预热时加糖；当糖含量超过20%时，应采用②或③法为宜。

（4）均质　生产全脂乳粉的原料一般不经均质。但如果进行了标准化，乳粉的配料中添加了植物油或其他不易混匀的物料时，则应进行均质，使混合原料乳形成一个均匀的分散体系。

均质时的压力一般控制在14～21MPa，温度控制在60℃为宜。

（5）杀菌　原料乳的杀菌方法需根据成品的特性进行适当选择。生产全脂乳粉时，杀菌温度和保持时间对乳粉的品质、溶解度和保藏性都有很大影响。一般高温杀菌可以防止或推迟乳脂肪的氧化，对乳粉的保藏性有利，但高温长时加热会严重影响乳粉的溶解度，最好采用高温短时杀菌方法。

乳粉加工杀菌的主要目的是杀灭各种致病菌和破坏各种酶的活力。

（6）真空浓缩　牛乳属于热敏性原料，浓缩宜采用减压浓缩法，浓缩的程度直接影响乳粉的质量，特别是溶解度。生产全脂乳粉时，一般浓缩到原料乳的1/4，这时浓缩乳的浓度为12～16°Bé（50℃），乳固体含量为40%～50%。

真空浓缩目的：①真空浓缩可以除去杀菌乳70%～80%的水分，从而节约了能源和保证产品质量；②真空浓缩对乳粉颗粒的物理性状有显著影响，增加乳粉的冲调性和速溶性；③真空浓缩可以排除溶解在乳中的空气和氧气，使乳粉颗粒中的气体降低，便于制品的保藏；④浓缩后的乳粉颗粒小、密度低，便于包装。

（7）干燥　浓缩后的乳打入保温罐内，立即进行干燥。乳粉常用的干燥方法有压力喷雾干燥和离心喷雾干燥两种方式。

喷雾干燥原理：浓缩后的乳在高压或离心力作用下，通过雾化器将浓缩乳在干燥室内喷成极细小的雾状乳滴，以增大其表面积。雾状乳滴一经与热空气接触，其水分便瞬间蒸发除去，乳滴被干燥成细小的球形颗粒降落在干燥室的底部，而水蒸气被热风带走，从干燥室的排风口抽出。整个干燥过程仅需15～30s。

喷雾干燥优点：①干燥速度快，物料受热时间短，乳粉质量好；②产品呈粉末状或颗粒状，无需再粉碎；③产品不易污染，卫生质量好。

喷雾干燥缺点：①干燥设备体积大，占用空间大；②粉尘回收装置比较复杂，清扫工作量大；③设备造价高、投资大。

（8）出粉、冷却　干燥后的乳粉应立即送出干燥室，以免受热过度。全脂乳粉脂肪含量高，高温下会增加游离脂肪含量，在保藏中容易引起氧化变质，影响溶解度和色泽，严重降低产品质量。因此，干燥后的乳粉必须快速冷却。

（9）过筛　乳粉一般采用机械振动筛，筛底网眼为40～60目。乳粉过筛的目的是将粗粉和细粉混合均匀，除去乳粉团块、粉渣，使乳粉均匀、松散，便于乳粉冷却。

（10）包装　包装规格、容器及材质根据乳粉的用途不同而有一定差异。小包装容器常用马口铁罐、塑料袋、塑料复合纸袋、塑料铝箔复合袋。规格有900、500、454、250、150g。

三、发酵乳加工技术

（一）发酵乳的定义与分类

1. 发酵乳的定义

联合国粮农组织（FAO）、世界卫生组织（WHO）与国际乳品联合会（IDF）于1977年对酸乳做出如下定义：酸乳是在保加利亚乳杆菌和嗜热链球菌的作用下，使用添加（或不添加）乳粉（全脂或脱脂）的乳中，由保加利亚乳杆菌和嗜热链球菌的作用进行乳酸发酵而得到的凝固乳制品，最终产品中必须含有大量的活菌。

2. 发酵乳的分类

（1）按成品的组织状态分类

①凝固型酸乳：乳品在包装容器中进行发酵过程，从而使成品因发酵而保留其凝乳状态。

②搅拌型酸乳：成品是先发酵后灌装而得的。发酵后的凝乳已在灌装前和灌装过程中搅碎而成黏稠状的半流动状态。

（2）按成品口味分类

①天然纯酸乳：产品只由原料乳加菌种发酵而成，不含任何辅料和添加剂。

②加糖酸乳：产品由原料乳和糖加入菌种发酵而成。

③调味酸乳：在天然酸乳和加糖酸乳中加入香料而成。

④果料酸乳：成品是由天然酸乳与糖、果料混合而成。

⑤复合型或营养健康型酸乳：通常在酸乳中强化不同的营养素（维生素、食用纤维等）或在酸乳中混入不同的辅料（如谷物、干果等）而成。

（3）按原料中脂肪含量分类

①全脂酸乳：脂肪含量为3.1%。

②部分脱脂酸乳：脂肪含量为0.5%～3.0%。

③脱脂乳：脂肪含量为0.5%。

（二）发酵剂的制备

1．发酵剂的概念和种类

（1）发酵剂　发酵剂是指生产发酵产品所用的特定有益微生物的培养物。它含有高浓度乳酸菌，能够促进乳的酸化过程。

（2）发酵剂种类　根据发酵剂的制备程度或阶段，发酵剂可分为乳酸菌纯培养物、母发酵剂、中间发酵剂和生产发酵剂四种。

①乳酸菌纯培养物：一级菌种，主要接种在脱脂乳、乳清、肉汤等培养基中使其繁殖。

②母发酵剂：一级菌种的扩大再培养，其培养基一般为灭菌脱脂乳，它是制备生产发酵剂的基础。

③中间发酵剂：是扩大生产工作发酵剂的中间环节。

④生产发酵剂：直接用于生产的发酵剂，一般在密闭容器或易于清洗的不锈钢容器内进行生产。

2．使用发酵剂的目的

（1）乳酸发酵　通过乳酸菌的发酵，使牛乳中的乳糖转变成乳酸，使乳中的pH降低，促使酪蛋白的凝固，产生凝固和形成酸味。

（2）产生风味　柠檬酸的分解会产生一定风味物质。同时蛋白质和脂肪也会在分解菌的作用下，产生一定风味。

（3）产生抗菌素　乳酸链球菌和乳油链球菌中的个别菌株，能产生乳酸链球菌素和乳油链球菌抗生素，可防止酪酸菌的污染。

3．发酵剂菌种的选择

菌种的选择对发酵剂的质量起着重要作用，应根据生产目的的不同选择适当的菌种。乳酸生产中常用的发酵剂是保加利亚乳杆菌和嗜热链球菌的混合物。这种混合物在45～50℃乳中发酵2～3h即可达到所需的凝乳状态与酸度。

（三）凝固型酸乳的加工

1. 工艺流程

乳酸菌纯培养物→母发酵剂→生产发酵剂

↓

原料乳→净化→标准化→配料→过滤→预热→均质→杀菌→冷却→加发酵剂→灌装→发酵→冷却→后熟→冷藏→成品

2. 工艺要求

（1）原料乳　选用符合质量要求的鲜乳、脱脂乳或再制乳为原料。

原料乳要求：①总乳固体不低于11.5%，其中非脂乳固体不低于8.5%；②不得使用含有抗生素的乳，乳中微量的抗生素都会使乳酸菌不能生长繁殖；③不能使用患乳房炎的原料乳，否则会影响酸乳的风味和蛋白质的凝胶力。

（2）配料　原料乳的脂肪和乳固体含量应符合技术指标，否则需要进行标准化。为提高干物质含量，可添加脱脂乳粉。

（3）均质　原料配合后进行均质处理。均质温度为55～65℃。均质处理可使原料充分混匀，粒子变小，提高酸乳的稳定性和稠度，并保证乳脂肪均匀分布，从而使酸乳质地细腻，口感良好。

（4）杀菌及冷却　均质后的物料升温至90～95℃，保持5min进行杀菌，然后冷却至41～43℃。

杀菌目的：①杀灭原料乳中所有致病菌和绝大多数杂菌，以保证乳酸菌的正常生长繁殖；②使乳清蛋白变性，以改善乳的组织状态，提高黏稠度和防止成品乳清析出。

（5）接种　接种是造成酸乳受微生物污染的主要环节之一，为防止霉菌、酵母、噬菌体和其他有害微生物的污染，必须采用无菌操作方式。

为使乳酸菌体从凝乳块中分散出来，应在接种前将发酵剂进行充分搅拌，将凝乳完全破坏。接种量可根据培养的温度和时间，以及发酵剂的产酸能力灵活处理，一般接种量为2%～3%。

（6）灌装　接种后经充分搅拌的乳应立即连续灌装到容器中。凝固型酸乳的容器主要有玻璃瓶、塑料瓶和纸盒等。灌装前容器要进行蒸汽灭菌。

（7）发酵　发酵时间受接种量、发酵剂活性和培养温度的影响。用保加利亚乳杆菌和嗜热链球菌混合发酵剂时，温度保持在41～44℃，培养时间2.5～4h。若已基本凝乳，立即测定酸度，当滴定酸度达到70～90°T，即可终止发酵。

注意事项：①发酵时应注意避免震动，否则会影响其组织状态；②发酵温度应恒定，避免忽高忽低；③掌握发酵时间，防止酸度不够或过度以及乳清析出。

（8）冷却与后熟　达到发酵终点的酸乳需进行迅速冷却，以便有效的抑制乳酸菌的生长，降低酶活力，防止产酸过度；降低和稳定脂肪上浮和乳清析出的速度；使酸乳逐渐形成坚固的凝固状态。

冷藏温度一般为2～8℃，冷藏的24h内，风味成分继续产生，多种风味物质相互平衡形成了酸乳的特殊风味，这段时间称为后熟期。

3. 凝固型酸乳的质量控制

（1）凝固性差

①原料乳质量：乳中含有抗菌素、防腐剂，会抑制乳酸菌生长，从而导致酸乳凝固性差；原料乳掺水，使乳的总干物质含量降低；掺碱中和发酵所产的酸，都会造成酸乳凝固不好。

②发酵温度与时间：发酵温度与时间低于乳酸菌发酵的最适温度与时间，会使乳酸菌活力降低，凝乳能力下降，从而导致酸乳凝固性差。另外，发酵室温度不均匀也会造成酸乳凝固性差。

③发酵剂：发酵剂活力减弱或接种量太少会造成酸乳凝固性差。

④加糖量：加糖量过大会产生高渗透压，抑制乳酸菌的生长繁殖，降低其活性，从而使牛乳不能很好凝固。

（2）乳清析出

①原料乳热处理不当：热处理温度低或时间不够，使大量乳清蛋白不能变性。变性乳清蛋白与乳中酪蛋白形成复合物，可容纳更多的水分，就不会出现乳清分离。

②发酵时间：发酵时间过长或过短，都会有乳清分离。发酵时间过长，酸度的增强破坏了乳蛋白质已经形成的胶体结构，使乳清上浮；发酵时间过短，胶体结构还未充分形成，也会形成乳清析出。

③其他：原料乳总干物质含量低、接种量过大、机械振动等也会造成乳清析出。生产中，添加适量的$CaCl_2$，即可减少乳清析出，又可赋予酸乳一定的硬度。

（3）风味不良　主要是由于菌种选择及操作工艺不当所引起。菌种混合比例不适当，将导致产香不足，风味变劣。高温短时发酵或发酵过度也会造成酸乳芳香味不足，酸甜不适口等风味缺陷。过度热处理或添加了风味不良的乳粉、炼乳也会造成酸乳风味不良。

（4）表面霉菌生长　酸奶保藏温度过高或时间过长时，往往表面会出现霉菌。黑色斑点易被察觉，而白色霉菌则不易被注意。因此要严格控制保藏温度和保藏时间。

（四）搅拌型酸乳的加工

1. 工艺流程

乳酸菌纯培养物→母发酵剂→生产发酵剂
↓
原料乳→预处理→标准化→配料→预热→均质→杀菌→冷却→接种→发酵→冷却→搅拌混合→灌装→冷却后熟→成品

2. 工艺要求

(1) 原料乳、预处理、标准化、配料、预热、均质、杀菌、冷却、接种，同凝固型酸乳的要求一致。

(2) 发酵　搅拌型酸乳的发酵是在专门的发酵罐中进行，发酵罐是利用罐周围夹层里的热来维持恒温。典型的搅拌型酸乳发酵温度为 42 ~ 43℃，时间为 2.5 ~ 3h。

(3) 冷却　冷却的目的是快速抑制细菌的生长和酶的活性，以防止发酵过程产酸过度及搅拌时脱水。酸乳完全凝固（pH4.6 ~ 4.7）时开始冷却，冷却过程应稳定进行，冷却过快将造成凝块收缩过快，导致乳清分离，冷却过慢则会造成产品过酸和添加果料脱色。一般温度控制在 0 ~ 7℃为宜。

(4) 搅拌破乳　破乳是搅拌型酸乳生产中的关键步骤之一，它直接关系到成品的品质。破乳主要通过机械力破坏凝胶体，使凝胶体的粒子直径达到 0.01 ~ 0.4mm，使酸乳的硬度和黏度及组织状态发生变化。

(5) 混合　酸乳与果料的混合方式有两种：一种是间隙生产法，在罐中将酸乳与杀菌的果料混匀，此法用于生产规模较小的企业。另一种是连续混料法，用计量泵将杀菌的果料连续添加在内部流动线中与酸乳混合均匀。

(6) 灌装　生产搅拌型酸乳时的灌装工艺条件受包装材料、产品特征和食用方法的限定。包装材料必须对人体无害，同酸乳成分之间不能发生任何反应，有良好的密封性，同时对产品有一定的保护性能。

(7) 冷却、后熟　将灌好的酸乳置于 0 ~ 7℃冷库中冷藏 24h 进行成熟，进一步促使芳香物质的产生和改善黏稠度。

3. 搅拌型酸奶的质量控制

(1) 砂状组织　生产搅拌型酸乳时，发酵温度过高，原料乳受热过度以及乳粉用量过多，都将使酸乳在组织外观上产生许多砂状颗粒，不细腻润滑。

(2) 乳清分离　酸乳搅拌速度过快，搅拌过度或产品中混入空气，都将造成乳清分离；此外，酸乳发酵过度、冷却温度不适及干物质含量不足也可造成乳清分离现象。

(3) 风味不正　在搅拌过程中因操作不当而混入大量空气，造成酵母和霉菌的污染；同时因香精选择不当也会造成果蔬料的变质、变味而引起酸乳产生不良风味。

(4) 色泽异常　在生产中因加入的果蔬处理不当而引起变色、褪色等现象时有发生。

(五) 酸乳标准

1. 感官指标

色泽：色泽均匀一致，呈乳白色或带微黄色。

滋味和气味：具有纯乳酸发酵剂制成的酸乳特有的滋味和香味；无酒精发酵

味、霉味和其他不良气味。

形态：组织细腻、均匀，允许有少量乳清析出。

2. 理化指标（表3-3）。

表3-3 酸乳理化指标

项目	纯酸乳			调味（果料）酸乳		
	全脂	部分脱脂	脱脂	全脂	部分脱脂	脱脂
脂肪/%	≥3.1	1.0~2.0	≤0.5	≥2.5	0.8~1.6	≤0.4
蛋白质/% ≥	2.9			2.3		
非脂乳固体/% ≥	8.1			6.5		
酸度/°T ≥	70.0					

注：引自《畜产品加工》，孔保华，2008年

3. 微生物指标

大肠菌群≤90个/100mL，致病菌不得检出。

四、乳品冷饮加工技术

冷饮食品是指以饮用水、甜味料、乳品、果品、豆品、食用油脂等为主要原料，加入适量的香料、稳定剂、着色剂、乳化剂等食品添加剂，经混合、杀菌、凝冻而成的冷冻固体饮品。冷饮食品根据其工艺特点，可分为冰淇淋类、雪糕类、冰棍类、食用冰类、冰霜类5大类。其中冰淇淋类、雪糕类属于乳品冷饮。

冰淇淋是以饮用水、牛乳、乳粉、奶油、食糖等为主要原料，加入适量食品添加剂，经混合、灭菌、均质、老化、凝冻、硬化等工艺制成的体积膨胀的冷冻饮品。

（一）冰淇淋的原料

1. 脂肪

冰淇淋通常含有6%~12%的脂肪，其中最主要的是乳脂肪，乳脂肪的来源有稀奶油、奶油、牛乳、炼乳、全脂乳粉等。冰淇淋中最适合使用的植物油脂是椰子油、棕榈油、人造奶油等。

脂肪的作用：①脂肪为乳品冷饮提供丰富的营养及热能；②油脂中含有许多风味物质，通过与乳品冷饮中蛋白质及其他原料作用，赋予乳品冷饮独特的芳香风味；③脂肪在冰淇淋凝冻时形成网状结构，赋予制品特有的细腻润滑组织和良好的质构；④脂肪的种类、熔点和成分对冰淇淋的感官特性和保藏稳定性有很重要的作用；⑤增加乳品冷饮的抗融性。

2. 非脂乳固体

非脂乳固体包括大约36.7%的蛋白质、55%的乳糖、7.8%的矿物质和其他一些成分，最常用的非脂乳固体的来源有鲜牛乳、脱脂乳、炼乳、乳粉、乳清粉、乳清蛋白浓缩物等，以鲜牛乳及炼乳为最佳。一般推荐其最大用量不超过制品中水分的16.7%，限制非脂乳固体使用量的主要原因在于防止其中的乳糖呈过饱和而渐渐结晶析出砂状沉淀。

非脂乳固体中的乳糖给冰淇淋带来甜味，蛋白质既能满足营养要求，也能保证油脂在水中的乳化稳定性，同时确保凝冻过程中与空气的充分混合，并能防止制品中冰结晶的生长，使冰淇淋具有良好的组织结构，防止成品组织疏松和砂状结构。

3. 乳化剂

乳化剂是指可以减少液体产品表面张力并能形成乳浊液的一种物质。乳品冷饮中常用的乳化剂有硬脂酸酯、山梨醇酯、糖酯等。其使用量通常为0.3%~0.5%。

乳化剂的作用：①促进脂肪球分散、稳定乳浊液的作用；②提高混合料的起泡性和膨胀率；③增加抗融性和抗收缩性，使产品更好的保持固有的形状；④控制大冰晶的形成，使产品组织细腻。

4. 稳定剂

稳定剂具有亲水性，延缓或减少冰淇淋在保藏过程中冰晶的生长，减少粗糙感；能提高冰淇淋的黏度和膨胀率，使产品质地润滑；改善冰淇淋的形态，保持产品具有良好的抗融性。

常用的稳定剂有明胶、果胶、琼脂、海藻酸钠、羧甲基纤维素钠等。稳定剂的用量通常为0.1%~0.5%。

5. 色素和香料

这些添加剂的用量很小，主要为了改善产品的外观和口味。

（1）色素　常用的色素分为天然食用色素和合成色素两大类。选择使用的色素应符合食品添加剂卫生标准。常用的着色剂有姜黄色素、叶绿素、焦糖色素、β-胡萝卜素等。

（2）香料　香味剂能赋予乳品冷饮产品以纯正的香味，增进其食用价值。冰淇淋中所使用的香料，可分为天然香料和合成香料两大类。天然香料包括动物性香料和植物性香料两种，冰淇淋中所使用的主要是植物性香料如可可、咖啡、坚果、香草等。合成香料多以香精形式使用。香料使用量通常在0.075%~0.1%。

（二）冰淇淋的加工工艺

1. 工艺流程

混合料的配制→巴氏杀菌→均质→冷却→老化→凝冻→灌装成型→硬化→保藏

2. 操作要点

（1）混合料的配制　将冰淇淋的各种原料以适当的比例加以混合，即称为冰淇淋混合料。

配制要求：①原料混合顺序从黏度低的液体原料开始，然后为黏度高的液体原料，再次为固体原料，最后用水定容；②混合溶解时的温度一般为40~50℃；③乳粉、砂糖应分别加水溶解并过滤；④稳定剂先用水浸泡10min左右，再配成10%的溶液加入；⑤乳化剂可与油脂混合均匀后再加入到配料缸中。

（2）巴氏杀菌　杀菌温度和时间的确定，主要看杀菌的效果。一般杀菌温度是65~70℃，保温时间是15~30min。

杀菌目的：①混合料经过巴氏杀菌，杀灭致病菌、抑制非致病菌的生长繁殖，保证食品安全性和卫生指标；②破坏料液中各种酶的活性，避免脂肪水解和酶褐变的发生，提高产品风味、硬度和质地。

（3）均质　均质是冰淇淋生产过程的关键环节之一，与冰淇淋的质量有极为重要的关系。

均质目的：①提高料液的乳化能力，使产品均匀一致，增加混合料的稳定性；②破碎脂肪球，避免脂肪上浮，增强混合料的黏度；③促进人体对脂肪的消化吸收。

（4）冷却　均质后的混合料温度一般在60℃左右，应迅速冷却至0~5℃，防止脂肪球的上浮。迅速降低混合料温度，可避免冰淇淋风味的降低，香味的散失。

（5）老化　老化是指混合料经2~4℃低温冷藏一定时间，在物理上达到成熟的过程。混合料的组成成分与老化时间有一定关系，干物质越多，黏度越高，老化时间越短。一般老化时间为6~12h。

老化目的：①可增加混合料的黏度和稳定性，从而提高产品的膨胀率；②使脂肪进一步乳化，防止小脂肪颗粒的上浮；③防止凝冻时形成大冰晶，改善冰淇淋的质构。

（6）凝冻　凝冻是将老化后的混合料置于低温下，经快速搅拌下进行冷冻，使空气呈极微小的气泡状态均匀分布在混合原料中，使物料体积膨胀、凝结成组织疏松半固体状的过程。

凝冻目的：①将混合料中的水变成细微的冰晶，使产品组织细腻、口感滑润；②凝冻过程中，由于空气的混入，使冰淇淋获得合适的膨胀率；③使混合料混合的更加均匀；④增强冰淇淋的抗融化作用。

冰淇淋的膨胀率指冰淇淋混合原料在凝冻时，空气被混入冰淇淋中，成为极小的气泡，而使制品体积增加的百分率。冰淇淋体积的膨胀，可使混合原料凝冻与硬化后得到优良的组织与形态，但如冰淇淋的膨胀率控制不当，则得不到优良的品质。膨胀率过高，组织松软，缺乏持久性；过低则组织坚实，口感不良。各种冰淇淋都有相应的膨胀率要求，控制不当会降低冰淇淋的品质。冰淇淋的膨胀率表示方法如下：

$$膨胀率 = \frac{冰淇淋的体积 - 同质量混合料的体积}{同质量混合料的体积} \times 100\%$$

（7）灌装成形　经过凝冻后的冰淇淋其组织松软，呈半固体状态，称为软质冰淇淋。软质冰淇淋为了便于保藏、运输和销售，必须将其进行灌装成型。成型是由包装容器决定的，包装容器有纸质和塑料两种。

（8）硬化　冰淇淋的硬化是将已凝冻的冰淇淋包装后，迅速进行低温（-40～-25℃）冷冻，以固定其组织状态，使其硬度增加的过程。一般将容器中心温度在-17.8℃作为完全硬化的标准。

硬化目的：①固定冰淇淋的组织状态；②保持适当的硬度，以保证产品质量；③便于销售和保藏运输。

（9）保藏　硬化后的冰淇淋，在销售前应储存在低温冷库中。冷库的温度一般为-30～-25℃，相对湿度为85%～90%。保藏库温度要保持恒定，以免储存过程中因温度波动导致冰淇淋水分的再结晶，使产品质地粗糙，影响口感。

任务三　蛋品加工技术

一、蛋品加工原料

日常食用的蛋类主要有鸡蛋、鸭蛋、鹅蛋、鹌鹑蛋等。各种蛋的结构和营养价值基本相似，其中食用最普遍、销量最大的是鸡蛋，其营养价值高，适合各种人群。

（一）蛋的概念

禽蛋是一个完整的、具有生命的活卵细胞；禽蛋中包含着自胚发育、生长成幼雏的全部营养成分，同时还具有保护这些营养成分的物质。

蛋主要由蛋壳、蛋白和蛋黄三个部分所组成。各组成部分在蛋中所占的比重与家禽的品种、年龄、蛋的大小、产蛋季节和饲养条件有关。不同种类的禽蛋，三部分组成含量不同，见表3-4。

表3-4　不同种类禽蛋的各组成部分物质含量

蛋的种类	蛋壳/%	蛋白/%	蛋黄/%
鸡蛋	10～12	45～60	26～33
鸭蛋	11～13	45～58	28～35
鹅蛋	11～13	45～58	32～35

注：引自《畜产品加工》，孔保华，2008年

(二) 蛋的构造

虽然各种禽蛋的大小不同，但其基本结构大致相同。一般由蛋壳、壳膜、气室、蛋白、蛋黄和系带等部分组成。

1. 壳外膜

壳外膜也称壳上膜，即蛋壳表面的一层可溶性胶体。其厚度为5~10μm。壳外膜是一种无定形结构、无色、透明的可溶性黏蛋白质，易脱落，尤其在水洗情况下更易消失，所以可由此判断蛋的新鲜度。

壳外膜的作用是保护蛋不受细菌和霉菌等微生物侵入，防止蛋内水分蒸发和CO_2逸出。

2. 蛋壳

蛋壳是包裹在蛋内容物外面的一层硬壳，它使蛋具有固定形状并起着保护蛋白、蛋黄的作用，但质脆不耐碰或挤压。

蛋壳的厚度与禽蛋种类有关。一般鸡蛋壳最薄，鸭蛋壳较厚，鹅蛋壳最厚。由于品种、气候条件和饲料等因素的影响，使各种禽蛋蛋壳的厚度存在一定的差别。一般蛋壳的厚度为0.27~0.37mm（平均0.3mm）。同时，蛋壳的颜色随品种、个体、季节和饲料等因素的影响，从白色至蓝绿色都有，一般深色蛋壳比浅色蛋壳坚硬。

蛋壳表面有许多肉眼看不见的、不规则呈弯曲形状的微小细孔，称为气孔。气孔在蛋壳表面的分布是不均匀的，蛋的大头最多，为300~370个/cm^2；小头最少，为150~180个/cm^2。气孔的作用是沟通蛋的内外环境。

3. 壳内膜及蛋白膜

蛋壳内侧和蛋白外侧有 层白色薄膜叫蛋壳膜，又称壳下膜。厚度为73~114μm。壳内膜分内外两层，外层紧贴蛋壳，称壳内膜；内层紧贴蛋白，称蛋白膜。

壳内膜较厚，厚度为41.1~60.0μm，其纤维较粗，网状结构粗糙，空隙大，细菌可直接通过进入蛋内。

蛋白膜较薄，厚度为12.9~17.3μm，其纤维纹理较紧密细致，有些细菌不能直接通过进入蛋内，只有其分泌的蛋白酶将蛋白膜破坏之后，微生物才能进入蛋内。

所有霉菌的孢子均不能透过这两层膜而进入蛋内，但其菌丝体可以自由透过，并能引起蛋内发霉。蛋壳膜不溶于水、酸、碱及盐类溶液。当蛋白酶破坏了蛋白膜后，微生物才能进入蛋白内，所以说蛋壳膜具有阻止微生物侵入蛋内的作用。

4. 气室

壳内膜和蛋白膜在蛋的钝端分离而形成一气囊，称气室。刚产下的蛋没有气室，当蛋接触空气，蛋内容物遇冷发生收缩，外界空气便由气孔和蛋壳膜网孔进入蛋内，形成气室。随着蛋储存时间的延长，蛋内水分不断蒸发，气室会不断增大。所以，气室的大小与蛋的新鲜程度有关，是鉴别蛋新鲜度的主要标志之一。

5. 蛋白

蛋白又称蛋清，位于蛋白膜的内层，是一种胶体物质，约占质量的60%，呈白色透明的半流动体，以不同浓度分层分布于蛋内。蛋白由外向内分为四层：第一层为外层，较稀薄，紧贴在蛋白膜上，占蛋白总体积的23.2%；第二层为浓厚层，占蛋白总体积的57%；第三层为内层，较稀薄，占蛋白总体积的16.8%；第四层为系带层，较浓厚，占蛋白总体积的2.7%。

浓厚蛋白的含量与家禽的品种、年龄、季节、饲料和保藏的时间与温度有密切关系。浓厚蛋白含量的多少也是衡量蛋新鲜度的重要标志。

6. 蛋黄

蛋黄由蛋黄膜、蛋黄内容物和胚胎三个部分组成。

蛋黄膜是包在蛋黄内容物外周的一层透明薄膜，厚度为16μm，占蛋黄重的2%~3%。蛋黄膜共分三层：内外两层由黏蛋白组成，中层由类胡萝卜素组成。新鲜蛋的蛋黄膜具有韧性和弹性，而陈蛋的蛋黄膜韧性和弹性较差，稍有震动，就会发生破裂。

蛋黄内容物是一种浓稠不透明的半流动黄色乳状液，由深浅两种不同黄色的蛋黄分数层交替排列。蛋黄色泽由三种色素组成，即叶黄素、β-胡萝卜素以及黄体素。

在蛋黄表面上有一颗乳白色的小点，未受精的呈圆形，叫胚珠，受精的呈多角形，叫胚胎，直径约2~3mm。

二、皮蛋加工技术

皮蛋是我国最著名的蛋制品，皮蛋又称松花蛋、变蛋、碱蛋、彩蛋和泥蛋等。成熟后的皮蛋去壳，蛋白透明光亮，呈褐色或茶色，有松花花纹，口感柔嫩，风味独特，营养丰富。皮蛋的种类很多，按蛋黄的凝固程度不同分溏心皮蛋和硬心皮蛋；按加工辅料不同分无铅皮蛋、五香皮蛋、糖皮蛋等。

（一）加工原理

皮蛋形成的基本原理主要是蛋白质遇碱发生变性而凝固。加工中使用的纯碱和生石灰在水中生成的 NaOH。NaOH 通过蛋壳气孔进入蛋内使蛋内碱度逐渐升高，当 NaOH 达到一定浓度后使蛋白和蛋黄中的蛋白质分子结构受到破坏而发生变性，蛋白部分形成具有弹性的凝胶体，蛋黄部分形成凝固体。当 NaOH 浓度过高时，可使凝固的蛋白质重新水解而液化，称为“伤碱”；而 NaOH 浓度过低，将不利蛋白凝固，产品成熟时间长。生产料液中 NaOH 浓度在4.5%~5.5%为宜。从宏观上看，皮蛋的凝固过程表现为化清、凝固、变色和成熟四个阶段。

（1）化清阶段　这是鲜蛋遇碱的第一明显变化。鲜蛋泡入料液或包料泥后，料液中的 Na^{+}、OH^{-}、Cl^{-} 等通过蛋壳上的气孔进入蛋内，蛋内 pH 迅速上升，蛋内蛋白质分子表面带上了越来越多的负电。由于静电斥力，分子越来越松散，蛋清的黏度下降，到最低值时，原来一部分的结合水变成了自由水，蛋清液化，这就是所谓的化清作用。化清期蛋内 NaOH 的含量为 0.3%～0.6%。此阶段蛋清从黏稠状态变成稀薄透明的水样溶液，蛋黄的变化不同于蛋清，蛋黄有轻度凝固，它不经过化清期。

（2）凝固阶段　化清后的蛋清从稀薄的透明水样溶液凝固成富有弹性的无色或微黄色的凝胶体，蛋黄在强碱的作用下凝固厚度增加为 1～3mm。当蛋内 NaOH 含量达到 0.6%～0.7% 时，完全变性的蛋白质分子在 NaOH 的作用下，蛋白质分子之间相互作用形成新的聚体。由于这些聚体形成了新的空间结构，使吸附水的能力逐渐增强，溶液中的自由水又变成了结合水，溶液黏度随之增大，达到最大黏度时开始凝固，直到完全凝固成弹性极强的胶体为止。

（3）转色阶段　此阶段的蛋清呈深黄色透明胶体状，蛋黄凝固层厚度增加到 5～10mm（鸭、鸡蛋）或 5～7mm（鹌鹑蛋），转色层分别为 2mm 或 0.5mm，蛋清含碱量降低到 3.0～5.3mg/g。如果含碱量超过这个允许值范围，就会出现凝固蛋清再次变为深红色水溶液的情况，使蛋成为次品。这时的物理化学变化是蛋清、蛋黄均开始产生颜色，蛋白胶体的弹性开始下降。这是因为蛋白质分子在 NaOH 和水的作用下发生降解，反应的结果是使蛋白胶体的颜色由浅变深。

（4）成熟阶段　蛋清全部变成褐色的半透明凝胶体，蛋黄凝固层变成墨绿色或多种色层，中心呈溏心状。全蛋具备了松花蛋特殊风味。此时蛋内含碱量为 3.5mg/g。

（二）原辅料的选择

1. 原料蛋

皮蛋加工原料主要是鲜鸭蛋，也可用鸡蛋和鹌鹑蛋。原料蛋在加工皮蛋之前应逐个进行感官鉴定、灯光照检、敲检和分级等加以挑选。

2. 辅料选择

（1）生石灰　化学名称为氧化钙。作用是与纯碱在水溶液中反应生成氢氧化钠，促进蛋白质凝固。加工皮蛋时，生石灰的用量要适度。若生石灰用量过多，不仅造成浪费，还会使成品形成较浓的苦涩味；用量过少，反应生成的氢氧化钠浓度达不到实际需要，从而影响皮蛋的凝固和收缩。

（2）纯碱　化学名为无水碳酸钠，是加工松花蛋的主要辅料之一。纯碱的作用在于它能与熟石灰产生化学反应，生成氢氧化钠和碳酸钙。纯碱用量的多少直接影响皮蛋的质量和成熟期。纯碱用量太少，皮蛋的成熟期长，甚至不能形成皮蛋；用量过多，成熟期缩短，还可能出现伤碱、烂头等次劣皮蛋。

(3) 食盐　食盐主要为了能改善松花蛋的风味，减弱其辛辣味，加快蛋的化清（盐析作用），促进蛋黄形成溏心，并能抑制有害微生物的活动和繁殖。但食盐用量不可过多，过多时蛋白的凝固力差，蛋黄发硬。

(4) 茶叶　加工皮蛋使用茶叶的目的：一是增加皮蛋的色素，二是提高皮蛋的风味，三是茶叶中的单宁能促使蛋白凝固。加工皮蛋一般选用新鲜红茶末。

(5) 添加剂　皮蛋加工时添加微量元素，目的是加速蛋白质的凝固和防止"伤碱"。过去常使用氧化铅，但铅是重金属元素，长期食用对人体会造成慢性中毒。目前加工溏心皮蛋，已采用氧化锌、硫酸锌或硫酸铜等代替氧化铅。

(6) 烧碱　化学名为氢氧化钠，又称火碱。为白色固体，它能代替纯碱和石灰。利用一定浓度的氢氧化钠溶液浸泡原料蛋，即可简化加工工序，又能缩短成熟期，提高皮蛋的成品率。但用烧碱加工皮蛋时，氢氧化钠的浓度偏高或浸泡的时间过长，都会使成品的碱味重，甚至造成产品烂头等劣质现象。

(7) 草木灰　包括桑树灰、桐壳灰、豆秆灰、棉壳灰等。主要含有碳酸钠和碳酸钾等成分，是加工彩蛋不可缺少的辅料，也有辅助蛋白凝固的作用。

(8) 黄泥　为保证松花蛋的质量，防止破损，成品出缸后，需包上含有汤料的黄泥，表面再滚上一层稻壳以防止粘连。黄泥要求质匀、干燥、无异味，谷壳要求色佳、不霉，配料需要用干净的凉开水调匀。

（三）加工方法

松花蛋的加工方法各地不同，但各种方法大同小异，所用材料基本相同，概括起来有浸泡法（溏心皮蛋加工方法）、包泥法（硬心皮蛋加工方法），以及浸泡包泥法（又称兼用法）。

1. 浸泡包泥法

浸泡包泥法即先用浸泡法腌制成溏心皮蛋，再用含有汤料的泥巴包裹、装箱、密封保存的方法。

(1) 工艺流程

配料→熬料（冲料）↓

原料蛋选择→照蛋→敲蛋→分级→装缸→灌料泡蛋→质检→出缸→洗蛋→晾蛋→质检→分级→包蛋→成品

(2) 操作要点

①料液配方：配料标准随地区和季节的不同而有所差异，主要是生石灰和纯碱的用量有所不同。各地加工溏心皮蛋的料液配方见表 3－5。

表 3－5 各地加工 100kg 溏心皮蛋的料液配方 单位：kg

辅料	北京	上海	广州	天津	四川	湖南	湖北	浙江	江苏	山东
沸水	100	100	100	100	100	100	100	100	100	100
纯碱	7.2	5.45	6.5	7.5	7.5	6.5	6.1	6.25	5.3	7.8
生石灰	28	21	24	28	25	30	27	16	21.1	29
氧化铅	0.75	0.42	0.25	0.3	0.4	0.25	0.3	0.25	0.35	0.5
食盐	4.0	5.45	5	3	5.2	5.0	4.7	3.5	5.5	2.8
红茶末	3.0	1.3	2.5	3	2.5	2.5	3.5	0.63	1.27	1.13
松柏枝	0.5									0.25
柴灰	2.0	6.4	5		6.8	5.0	6.0	6.0	7.63	1.0
黄土	1.0									0.25

注：引自《食品加工工艺学》，王颉，2005 年

配料方法：先将纯碱、茶叶末放在缸底后，再把开水倒入缸中，随即放入碾细过筛的硫酸锌或硫酸铜，充分搅拌后再逐渐放入生石灰，最后加入食盐，搅拌均匀，凉后待用。

②装缸与浸泡：将经过挑选合格的原料蛋横着装入缸内（缸底先铺一层清洁的稻草，以防蛋碰损），最上层应离缸口 10cm 左右，以便封缸。

将冷却至 25℃左右的料液充分搅拌，慢慢沿缸壁灌入缸内，直至蛋全部被料液淹没为止。灌料后记录缸号、蛋数、泡蛋日期、料液浓度、预计出缸日期等，以便检查。

③成熟：灌料后即进入腌制过程，腌制开始至皮蛋成熟，这段时间的技术管理工作关系到成品质量的好坏。首先严格控制室内和缸内温度，一般控制在 20 ~ 24℃。灌料数天后，室内温度可提高到 25 ~ 27℃，以便加速料液向蛋内渗透，促进成熟。待浸渍 15d 左右，温度可稍降低，以减缓料液进入蛋内，缓和变化过程；其次是勤观察，勤检查。一般进行 3 次重点检查。

第一次检查：在鲜蛋装缸 5 ~ 10d（夏季 25 ~ 30℃，5 ~ 6d；冬季 15 ~ 20℃，7 ~ 10d）后进行，这时的蛋白已基本凝固。检查时取三枚蛋，在灯光下透视，如发现 1 枚类似鲜蛋的黑贴壳蛋，2 枚红贴壳蛋，或者 3 枚都是类似黑贴壳蛋，说明凝固良好，料液中氢氧化钠浓度适宜。如果还像鲜蛋一样，说明料液中碱浓度太低，要及时补料，调整料液浓度。如果 3 枚蛋样全部发黑，说明料液碱度过浓，要加些冷红茶水或轻料掺兑，冲淡碱的浓度，也可提早出缸。

第二次检查：在鲜蛋装缸后 20d 左右进行。检查方法是剥开几个蛋观察，如蛋白凝固成青褐色或褐黄带青，表面光洁，透明或半透明，蛋黄部分凝固，变成褐绿色，说明情况正常。

第三次检查：在装缸后 30d 左右进行，以确定出缸时间。检查时剥去蛋壳，

如发现蛋白烂头黏壳、发红，说明料液碱性太强，需要提前出缸；如果蛋白柔软，不坚实，蛋黄溏心较大，说明料液碱性较低，需延长浸泡时间。

④出缸：成熟的皮蛋在手中抛掷时有轻微的弹颤感；灯光透视时蛋呈灰黑色，蛋小头端呈红色或棕黄色；剖开检查时，蛋白凝固良好、光洁、不黏壳，呈墨绿色，蛋黄呈绿褐色。鸭蛋经抽样检验成熟后，便可出缸，用凉开水冲洗干净后晾干。

⑤检验：晾干后皮蛋进行品质检验。检验方法主要以感官检验为主，即“一观、二掂、三摇、四照”的方法进行检验。

“一观”即观察蛋壳是否完整，壳色是否正常，将破损蛋、裂纹蛋、黑壳蛋、较大的黑色斑块蛋剔出。

“二掂”即拿起一枚成品蛋，向上轻轻抛起 2 ~ 3 次，若掂到手里有震颤和沉甸甸的感觉为优质蛋，微有弹性者为无糖心（死心）蛋，无弹性者需进一步用手摇法鉴别。

“三摇”即用手捏住蛋的两端，在耳边上下左右摇晃 2 ~ 3 次，听其有无水响声或撞击声，若有水响声者则为劣质水响蛋。

“四照”即用灯光透视，照蛋时若照出皮蛋大部分呈黑色（墨绿色），蛋的小头呈黄棕色或微红色即为优质蛋。若蛋内大部分或全部呈黄褐色并有轻微移动现象，即为未成熟的蛋，蛋白过红的皮蛋多为伤碱蛋，皮蛋的一端呈深红色，即为烂头蛋。

经过上述方法鉴定出的优质蛋或正常合格蛋，根据个头大小，按有关分级标准进行分级装篓，以备包泥。

⑥涂泥包糠：经出缸检验后的皮蛋要及时涂泥包糠。作用是：保护蛋壳以防破损，因为鲜蛋经过浸泡后，蛋壳变脆易破损；延长保存期，防止皮蛋接触空气而变黄，以及污染细菌而变质；促进皮蛋后熟，增加蛋白硬度，尤其对高温需提前出缸而蛋白尚软、溏心较大的皮蛋，更需涂泥包糠。

⑦装箱、储存：包好泥的蛋要及时装箱、密封，以保持包料湿润，防止干裂脱落，然后入库储存。春秋储存期不超过 4 个月，夏季不超过 2 个月。

2. 包泥法

直接用料泥包裹鲜蛋，再经滚稻壳后装缸、密封，待成熟后储存的方法。硬心皮蛋的加工采用此法。

（1）工艺流程

配料→制料→起料→冷却→打料→验收
↓
照蛋→靠蛋→分级→搓蛋→钳蛋→装缸→质检→出缸→选蛋

（2）操作要点

①配料：包泥法多在春、秋两季生产，不同地区不同季节其配方有差异。各地加工硬心皮蛋的料液配方见表3－6。

表3－6　全国各地加工100kg硬心皮蛋的配方　单位：kg

辅料	北京	上海	四川	湖南	浙江	江苏	安徽
沸水	43	33.6	41.5	43	40	43.4	35.0
纯碱	2.3	1.7	2.9	2.6	1.75	2.2	1.43
生石灰	9	6.4	10.5	12	7.5	10	8.75
食盐	3.2	2.1	2.8	3	1.88	3.6	3.0
红茶末	2	0.7	2	2.5	0.56	0.5	2.25
柴灰	26	20	28	30	22.5	25	22

注：引自《食品加工工艺学》，王颉，2005年

配制方法：先将红茶末放入锅内，加水煮沸，再将石灰投入茶汁内，待石灰溶解80%左右时，加入纯碱和食盐。当石灰全部溶解后，将杂质、石灰渣除去，并按量补足石灰。将草木灰倒入搅拌机内，再将含碱、盐、石灰的茶汁倒入，充分搅拌至料泥细腻、均匀。在使用料泥时，每隔1h左右翻动一次，以使料泥均匀、碱性一致。

②验料：配制好的料泥必须经过检验，在生产中，验料有三种方法：简易测定法、杯样测定法和化学分析法。

③搓、钳蛋：每枚蛋用料泥30～35g。用双手合拢搓，使蛋裹满料泥，要求薄厚均匀不露壳。搓好后将蛋裹上一层糠壳。

④装缸密封：包好泥后，将蛋整齐装入缸中，装至距缸口7cm左右时，停止装缸。缸装满后送入仓库，用塑料膜封口，贴上标签，在17～25℃的温度下放置，使其成熟。

⑤抽样检查：第一次抽样时间，春秋季（室温15～21℃）在第5～6天，冬季（室温5～10℃）在第22天，夏季（室温26～35℃）在第9天。当蛋接近成熟时，要经常抽样检查，春季60～70d，秋季70～80d即可出缸。

⑥包装、保藏：经检验合格的皮蛋，装入缸内或箱内密封保藏。皮蛋装箱后储存的仓库应干燥、阴凉、无异味，室温以15～20℃为宜。

（四）质量标准

1. 感官指标

组织状态：优质皮蛋外包泥应均匀、完整、湿润、无霉变，蛋白呈凝固半透明状，有弹性。溏心皮蛋蛋黄呈半黏胶状，中心处为凝固硬心；硬心皮蛋的蛋黄应凝固而中心处可有少量溏心。

色泽：蛋白呈棕褐色或棕黄色半透明状，有松花花纹；蛋黄呈深、浅不同的墨绿色、茶色、土黄色和褐色。

滋味和气味：具有皮蛋应有的滋味，无其他气味。

2. 理化指标（表3－7）

表3－7　松花蛋理化指标

指　标	溏心皮蛋	硬心皮蛋
碱度	10°	15°
水分	68%～70%	68%～70%
蛋白质	12%	12%
含油量	≥12%	≥12%
食盐	0.5%～2%	1.5%～2%
游离脂肪酸	≤5.6%	≤5.6%
灰分	2%	2%
铅	≤3mg/kg	≤3mg/kg

注：引自《畜产品加工》，孔保华，2008年

三、咸蛋加工技术

咸蛋又称盐蛋、腌蛋、味蛋等，是一种风味特殊、食用方便的再制蛋。咸蛋的加工方法简单、费用低廉、风味特殊、食用方便。

（一）加工原理

咸蛋主要是将鸭蛋或鸡蛋用食盐腌制而成。腌制咸蛋的过程，就是食盐通过蛋壳气孔、蛋壳膜、蛋白膜向蛋内进行渗透和扩散的过程。而蛋中的水分通过渗透，也不断向外渗出，移入泥料或食盐水溶液中。当蛋液里所含盐分增高，渗透压大到与泥料或盐水中的渗透压基本接近时，渗透和扩散作用也将停止。

1. 食盐在腌制中的作用

（1）食盐具有防腐作用，盐分渗透到蛋内后产生很大的渗透压，使微生物细胞脱水和产生质壁分离，造成细菌不能进行生命活动，甚至死亡，从而防止咸蛋的腐败。

（2）食盐可降低蛋内蛋白酶的活性，使微生物产生蛋白酶的能力降低，从而延缓了蛋的腐败变质速度。

（3）食盐的渗入，增加了禽蛋的性状和风味特点，使产品更适合人们的口味。

（4）食盐使蛋黄中的蛋白质产生凝固作用，将蛋黄中的脂肪集聚于蛋的中心，使蛋黄出油。

2. 腌蛋的用盐量

腌制盐蛋的用盐量，因地区、习惯不同而异。使用高浓度的盐溶液时，渗透压大，水分流失快，味过咸而口感差；用盐量低于7%则防腐能力较差，同时，浸渍时间延长，成熟期推迟，营养价值降低。总之，用盐量过多，有碍成品风味，过少则达不到防腐目的。若以蛋的质量计，用盐量一般以9%～12%为宜。

（二）原辅料的选择

1. 原料蛋

加工咸蛋的原料主要为鸭蛋，有的地方也用鸡蛋或鹅蛋来加工，但以鸭蛋最好，主要是鸭蛋中的脂肪含量较高，蛋黄中的色素含量也较多，加工出的咸蛋蛋黄油润鲜艳，成品风味好。加工的原料蛋必须经过检验和挑选，剔除不符合加工要求的次劣蛋。

2. 食盐

盐是咸蛋加工的主要辅料，加工用食盐应符合食用食盐的卫生标准，要求白色、咸味、无可见的外来杂物；无苦味、涩味、无臭味。

3. 黄泥和草灰

这两种辅料主要用来和食盐调成泥料或灰料，使其中的食盐能够长期且均匀的向蛋内渗透，同时可有效阻止微生物向蛋内侵入。黄泥应选用干燥、无杂质、无异味的。草灰应选择干燥、无霉变、无杂质、无异味、质地均匀细腻的产品。

4. 水

加工咸蛋使用的水，应符合饮用标准的净水，采用开水、冷开水以保证产品质量。

（三）加工方法

咸蛋的加工方法很多，主要有草灰法、黄泥法和盐水法等。这些加工方法的原理相同，加工工艺相近。

1. 草灰法

草灰法又分为提浆裹灰法和灰料包蛋法两种。

（1）提浆裹灰法工艺流程

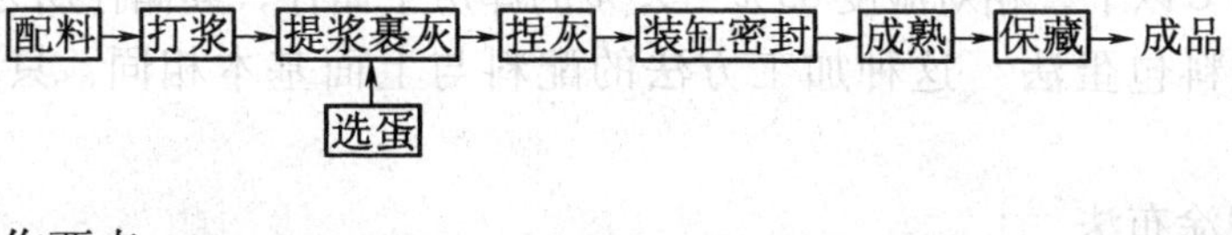

（2）操作要点

①配料：配料标准要根据内外销区别、加工季节和南北方口味不同而适当调整。各地加工咸蛋的料液配方见表3－8。

表 3-8　全国各地在不同季节加工 1000 枚咸蛋的配料比例　单位：kg

加工地区	加工季节	使用的辅助材料		
		草木灰	食 盐	水
四 川	11 月~次年 4 月	25	8	12.5
	5 月~10 月	22.5	7.5	13
湖 北	11 月~次年 4 月	15	4.25	12.5
	5 月~10 月	19.5	3.75	12.5
北 京	11 月~次年 4 月	15	4.3~5	12.5
	5 月~10 月	15	3.8~4.5	12.5
江 苏	春季、秋季	20	6	18
浙 江	春季、秋季	17~20	5~6	15~18

注：引自《食品加工工艺学》，王颉，2005 年

②打浆：打浆之前，先将食盐溶于水，再将草灰分批加入，用打浆机搅打成灰浆不流、不起水、不成块、不成团下坠，放入盆内不起泡的灰浆。制好灰浆后，次日即可使用。

③提浆、裹灰：将选好的蛋用手在灰浆中翻转一次，使蛋壳表面均匀粘上一层 2mm 厚的灰浆，然后将蛋置于干稻草灰中裹草灰，裹灰的厚度为 2mm 左右。裹灰太多，影响腌制成熟的时间；裹灰太薄，易造成蛋间的粘连。裹灰后将灰料用手压实、捏紧，使表面平整、均匀一致。

④捏灰：裹灰后要捏灰，即用手将灰料压在蛋上。捏灰要松紧适宜，滚搓光滑，厚度要均匀一致。

⑤装缸密封：经裹灰、捏灰后的蛋应尽快装缸密封，在装缸时，必须轻拿轻放，防止操作不当使蛋外的灰料脱落或将蛋碰裂而影响产品的质量。

⑥成熟与储存：咸蛋腌制成熟的速度与食盐的渗透速度有关，而食盐的渗透速度主要受环境温度的影响。当气温较高时，食盐在蛋内的渗透速度快，腌制咸蛋的时间短。咸蛋的成熟期在夏季为 20~30d，在春秋季节为 40~50d。咸蛋成熟后，应在 25℃以下，相对湿度 85%~95%的库房中储存，其储存期为 2~3 个月。

（3）灰料包蛋法　这种加工方法的配料与上面基本相同，只是加水量少一些。

2. 盐泥涂布法

（1）配料　鸭蛋 1000 枚，食盐 6~7.5kg，干黄土 6.5kg，冷开水 4~4.5kg。

（2）操作要点

①将食盐放入容器内，加冷开水溶解；

②将经过晒干、粉碎后的黄土细粉加入，搅拌使其调成浆糊状的泥料；

③将挑选好的鸭蛋放入泥浆中，使蛋壳全部粘满盐泥；

④将粘满泥的鸭蛋取出滚上一层干草灰入缸成熟。成熟期，夏季为25~30d，春、秋季为35d左右，冬季为45d左右。

3. 盐水浸泡法

(1) 配料 冷开水80kg，食盐20kg，花椒、白酒适量。

(2) 操作要点

①将食盐用开水溶解，盐水的浓度为20%左右。在再溶解后的食盐水中放入花椒、白酒即可；

②当溶液冷却至20℃左右时，将蛋放入腌制，并用竹片将蛋压实，以防上浮；

③在25℃情况下腌制20d左右即可成熟。浸泡腌制时间最多不能超过30d，否则成品太咸且蛋壳上出现黑斑。

(四) 质量标准

蛋壳：咸蛋蛋壳应完整、无裂纹、无破损、表面清洁。

蛋白：蛋白纯白、无斑点、细腻。

蛋黄：色泽红黄，蛋黄变圆且黏度增加，煮熟后黄中起油或有油析出。

滋味：咸味适中，无异味。

任务四 水产品加工技术

一、水产品原料的特性

水产品是指以水产动植物为原料经加工得到的产品。水产品加工原料种类繁多，主要包括鱼类、贝类、甲壳类和藻类。其中鱼类有3000多种，虾类300多种，蟹类600多种，贝类700多种，头足类90多种，藻类1000多种。随着科学技术的不断进步，水产品的加工种类越来越多样化，如鱼糜制品、冷冻制品、藻类制品、罐制品等。从水产品加工的角度来看，水产原料具有以下特性。

1. 水产原料的多样性

水产加工原料范围非常广，不仅有动物，而且有植物，个体大小和具体形态千差万别，导致水产加工原料的多样性。我国主要海产经济动植物有700多种，如鱼、乌贼、虾、蟹、贝、海参、海蜇等，仅海鱼就有200多种可加工食用。此外，淡水养殖业约占水产原料的50%，可供加工的有草鱼、鲢鱼、鲤鱼、青鱼、鲫鱼等几十种。

2. 水产资源的多变性

由于原料种类多，其化学组成和理化性质受到栖息环境、大小、季节和产卵等因素的影响而发生变化，这就是原料成分的不稳定性，即多变性。

水产品的多变性，主要指渔获量的多变性及种类构成的多变性。

鱼、贝类的再生产受季节、渔场环境、生态、海潮、气象等外因支配相当大，很难进行有计划的生产，使水产业在很大程度上受外界因素影响，特别是人为捕捞因素引起种群数量的变动。

3. 鱼体大小、部位对成分的影响

水产品肉的组成因年龄、大小、部位而异。鱼体部位不同，脂肪含量有明显的差别，脂肪一般是腹部、颈部肉含量多，背部、尾部肉含量少，水分的含量则相反。

鱼体中除普通肉外，还有暗红色的肉称为血合肉。同一鱼体部位不同血合肉比例也不相同，越是接近尾部血合肉比例越大。与普通肉相比，血合肉一般组成具有脂肪含量高和蛋白质含量较少的特点，同时，血合肉还含有B族维生素和矿物质Fe，因此，血合肉总体上比普通肉富于营养。

4. 不同季节鱼体成分的变化

水产动物的生长、栖息和活动都有一定的规律性，受到气候、食物和生理活动等因素的影响，因此一年中鱼类有一个味道最佳的时期。洄游鱼类在索饵洄游时，鱼体肥度增加，肌肉中脂肪含量增加，鱼肉味道鲜美。鱼体脂肪含量在产卵后迅速降低，风味亦随之变差。

贝类中牡蛎的蛋白质和糖原含量亦随季节变化，在冬季含量最多时，味最鲜美。

5. 容易腐败变质

水产原料一般含有较高的水分和较少的结缔组织，极易因外伤而导致细菌的侵入，另外，鱼类在渔获后并不立即清洗处理，常常带着容易腐败的内脏和鳃等运输。鱼类在渔获时容易死伤，而且鱼体组织比陆生动物的弱，外皮薄，鳞片易脱落，易感染；鱼体表面被覆的黏液是细菌的良好培养基；同时，由于鱼、贝类是生活在水环境中的变温动物，导致鱼、贝类的蛋白质与脂肪极不稳定，这些都是鱼类容易发生腐败的原因。

二、鱼贝类冷冻加工技术

水产冷冻制品加工，就是将新鲜的水产品在－25℃低温条件下完成冻结，再置于－18℃以下冷藏，以阻止、抑制微生物的生长繁殖和酶的活动，延长保藏期，以保持原有生鲜状态的加工保藏方法。

（一）水产品冷冻保藏原理

1. 冷冻保藏原理

水产品的腐败变质，主要是由于一些微生物的活动和水产品体内各种酶所进行的生物化学反应所造成的。由于水产品没有生命力，在保藏时它们的细胞都死亡了，易受到酶及微生物的作用，造成水产品的腐败变质。但任何酶及微生物要发生作用，都需要有适当的温度和水分等条件，环境不适宜，微生物的活动就会停止或死亡，酶的活性也会降低或破坏。如果把水产品放在低温（-18℃以下）条件下，微生物和酶的作用就变弱。当水产品冻结时，生成的冰结晶会破坏微生物细胞，使微生物丧失活力而不能繁殖，酶活性受到严重抑制，水产品的生化反应就会变慢，因此它就可以较长时间的保藏而不会腐败变质。

2. 鱼贝类冷冻方法

鱼贝类的冻结方法很多，一般有空气冻结、盐水浸渍冻结、平板冻结三种。

（1）空气冻结　是利用空气作为介质冻结鱼类。在冻结过程中，冷空气以自然或强制对流的方式与水产品换热。由于空气的导热性差，与食品间的换热系数小，故所需的冻结时间较长。但是空气资源丰富，无任何毒副作用，因此，用空气作介质仍是目前应用最广泛的一种冻结方法。

（2）盐水浸渍冻结　是将鱼类等放入冷却盐水或丙二醇等溶液进行直接接触的一种冻结法。盐水有氯化钠溶液或氯化钙溶液。水产品的盐水浸渍冻结分为直接接触和间接接触两种。

（3）平板冻结　是将物料放在低温金属冻结板之间压紧进行热交换的一种接触式冻结方法。冻结装置由多数可以移动调节间距的金属平板组成，板内通以制冷剂（或冷却盐水）使之循环。冷却温度可降至-40～-25℃，冻结时板间压紧间距为5～10cm。常用的平板冻结机分为立式和卧式两种。

3. 鱼贝类在冻藏期间的变化

（1）干耗　水产品在冻藏过程中，因水分蒸发和冰晶升华，造成食品的质量损失，俗称“干耗”。食品发生干耗时不仅质量损失，表面会出现干燥现象，食品的品质也会下降。

防止干耗可采取镀冰衣、包装、降低冻藏温度等措施。

（2）冰结晶增大　冻结水产品中存在着大小不同的冰晶。在冻藏过程中，冰结晶周围的水或水蒸气会向冰结晶移动，小冰晶的水蒸气也会不断地向大冰晶迁移，附着并冻结在它上面。结果导致冻结水产品中微细的小冰晶逐渐减少、消失，而大的冰晶越长越大，整个冰结晶数量大大减少，这种现象称为冰结晶增大。由于冻藏期间的温度波动，使冻结水产品细胞内一部分冰晶融化，水分透过细胞膜向细胞间隙迁移并冻结在间隙中的冰晶上。

防止冰结晶增大，一般可采用低温快速冻结，使水产品中的水分冻结成较均匀的微细冰晶，同时在保藏过程中尽量避免温度的波动。

（3）色泽变化　鱼、贝类一经冻结，其色泽有明显变化，冻藏一段时间后，更为严重。如黄花鱼的姜黄色变成灰白色，乌贼的花斑纹变为暗红色，鳕鱼的褐变，虾类黑变。鱼贝类变色的原因包括自然色泽的分解和新的变色物质的产生两个方面。变色不仅使鱼体外观不佳，而且会产生臭气，失去香味，营养价值下降。

防止鱼、贝类色泽变化一般使用纯天然抗氧化剂浸泡水产品。

（4）脂肪氧化　冻藏过程中，不饱和脂肪酸将导致脂肪的氧化变质。脂肪氧化改变了鱼体的组织、水合能力、颜色、风味等一系列营养特性。鱼类体内脂肪在酶的作用下水解为游离的不饱和脂肪酸，在低温条件下也保持液体状态。在长期冻藏中，脂肪酸往往在冰的压力下，由内部转移到表层，极易同空气中的氧气作用，产生酸败。

防止脂肪氧化的方法就是避免和减少与氧的接触，适当降低保藏温度以及使用抗氧化剂。

（二）鱼贝类冷冻的加工工艺

1. 冻鳝鱼片

黄鳝是淡水鱼中食用价值较高的鱼类之一。其肉质细嫩，味道鲜美，营养价值较高，捕获季节大多在 5～7 月间，活鳝经剖杀、切片、冷冻加工成冻鳝鱼片。

（1）工艺流程

原料的选择→洗净→剖杀→去头、骨、尾、内脏→沥血→称重→装盘→速冻→装袋→冷藏

（2）操作要点

①原料的选择：每条活鳝鱼质量要求在 25g 以上，收购后的鳝鱼集中放入水缸或水泥池内，勤换清水，清除污染及杂物。加工前的鳝鱼必须经过一天的暂养，让其自行消除腮内泥沙及表面污物，然后再进行加工。

②冲洗：将漂洗后的鳝鱼放入干净的竹筐内，用清水进行冲洗，清除鱼体上的黏着物。并用水洗涮台面和工具。

③剖杀：将鳝鱼摔晕，用铁钉插入鳝鱼眼睛的位置，将鳝鱼侧置，背朝加工者一方，然后固定在剖凳上，加工者左手压住鳝体，右手握刀从颈部横切至脊椎骨，然后沿着脊椎骨用刀划拉至尾端，再把鳝体摊开。

④去头、骨、尾、内脏：用刀平割脊骨，刮去内脏等废弃物，切去头、尾，使鳝体成为背剖的长条鳝片。

⑤沥血：将剖好的鳝片放入干净的箩筐内，沥去大部分血水，沥血时间一般为 15～30min。

⑥称重：将沥去血水后的鳝片依次过磅称重，每份 250g 或 500g（按市场要

求定）。

⑦装盘：称量好的鳝片平放在冻盘内（冻鱼盘规格为180mm × 90mm × 30mm），要求冻盘底部的鳝片背朝下，冻盘上部的鳝片背向上，装盘时还需检查，除净残余的内脏杂物。

⑧速冻：鱼盘要及时送进速冻库，库温保持在－25℃以下，冻品中心温度要求在20h内达到－15℃以下。如能采用平板冻结机或低温速冻柜，速冻时间可减少在4h内完成，有利于提高产品质量。

⑨装袋：速冻完毕后，带水脱盘，镀冰衣，检查合格后，装入塑料袋，用封口机封口后装入纸箱，纸箱上下各垫一块瓦楞纸，随装随打包，箱外表面刷上产品名称、规格、毛净重、生产日期、厂商名等内容。

⑩冷藏：装箱后的冻鳝片即为成品，如不立即出厂，应迅速放入－18℃以下的冷藏库，进行保藏，保藏期不超过10个月。

（3）质量要求

①质量指标：每块鳝鱼片净重允许公差为±3%，但平均质量不能低于标准重。

②感官指标：鳝鱼冻结坚硬，排列整齐，外表带血色，呈活鲜鱼表皮自然颜色，肌肉组织弹性好，无异味。

③理化指标：挥发性盐基氮≤15mg/100g。

2. 冷冻扇贝柱

扇贝含有丰富的呈味氨基酸，具有独特风味，是我国传统的海珍品之一。

（1）工艺流程

原料验收→清洗→剥肉→去内脏、膜→杀菌→沥水→洗肉→分级→杀菌→冻结→脱盘→镀冰衣→称量→包装→冻藏

（2）操作要点

①原料验收、清洗：原料采用鲜活的扇贝，用清洁海水将原料中的泥沙冲洗干净，原料运到剥肉车间后再用清洁的海水或淡水冲洗一遍，以减少开壳时细菌污染的机会。

②剥肉及去内脏、膜：剥肉时刀从足丝孔伸入，紧贴右壳把闭壳肌切断翻转，摘掉右壳，用刀挑起外套膜和内脏，并用手捏住从闭壳肌上撕下，然后将附着在左壳上的闭壳肌切下。刀口要平滑，不允许闭壳肌切成两半而影响闭壳肌形态的完整性。

③杀菌：将剥出的扇贝肉回收后装入箱或笼子里进行杀菌处理，并不断搅拌使杀菌液与扇贝肉充分接触。杀菌液表面要尽量布满碎冰以控制杀菌液的温度。当杀菌液混浊到看不清容器底时需更换，以保证杀菌效果。

④洗肉：将杀菌沥水后的贝肉立即送至洗肉工序操作台。先用2%～3%的冰

盐水初洗，边洗边用镊子摘除闭壳肌上残留的外套膜、内脏及黑线等，然后用清水冲洗干净，沥水后进入分级工序。

⑤分级：按要求将贝肉粒按大小分级，在分级时剔除不合格或变质的贝肉。将分级后的贝肉放入笼或箱中再次进行杀菌洗涤。

⑥冻结：杀菌洗涤后的贝肉放入清洗消毒过的盘上，要求贝肉不相连，呈单体状。速冻要求在 -28℃条件下，贝肉中心温度达 -25℃。

⑦脱盘、镀冰衣：冻结后的贝肉放入清洁冷水中浸渍镀冰衣。

⑧称量、包装：将称量后的冻结贝肉用聚乙烯袋包装。

⑨冻藏：将包装好的成品装箱后送入 -18℃或 -20℃的冷库中冷藏。

（3）质量要求　冻扇贝柱水分在82%以下，蛋白质在14%以上。

三、鱼糜制品加工技术

鱼糜，即鱼肉泥，将原料鱼洗净，去头、去内脏，采取鱼肉，加入2%～3%的食盐进行擂溃或斩拌所得的非常黏稠的肉糊。

鱼糜制品是指在鱼肉中加入食盐，擂溃后加调味辅料混合均匀，经加热使其凝固，形成富有弹性的具有一定形状、风味的水产加工品。

鱼糜制品的种类繁多，按其形状有鱼丸、鱼糕、鱼卷、鱼饼等；按产品加热方法可分为水煮类、蒸煮类、油炸类、焙烤类；按包装形式分为灌肠类、带板不带板之分。

鱼糜制品加工特点：

①原料来源丰富，不受鱼种、大小的限制，能就地及时的处理旺季的渔获物，从而保证原料的鲜度，有利于防止蛋白质变质。

②可按消费者的爱好，进行不同口味的调制，形状可以任意选择，产品的外观、滋味、质地与原料鱼皆不相同。

③鱼糜制品营养价值高，原料鱼在加工过程中将鱼中原有的营养成分很好的保存下来，并加入了蔬菜或畜产品原料，成为营养价值较高的产品。

（一）鱼糜制品的原辅料

1. 原料

鱼糜制品的加工原料，我国主要采用海产梅童鱼、白姑鱼、马鲛鱼、海鳗等鱼类。

2. 辅料

（1）油脂　鱼糜制品中使用油脂一种是作为配料用，另一种是对鱼糜进行加热处理。在鱼糜中加入油脂，可以改变制品的味觉和口感，使制品具有滑润、柔软感，同时增进食品的营养价值。

（2）淀粉　鱼糜制品中常用的淀粉有马铃薯淀粉、小麦淀粉、玉米淀粉、山芋淀粉。添加淀粉主要是增加鱼糜制品的弹力，同时也可以作为一种增稠剂。

（3）植物蛋白 鱼糜制品中常用的有大豆蛋白和小麦蛋白。植物蛋白主要增加鱼糜制品的弹性。

（4）蛋清 鱼糜制品中添加蛋清后弹性会显著增强，但添加量以10%为宜，加量过多不仅弹性增强效果降低，还会有蛋清味而有损鱼糜制品风味。

（5）明胶 添加量一般为3%～5%。鱼糜制品中添加明胶，能填满肌肉纤维的间隙，增加断面的光泽，切薄片时不易发生断裂。

（6）糖类 鱼糜制品中用糖，可缓冲咸味，同时有防腐、去腥、解腻、改善风味，并可增强蛋白质保水性的特点。

（7）食盐 作为咸味剂，可赋予制品弹性的功能，添加量一般为鱼糜量的2%～3%。

（8）料酒 可除鱼腥味，并能使鱼肉产生一种鲜美、醇香的味道。

（二）鱼糜制品的加工工艺

鱼糜制品种类虽然很多，但其加工工艺过程基本相同，原料鱼经过采肉、漂洗、脱水、精滤后，添加食盐及其他辅料，经过擂溃、成型、加热后即为制品。也可用冷冻鱼糜为原料，解冻后经擂溃、成型、加热制成鱼糜制品。

1. 鱼丸类

我国的鱼糜制品以鱼丸为代表，北方大多制成油炸鱼丸，南方的鱼丸品种较多，按加热方法，有水汆和油炸之分。鱼丸可用鲜鱼糜或冷冻鱼糜加工而成。优点是原料鱼广泛，生产过程已机械化，制品风味独特，无骨刺，无鱼腥味，便于调理成型。以水发鱼丸为例，来说明鱼糜制品的生产工艺。

（1）配方 鱼肉50kg，食盐0.9～1kg，味精0.4kg，砂糖0.5kg，淀粉3～5kg，蛋清2.5kg，黄酒1kg，姜汁适量，凝胶增强剂为鱼肉质量0.3%～0.4%，肥肉4%，胡椒粉0.2%～0.4%，水量10%～20%。

（2）工艺流程

原料鲜鱼→预处理→洗净→采肉→漂洗→脱水→精滤→擂溃→调料→成型→水煮→冷却→包装

或 冷冻鱼糜→半解冻→切碎→擂溃→调料→成型→水煮→冷却→包装

（3）操作要点

①原料：为确保鱼丸的良好质量，应选用含脂量较低和白色鱼肉比例较高，富有弹性的鱼种，如海鳗、马鲛鱼、梅童鱼、鱿鱼、乌贼等海水鱼以及草鱼、鲢鱼等淡水鱼。

②预处理、洗净：鲜鱼去鳞、内脏、头后，用清水洗净血污、杂质。

③采肉：用鱼肉采取机采肉，大鱼先剖片再采肉。

④漂洗：漂洗是去除部分影响鱼糜白度及对制品弹性形成有影响的物质，如血液、脂肪、水溶性蛋白酶、无机盐、腥臭物质等。

⑤脱水：鱼肉漂洗后含有大量的水分，经螺旋压榨脱水机进行脱水，使鱼肉脱水后的水分含量在78%~79%的标准，水分过高，影响产品质量，水分过低，影响产品产量。

⑥精滤：脱水的碎鱼肉中，还含有部分细刺、筋膜、碎皮等杂物，需再经精滤机精滤。

⑦擂溃：擂溃是鱼糜加工中很关键的工序，直接影响鱼丸的质量。一般采用真空擂溃机，先进行空擂；再加入2%~3%的精盐盐擂；然后再按序加入5%~12%淀粉及其他调味料，期间按规定的20%~40%水量分次加入，以擂溃至所需的黏稠度。整个擂溃时间控制在20~30min。

经过擂溃的鱼肉更加细致、均匀，使鱼糜制品更富有弹性，口感好。

⑧调料：根据配方比例调配原辅料。调味料应选用颜色浅的，酱深色的不用。

⑨成型、水煮：经擂溃配料后的鱼糜盛于洁净的盘中，进行成型。成型方法主要有机器成型和手工成型两种，手工成型时先将鱼丸挤入一盘清水中（一般8~16g/丸），呈半浮半沉状态，然后把鱼丸捞起置于沸水中（90~95℃）进行烧煮5~10min，使鱼丸受热膨胀，同时用勺子在锅中轻轻翻动，防止鱼丸相互粘连，当鱼丸浮于水面时，再保持2~4 min，待全部漂起，表明已煮熟，即可捞起，沥干水分。

⑩冷却、包装：煮熟捞起的鱼丸可采用冷水（10~15℃）快速冷却。冷却后按规定分装于塑料袋中封口，即为成品。

（4）质量标准

形状：基本呈圆形，有弹性、鲜嫩、细腻，大小均匀。

色泽：白色或灰白色，表面光滑。

口味：具有鱼肉原有的鲜美，口感适宜。

2. 鱼糕

鱼糕的名称起源于日本，也是最早在日本加工，日本称板鱼，是鱼糜制品的代表作。鱼糕的品种按制作时所用的配料、成型方式、加热方式及产地进行区分，如单色鱼糕、双色鱼糕、三色鱼糕、方块形鱼糕、油炸鱼糕等。鱼糕成品的特点是弹性好，色泽洁白。

（1）配方　鱼肉50kg，精盐1.5kg，味精0.5kg，砂糖1.5kg，淀粉7.5kg，黄酒1.5kg，姜汁1.4kg，蛋清、清水适量。

（2）工艺流程

原料选择→预处理→擂溃→调配→成型→内包装→加热→冷却→外包装→冷藏

（3）操作要点

①原料选择：鱼糕对弹性及色泽的要求较高，因此生产鱼糕的原料应是新鲜、脂肪含量少、肉质鲜美的。尽量不用褐色肉，而使用弹性强的白色鱼肉配比。

②预处理：鱼糕的预处理方法与鱼丸的工艺基本相同，只是漂洗的工艺更加重要。

③擂溃：擂溃对确保鱼糕良好弹性很重要。先将配比好的鱼肉置于擂溃机内，先空擂5min，将鱼肉肌纤维组织破坏，然后逐次加盐和适量水擂溃20min，使盐溶性蛋白质溶出，并形成一定黏性，再加其他辅料擂溃20~30min即完成。

④调配：擂溃完成后，对于双色鱼糕、三色鱼糕还需将鱼糜着色调配。

⑤成型：小规模生产用手工成型，工业化生产采用机械成型，如日本的K3B三色付板成型机，每小时可铺300~900块。

⑥内包装：烤鱼糕在成型时常用专用聚丙烯进行初次包装，可有效的防止二次污染，阻止霉变发生，并使鱼糕加热后成为真空状态，以延长保存期。

⑦加热：鱼糕加热方式有蒸煮、焙烤、油炸3种，以蒸煮加热最普遍。蒸煮加热温度在95~100℃，时间45min，使鱼糕中心温度达75℃以上。焙烤是将鱼糕放在传送带上，以20~30s的时间通过隧道式红外线焙烤机，使表面着色并涂油上光，然后再烘烤熟制。

⑧冷却：鱼糕蒸煮后立即放入10℃冷水中冷却，使鱼糕吸收加热时失去的水分，防止因干燥产生皱皮和褐变。经冷却后，鱼糕中心的温度仍然很高，通常放在冷却室内继续自然冷却。

⑨外包装：鱼糕完全冷却后需要外包装。外包装前应用紫外线杀菌灯进行鱼糕表面的杀菌，再用自动包装机进行符合卫生的包装后即为成品。

⑩冷藏：包装好的鱼糕装箱，放入0 5℃的冷库中保藏。·般鱼糕常温（15~20℃）下可保存5d，在冷库中可放20~30d。

（4）质量标准

①感官指标：鱼糕形状完整，富有弹性，色泽白，大小均匀一致；具有鱼糕特有的滋味和气味，无异味。

②理化指标（表3-9）：

表3-9 鱼糕理化指标

项目	指标
食盐（以NaCl计）	≤2.5%
锡/（mg/kg）	≤200
铜/（mg/kg）	≤10
铅/（mg/kg）	≤10
汞/（mg/kg）	≤0.3
砷/（mg/kg）	≤0.5

③微生物指标（表3－10）：

表3－10　　鱼糕微生物指标

项　目	指　标
大肠菌群/（MPN/100g）	≤40个
细菌总数/（cfu/g）	≤300个
致病菌（肠道致病菌和致病性球菌）	不得检出

四、藻类食品加工技术

加工海藻食品的关键技术是处理海藻的颜色、气味，每种大型食用海藻都有其独特的风味。常见藻类分为褐藻（如海带、裙带菜）、红藻（紫菜、石花菜）、绿藻（小球藻、石莼）、蓝藻（螺旋藻、微囊藻）四类。

（一）藻类的预处理

1. 藻类脱色

一般采用过氧化氢法处理，单纯使用过氧化氢很难实现脱色的目的，通常添加其他化学物质，增强过氧化氢的脱色作用。

2. 藻类软化

以甘氨酸作为软化剂，可以用于海带、裙带菜、羊栖菜等食用藻类的软化处理。利用甘氨酸溶液浸渍藻类，可以改善藻类的质地，并且软化处理后不必除去，可防止藻类中的风味物质在水洗过程中的损失。

（二）藻类加工工艺

1. 海带类

新鲜海带含水率为90%，因为含有蛋白质、无机盐等多种成分，有利于微生物的生长繁殖，成为海带保藏过程中发生腐败变质的根源。实验表明，当食品中水分含量低于20%时，一般霉菌会停止繁殖，海带的保存一般采用干燥处理。以海带丝为例，来说明海带制品的生产工艺。

（1）工艺流程

鲜海带→海水洗涤→热烫→冷却→干燥（半干）→切丝→干燥（烘干）→挑选→称量包装→检验→成品

（2）操作要点

①原料洗涤：用海水清洗海带，洗去海带表面黏附的泥沙、杂质。并用流水对其进行洗净。

②热烫：将洗净的海带放入沸水锅中（95～100℃）热烫1～2min，使海带呈绿色，要求入锅速度要快，海带全部浸入水中，热烫均匀。

③冷却：将热烫后的海带迅速放入冷水中冷却。

④半干燥：将冷却的海带放入烘道（40℃）烘至半干，以不粘手为宜。

⑤切丝：将半干燥的海带除去黄白边梢柄部后，用切菜机或手工切成3～5mm宽的海带丝。

⑥干燥：将海带丝放入烘道中烘干，要求干燥速度快，以防止氧化变色。

⑦挑选：产品色泽呈深绿色，挑选剔除褐变及黄白边梢的海带丝。

⑧称重包装：按产品净重要求称重，采用复合食品袋包装，包装过程中注意防止吸潮，不受二次污染。

⑨检验：按规定抽样检查，检验合格后放合格证才可出厂。

（3）质量标准　呈深绿色。海带丝卷曲状干燥，复水后呈翠绿色，细度均匀，无黄白边、梢、杂质，具有海带食品固有气味，无异味。

2. 紫菜类

紫菜含有丰富的营养成分，其中蛋白质、矿物质含量高，脂肪含量低，是一种质优价廉、营养丰富、味道鲜美的海洋绿色食品。紫菜中EPA含量高达18%、DHA为1%，紫菜中蛋白质含量比海带高出7.8倍，消化率为70.8%，是藻类之首。以海苔为例，来说明紫菜类制品的生产工艺。

（1）工艺流程

干紫菜饼→烘烤→调味→二次烘烤→切片封束→包装

（2）操作要点

①原料挑选：挑选原料时，注意把含有绿藻、硅藻等杂藻及夹杂物的紫菜饼剔除，选用无空洞、无碎边、较完整的优质原料，尽量不用较薄的超轻量紫菜，防止烘烤中破碎，尽量选用厚薄均匀的紫菜，以免烘烤中造成次品。

②烘烤：烘烤的目的就是使紫菜色泽呈墨绿色，增加光泽，同时通过高温烘烤，增加紫菜香味。

③调味：根据产品的销售对象和地区嗜好的口味，合理配制不同类型的调味液均匀的喷洒到紫菜上。

④二次烘烤：该工序是烘烤干紫菜上的调味液，通过干燥，使调味液在高温烘烤下入味于紫菜。

⑤切片、封束：用切片封束机完成，加工时注意把破损，不合格的半成品剔除，并检查封束中封口是否完好，整洁度如何，确保每一束的质量。

⑥包装：根据不同产品的包装规格，严格放好干燥剂，包装好，作为成品入库。

实训十 烤鸡加工

一、技能目标

1. 通过实验，进一步认识和理解腌制过程中所用腌制剂的种类和作用以及腌制的重要性。

2. 了解肉的烤制原理。

3. 掌握烤鸡的加工工艺流程及质量控制操作要点。

二、教学资源的准备

（一）仪器设备

炉灶、锅、锅铲、案板、烤箱。

（二）教学场所

食品工艺学实验室。

（三）师资准备

实训时每班配备1名教师，技能考核时配备2名教师。

（四）实验试剂与材料

鸡，精盐，白糖，生姜，五香粉，葱，味精及不同种香料。

三、原理与知识

利用热空气对制品进行加热称为烧烤，它是肉制品热加工的一种方法。烧烤能使肉制品产生诱人的香味，增强表面的酥脆性，以及美观的色泽。烧烤前浇淋热水和晾皮，使皮层蛋白凝固、皮层变厚、干燥，烤制时，在热空气作用下，蛋白质变性而酥脆。

四、操作方法与步骤

（一）操作流程

选鸡→宰杀→浸烫、脱毛→净膛→浸泡→浸卤腌制→晾干→填料→涂糖色→整形→烤制

（二）操作步骤

1. 选鸡

选用1.5kg左右新鲜肉鸡，不用冻鸡以保证色香味达到上乘，先将肉鸡宰杀，褪毛、开膛、冲洗、去头爪后，把鸡挂在钩上晾干。

2. 浸泡

（1）配料　八角50g，肉桂50g，山柰15g，草果35g，小茴香45g，砂仁20g，花椒20g，丁香5g，香叶3g，白芷5g，陈皮15g，桂皮40g，豆蔻30g，紫蔻30g，香菇15g，生姜50g，良姜30g等。调料用纱布包扎好。

（2）煮制　将清水25kg倒入锅内加盐4kg，再加调料包，煮沸后加味精0.1kg。反复熬煮2h，直到料袋中药物和作料味道很淡时便将袋捞出扔掉。

（3）浸泡　当上述料汤冷却后，倒入一大口容器内，将净膛肉鸡浸泡在此料汤里，在室温下浸泡2~3h，使汤料的风味能浸透于鸡肉内部。

3. 填腹腔料

取出浸泡好的膛鸡，在肉鸡的下腹内放入香菇、生姜、葱、蒜等。并将食盐40g，味精2g混合均匀，均匀的涂抹在肉鸡的外表面和腹腔内，然后腌制30min。使食盐和味精能浸入鸡内部。

4. 涂糖色

将蜂蜜均匀的涂抹在鸡体表面。涂抹后晾干鸡体水分。

5. 整形

首先用骨剪将鸡胸部的软骨剪断，然后将右翅从宰杀刀口处插入口腔，从嘴里穿出，将右翅撖在鸡膀下，同时将左翅撖回，最后将两翅交叉插入腹腔中。

6. 烤制

接通烤箱电源，先预热至230~250℃，然后关闭开关，将整形好的鸡放在烤箱内挂钩上，关闭烤箱门，打开开关，待温度升至250℃时烘烤20min后，拨开排气孔，5min后关闭气孔，使水分和油烟排出烤箱。将温度降至180℃后，再烘烤30min后关闭开关，取出烤鸡。

五、质量要求

色泽：表面金黄略带枣红色，肌肉切面鲜艳发亮、呈白色，脂肪呈乳白色；

组织状态：骨肉切面细腻、无血水，脂肪滑而脆，鸡骨酥脆，有烤鸡应有的香味，无异味。

实训十一 冰淇淋加工

一、技能目标

1. 了解掌握冰淇淋生产的基本原理。

2. 掌握冰淇淋的生产工艺过程，能够对试验过程中出现的问题找出原因并进行解决。

二、教学资源的准备

（一）仪器设备

电子天平，电磁炉，均质机，连续凝冻机，低温冰柜，温度计，低温温度计，2000mL 烧杯，不锈钢盆，2000mL，1000mL 量筒，80 目和 100 目不锈钢筛，玻璃搅拌棒。

（二）教学场所

食品工艺学实验室。

（三）师资准备

实训时每班配备 1 名教师，技能考核时配备 2 名教师。

（四）实验试剂与材料

适量乳粉 6%，糖 12%，奶油 4%，淀粉 2%，脱脂乳粉 1%，奥特乳化剂 0.2%，CMC 0.35%，柠檬酸 0.1%，甜蜜素 0.15%，盐 0.04%，香精色素适量，鸡蛋一个。

三、原理与知识

冰淇淋是以饮用水、牛乳、乳粉、奶油（或植物油脂）、食糖等为主要原料，加入适量食品添加剂，经混合、灭菌、均质、老化、凝冻、硬化等工艺而制成的体积膨胀的冷冻食品。

冰淇淋是口感细腻、柔滑、清凉的消暑食品，是一种高档的发泡雪糕。

四、操作方法与步骤

（一）操作流程

设计配方→原料称量→混合→过滤→杀菌→冷却→均质→冷却→老化→凝冻→灌装→速冻硬化→低温保藏

（二）操作步骤

1. 设计配方

根据各种原材料的成分按实验目标计算各原料的含量。

2. 预处理

复核过的各种原材料，在配制混合原料前必须经过处理，现将各种原料的处理方法介绍如下：

（1）鲜乳可先用100目不锈钢筛进行过滤，以除去杂质。

（2）冰牛乳在使用前，可先击成小块。然后置入烧杯或不锈钢桶中加热溶解，再过滤。

（3）乳粉在配制前应先加水溶解，然后采用高剪切机充分搅拌一次，使乳粉充分混合以提高配制混合原料的质量。

（4）砂糖应加入适量的水，加热溶解成糖浆并经100目筛过滤。

（5）鲜蛋或冰蛋在配制时，可与鲜乳一起混合、过滤。若用蛋粉可与乳粉一起加水混合，并经高剪切机混合。

（6）奶油或人造奶油在配制前，应先检查其表面是否有杂质存在。如有杂质，则应预先处理后用小刀切成小块。

3. 混合

原料混合的顺序宜从浓度低的水、牛乳等液体原料，次而黏度高的炼乳等液体原料，再而砂糖、乳粉、乳化剂、稳定剂等固体原料，最后以水作容量调整。混合溶解时的温度通常40～50℃。

4. 巴氏杀菌

混合料杀菌时必须控制温度逐渐由低而高，不宜突然升高，时间不宜过长，否则蛋白质会变性，稳定剂也可能失去作用。灭菌温度应控制在75～78℃，时间15min。

5. 均质

杀菌的混合料通过80目筛过滤后进行均质。均质压力为12～15MPa，均质温度控制在65～70℃。

6. 冷却、老化

将均质后的混合料冷却至8～10℃。放入老化桶，用冷却盐水快速降温至2～4℃进行老化，老化时间4～6h。在凝冻前30min将香精加入老化桶并搅匀。

7. 凝冻

在连续式冰淇淋凝冻机中，混合料温度降低，附着在内壁的浆料立即冻结成冰淇淋霜层，在紧贴凝冻筒内壁并经快速飞转的两把刮刀刮削，在偏心棒的强烈搅拌和外界空气的混合等作用下，使乳化了的脂肪凝聚，混合料逐渐变厚，体积膨大成为轻质冰淇淋。

8. 灌注、装盘、速冻、硬化

速冻室温度控制在－35～－30℃，硬化至冰淇淋中心温度－18℃，即可装入冰柜。

五、结果分析

观察挤出的冰淇淋的状态，品尝其口味，观察其融化性，作出评价。

实训十二 皮蛋加工

一、技能目标

掌握皮蛋的加工方法，进一步了解无铅加锌松花皮蛋的加工特点及工艺要求。

二、教学资源的准备

（一）仪器设备

配料缸，台秤，照蛋器，盆，标本缸。

（二）教学场所

食品工艺学实验室。

（三）师资准备

实训时每班配备1名教师，技能考核时配备2名教师。

（四）实验试剂与材料

鲜鸭蛋，生石灰，纯碱，食盐，氯化锌，红茶末，开水，黄泥，稻壳。

三、原理与知识

皮蛋形成的基本原理主要是蛋白质遇碱发生变性而凝固。加工中使用的纯碱与生石灰、水作用生成的氢氧化钠。氢氧化钠通过蛋壳气孔进入蛋内使蛋内碱度逐渐升高，当氢氧化钠达到一定浓度后使蛋白和蛋黄中的蛋白质分子结构受到破坏而发生变性，蛋白部分形成具有弹性的凝胶体，蛋黄部分形成凝固体。当氢氧化钠浓度过高时可使凝固的蛋白质重新水解而液化，称为“伤碱”；而氢氧化钠浓度过低将不利蛋白凝固，产品成熟时间长，料液中氢氧化钠浓度在4.5%～5.5%为宜。从外观变化上，皮蛋的凝固过程表现为化清、凝固、变色和成熟四个阶段。

四、操作方法与步骤

（一）操作流程

鸭蛋→挑选→装缸→配料→成熟→检验→包装

（二）操作步骤

1. 验蛋

原料蛋要求新鲜，蛋壳完整。通过照检判断鸭蛋是否新鲜。通过敲蛋判断蛋壳是否完整，有无裂缝。方法是让两个蛋轻轻碰撞，从碰撞的声音判断蛋壳有无裂缝。

2. 料液的配制

（1）配比：水1.5kg，生石灰200g，红茶末125g，食盐125g，氯化锌6g，鸭蛋2.5kg。

（2）冲料：先将纯碱、生石灰、红茶末、食盐称量好，放入配料缸内，倒入开水冲料，等料液稍冷（60℃左右）后，加入氯化锌，并充分搅拌。等料液放凉至25℃以下备用。

3. 装缸、灌料泡制

将检验合格的蛋装入标本缸内，装蛋至离缸口10～15cm时，压上适当的石块，以防鸭蛋在灌料时上浮。然后将已配制好并放凉的料液在不断搅拌下徐徐倒入标本缸内，使蛋全部浸入料液中。

4. 成熟

鸭蛋在料液氢氧化钠溶液作用下成熟。成熟时，室温应保持在20～25℃范围内为好。成熟时间为30～35d。浸泡成熟过程中，对皮蛋的变化情况要经常进行检查。

5. 出缸

成熟好的皮蛋应及时出缸，出缸时要求轻拿轻放。

6. 涂泥包糠

其目的是延长保存时间。方法是用残料加黄泥调成浓浆糊状料泥，两手戴手套，左手抓稻壳，右手用泥刀取 50 ~ 100g 料泥在稻壳上同时压平，放皮蛋于泥上，双手团团搓几下，即可包好。

五、质量标准

蛋白凝胶体内有松针状的结晶花纹，呈棕褐蓝或绿褐色，有弹性，蛋黄变成呈深浅不一的墨绿、草绿、茶色的凝固体。

实训十三 鱼丸加工

一、技能目标

1. 掌握鱼丸的加工方法。
2. 了解鱼丸的加工特点及工艺要求。

二、教学资源的准备

（一）仪器设备

螺旋压榨脱水机，精滤机，擂溃机，刀，勺子，锅，铁盆，漏盆。

（二）教学场所

食品工艺学实验室。

（三）师资准备

实训时每班配备 1 名教师，技能考核时配备 2 名教师。

（四）实验试剂与材料

鱼肉 50kg，食盐 0.9 ~ 1kg，味精 0.4kg，砂糖 0.5kg，淀粉 3 ~ 5kg，蛋清 2.5kg，黄酒 1kg，姜汁适量，凝胶增强剂为鱼肉质量 0.3% ~0.4%，肥肉 4%，胡椒粉 0.2% ~0.4%，加水量大多为 10% ~20%。

三、原理与知识

在一定浓度的盐溶液中，盐溶性蛋白质充分溶出，其肌动球蛋白受热后高级结构打开，在分子间通过氢键相互缠绕，形成纤维状大分子而构成稳定的网状结构，因包含大量与肌球蛋白结合的游离水分而在加热胶凝后具有较强弹性。

四、操作方法与步骤

（一）操作流程

原料鲜鱼→预处理→洗净→采肉→漂洗→脱水→精滤→擂溃→调料→成型→水煮→冷却→包装

（二）操作步骤

1. 原料

水发鱼丸要求色泽洁白，富有弹性，具有鱼类固有的鲜味，因此对原料鱼要求较高，如海鳗、马鲛鱼、梅童鱼、鱿鱼、乌贼等应占有一定比例。淡水鱼丸大多选用肉色白、弹性强、鲜度好的鱼加工，淀粉要选用色泽洁白、黏性好的。

2. 预处理、洗净

鲜鱼去鳞、内脏、头后，用清水洗净血污、杂质。

3. 采肉

用鱼肉采取机采肉，大鱼先剖片再采肉。

4. 漂洗

漂洗是去除部分影响鱼糜白度及对制品弹性形成有影响的如血液、脂肪、水溶性蛋白酶、无机盐、腥臭物质等。

5. 脱水

鱼肉漂洗后含有大量的水分，经螺旋压榨脱水机进行脱水，使鱼肉脱水后的水分含量在78%～79%的标准，水分过高过低，都将影响产品质量。

6. 精滤

脱水的碎鱼肉中，还含有部分细刺、筋膜、碎皮等杂物，需再经精滤机精滤。

7. 擂溃

擂溃是鱼糜加工中很重要的工艺，鱼糜在擂溃中经过不断的研磨、挤压、剪切、搅拌等作用，使鱼肉更加细致、均匀，以使鱼糜制品更富有弹性，口感好。

8. 调料

根据配方比例调配原辅料。调味料应选用颜色浅的，酱深色不用。

9. 成型、水煮

机器成型或手挤鱼丸时，先将鱼丸挤入一盘清水中，呈半浮半沉状态，然后把鱼丸捞起置于沸水中（90～95℃）进行烧煮，使鱼丸受热膨胀，同时用勺子在锅中轻轻翻动，防止鱼丸相互粘连，当鱼丸浮于水面时，表明已煮熟，即可捞起。

10. 冷却、包装

将煮熟捞起的鱼丸倒入冷水中（10～15℃）急速冷却，冷却后包装，即为成品。

五、质量标准

形状：基本呈圆形，有弹性、鲜嫩、细腻，大小均匀。

色泽：白色或灰白色，表面光滑。

口味：具有鱼肉原有的鲜美，口感适宜。

【项目思考】

1. 简述常用的腌制方法及其优缺点？
2. 简述常用的烟熏方法？
3. 西式火腿加工中滚揉的主要作用是什么？
4. 简述酸乳的种类、加工工艺及要点。
5. 乳品冷饮均质的目的及方法？
6. 纯碱、生石灰在皮蛋加工上分别起什么作用？
7. 试述腌制咸蛋的机理。在用食盐腌制咸蛋的过程中蛋发生了哪些变化？
8. 水产品原料的特性是什么？
9. 鱼贝类在冻藏过程中发生了哪些变化？

项目四 饮料加工技术

【知识目标】

1. 可以阐述饮料生产中原辅料的种类、性能、品质要求及加工中的变化。
2. 能够写出饮料生产工艺、技术参数及设备工作原理。
3. 可以对生产中常见质量问题进行解释并提出解决方法。

【技能目标】

1. 可以按照工艺要求对饮料加工中原辅料进行调配。
2. 可以根据工艺流程完成生产操作。
3. 可以分析并能够解决生产中常见的质量问题。

任务一 碳酸饮料加工技术

一、碳酸饮料的分类

1. 定义

碳酸饮料：是指在一定条件下充入 CO_2 的饮料制品，是由水、甜味剂、酸味剂、香精香料、色素、CO_2 及其他原辅料组成，但不包括由发酵法自身产生 CO_2

的饮料，其成品中 CO_2 容量不低于2.0倍（20℃时的体积倍数）。

2. 分类

根据产品的原料成分及口味的差异，碳酸饮料又可以分为果汁型、果味型、可乐型、低热量型、其他型5类：

（1）果汁型　原果汁含量不低于2.5%的碳酸饮料。目前，我国市场上果汁型碳酸饮料较少，如汇源果汁果乐。

（2）果味型　以果香型食用香精为主要赋香剂，原果汁含量低于2.5%的碳酸饮料，例如雪碧、芬达。

（3）低热量型　以甜味剂全部或部分代替糖类的各型碳酸饮料，热量不高于75KJ/100ml，例如健怡可乐。

（4）可乐型　含有焦糖色、可乐香精，或类似可乐果和水果香型的辛香、果香混合香型的碳酸饮料。例如可口可乐、百事可乐，是世界上碳酸饮料生产的主要产品之一等，已有一百多年历史，畅销不衰，是一种嗜好型的饮料。国内可乐型饮料研究开发于20世纪80年代，如“天府可乐”、“红雪可乐”、“崂山可乐”等，它们有别于国外的可乐饮料，虽然在外观上仍为透明的红棕色，香型也近似于可口可乐，但其特征添加剂为中草药，因中草药成分具有一定的保健作用，因而我国所产的各类可乐，除解暑外，还有一定的保健作用。

（5）其他型　除上述四种以外含有植物提取物或非果香型的食用香精或赋香剂的碳酸饮料，例如姜汁汽水。

二、碳酸饮料的加工技术

（一）生产工艺

1. 现调式

配好调味糖浆，先将其灌入包装容器，再灌装碳酸水。

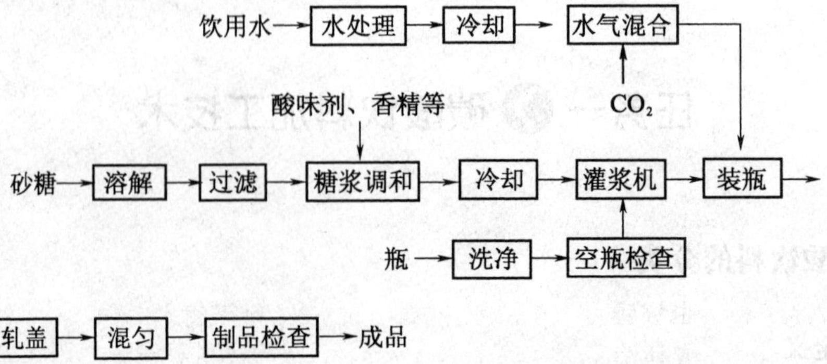

2. 预调式

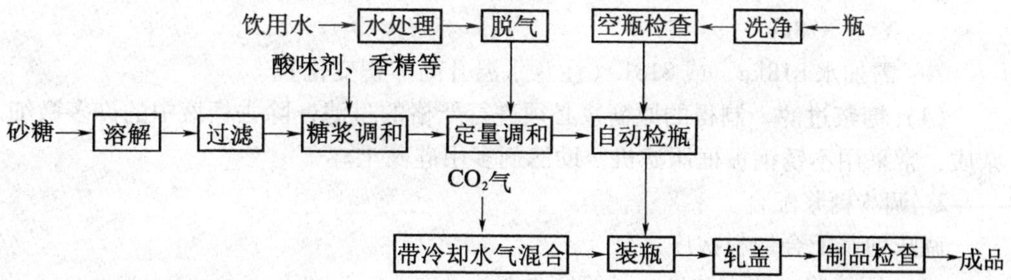

（二）调味糖浆制备

1. 原糖浆制备

原糖浆：把定量的砂糖加入定量的水溶解，制得的具有一定浓度的糖液。

调味糖浆：以原糖浆添加柠檬酸、色素、香精等各种配料制成。

原浆：将原糖浆之外的配料预先配合制成。

（1）溶糖　采用优质砂糖，溶解糖的水需是经过水处理，符合饮用水标准。

①冷溶法：把糖和水按配比要求准确计量，在室温下搅拌溶解，滤去杂质。一般配制浓度为45%～65%，若要存放一天，取上限65%用该方法溶糖需严格控制卫生条件，且溶解后立即使用，短期内可消费掉。采用冷溶法生产糖浆，可省去加热和冷却的过程，减少费用，但溶解时间长，设备体积大，利用率差，而且必须具有非常严格的卫生控制措施。这种方法适合于采用优质砂糖生产短期内饮用的饮料的糖浆，浓度一般配成45～65°Bx，如要存放一天，配成65°Bx。冷溶法所用设备一般采用内装搅拌器的不锈钢桶，设备便于彻底清洗，以保证无菌。美国的可口可乐公司就是采用此法，使用的甜味剂是优质砂糖和部分果葡糖浆。

②热溶法：按配比准确计量糖和水，在不锈钢夹层加热锅内加热溶解，至糖浆煮沸5min（杀菌），糖浆浓度一般为65%。生产纯度要求高，保藏期长的饮料可采用热溶法，热溶法生产一般采用不锈钢化糖锅，并配有搅拌器和加热装置。其生产过程是将糖和水的用量正确配准，通入蒸汽加热并不断搅拌。在加热时，表面有杂物浮出，需用筛子除去，否则会影响饮料质量，甚至会产生瓶口的环形物。在配制果味糖浆前，还应测定其浓度，因为在加热过程中，有一部分水被蒸发掉。该法生产效率高，糖浆质量好，工厂多采用此法，糖浆浓度一般在65°Bx。

（2）糖浆浓度测定　糖浆浓度以100%表示，饮料行业称为白利糖度或白利度（°Bx）。

①用糖度表（也称锤度表）放入饮料（碳酸饮料需将CO_2排尽）中直接测定，注意温度校正或补偿。

②用手提式量糖计或阿贝折光仪测定白利度，也要注意温度校正。

（3）糖液配制

例：欲55°Bx 的糖浆，1 吨糖中需加水多少？

解：55:（100 - 55） = 1000kg: X

X = 818kg

答：需加水818kg，或818L（注意水温升高体积变化）。

（4）糖浆过滤　制得的原糖浆必须进行严格的过滤，除去糖液中的许多微细杂质，常采用不锈钢板框压滤机，助滤剂多用硅藻土。

2. 调味糖浆配合

调味糖浆配合加料次序：

（1）原糖浆　测定浓度，计算需要量。

（2）苯甲酸钠液　预先用适量温水溶化（一般按25%浓度）。

（3）糖精钠（或甜味剂）　用适量温水溶化。

（4）酸溶液　柠檬酸用适量温水溶化（一般为50%浓度）。

（5）香精。

（6）色素　用适量温水溶化。

（7）水　加到规定量。

以上配料过程需边搅拌边加入，使其能充分均匀。

一般原糖浆浓度为50～67°Bx，配成的调味糖浆一般与5份或4份碳酸水配比制成汽水，也就是说调味糖浆的量一般是汽水产品的1/6～1/5。

操作程序需固定和标准，尤其是定量需准确，这样产品质量方可稳定一致。

3. 配方

常用的果汁型饮料。

（1）配方设计　常用的果汁型饮料首先按表4-1的参考量进行试配制，再按对产品的特殊要求（如季节不同或地区不同对糖酸比感觉和要求也不同）进行细微调节，不管如何调整，任何食品添加剂的最大用量均须符合国家标准GB2760—2011和GB14880—2011的要求。

表4-1　主要果汁型饮料的糖、酸及香精用量

名　称	含糖量/%	柠檬酸/（g/L）	香精参考用量/（g/L）
苹果汁	9～12	1	0.75～1.5
香蕉汁	11～12	0.15～0.25	0.75～1.5
杏汁	11～12	0.3～0.85	0.75～1.5
黑加仑子汁	10～14	1	0.75～1.5
樱桃汁	10～12	0.65～0.85	0.75～1.5
葡萄汁	11～14	1	0.75～1.5
石榴汁	10～14	0.85	0.75～1.5

续表

名 称	含糖量/%	柠檬酸/（g/L）	香精参考用量/（g/L）
白柠檬汁	9~12	1.25~3.1	0.75~1.5
柠檬汁	9~12	1.25~3.1	0.75~1.5
橘子汁	10~14	1.25	0.75~1.5
鲜橙汁	11~14	1.25~1.75	0.75~1.5
芒果汁	11~14	0.425~1.55	0.75~1.5
菠萝汁	10~14	1.25~1.55	0.75~1.5
梨汁	10~13	0.65~1.55	0.75~1.5
桑葚汁	10~14	0.85~1.55	0.75~1.5
草莓汁	10~14	0.425~1.75	0.75~1.5

配方设计时，一般按质量百分比和质量单位进行计算，由于饮料的相对密度与水相差无几，故有时就将质量和体积等同用。以P299柠檬汽水为例：

计算250mL/瓶，1000瓶，每瓶调味糖浆50mL的柠檬汽水的配方

（2）计算步骤

①确定配方计算量（质量）

1000瓶×250mL/瓶 = 250 L ≈250kg

调味糖浆量

1000瓶×50mL/瓶 = 50 L（调味糖浆量是汽水产品的1/5）

②根据表4-1，初步确定砂糖、柠檬酸和香精量，然后再进行细调为：

砂糖	11%	27.5kg（11% ×250kg）
苯甲酸钠	0.015%	37.5 g
柠檬酸	0.15%	375 g
柠檬-白柠檬香精	0.1%	250 g
加水至		50 L
调味糖浆浓度（按每L糖浆含糖量）		46°Bx
成品浓度		11°Bx
CO_2 含量		7~8 g/L

（CO_2 含气量按成品碳酸水与糖浆的容积比，每倍约为2g/L计）

4. 可乐型汽水

Coca：原指古柯树，是一种生长在非洲等地的灌木，可口可乐用的原料是将提取古柯碱后的叶再浸出带刺激性芳香的含有少量古柯碱的浸出液。

Cola：原指柯拉树，是一种生长在南美等地的乔木，树高达6~9m，从其树皮、树叶或种子中可抽提出比咖啡多一倍的咖啡因。可口可乐用的是其提取液。

可乐型汽水：是一种呈赤褐色、带有中药味、酸甜、稍苦、后味浓的碳酸饮

料，酸味剂主要是磷酸。

（三）调和与碳酸化

1. 调和

（1）现调式（二次灌装法）　是先将水碳酸化，再与调味糖浆分别灌入容器中，调和成汽水。该方式小型生产线、试验室或生产含有果肉成分（预调易堵混合机）的汽水应用较多。

优点：结构简单，易清洗。

缺点：灌碳酸水时易激起大量泡沫，成品含气量不高，产品品质不稳定。

（2）预调式（一次灌装法）　先将水和调味糖浆按一定比例调好，再经冷却和碳酸化混合成汽水，一次性灌入容器中。

优点：连续化生产，糖和水比例定量准确度高，灌装时泡沫少，产品品质稳定。

缺点：水气混合机要求高，设备投资大，不适宜带果肉的汽水生产。

2. 碳酸化

（1）二氧化碳（CO_2）

CO_2 在碳酸饮料中的作用：

①碳酸在人体内吸热分解，把体内热量带出起到清凉作用；

②CO_2 还能抑制好气性微生物的生长繁殖；

③当 CO_2 从汽水中逸出时，能带出香味，增强风味；

④能产生一种使人舒服的刹口感。CO_2 配合汽水中其他成分，产生一种特殊的风味，各个不同品种需要不同的刹口感，有的要强烈，有的要柔和，所以各个品种都具有特有的含气量，各种主要饮料的参考含气量如表 4-2。

表 4-2　**主要饮料的参考含气量**　单位：g/L

品　名	含气量	品　名	含气量
冰淇淋汽水	1.5	姜汁汽水	2.5~3.5
橙汁汽水	1.5~2.5	可乐汽水	3.5~4
菠萝汽水	1.5~2.5	干姜汽水	3.5~4
葡萄汽水	1.5~2.5	沙士汽水	3.5~4
苹果汽水	1.5~2.5	麦精汽水	3.5~4
草莓汽水	1.5~2.5	柠檬汽水	3.5~4
柠檬汁汽水	2.5~3.5	苏打	4~5
白柠檬汽水	2.5~3.5	矿泉水	4~5
樱桃汽水	2.5~3.5		

CO_2 溶解度：0.1MPa（1 个绝对大气压），温度 15.56℃时，1 体积的水可以

溶解 1 体积的 CO_2。影响 CO_2 在液体中溶解度的因素为：

①气液体系的绝对压力和液体的温度：温度不变时，压力增加，溶解度也增加压力不变时，温度降低，溶解度增加。

②CO_2 气的纯度和液体中溶质的性质：CO_2 在纯水中的溶解度较糖水或盐水高。CO_2 气和液体中的空气阻碍 CO_2 的溶解度，对饮料用水进行脱气处理，和提高 CO_2 气的纯度，目前工厂使用的是钢瓶装液态 CO_2。

③气体和液体的接触面积和接触时间：CO_2 与水作用需要一定的时间，若连续化生产要求水气混合机接触混合时间短，这就需扩大混合机的接触面积（造成设备造价高）。在一定的气体压力，一定的液体温度下，在一定的时间内，尽量扩大水气混合接触的面积。

（2）碳酸化系统

①CO_2 调压站：对液态 CO_2 进行降压，要注意降压前加热，以防降压阀结霜或冻结。

②水冷却器：降低水温，提高 CO_2 的溶解度，大多用板式换热器作冷却器。

③混合机：分可调饱和度型和定饱和度型。定饱和度型又分不饱和型和饱和型。饱和型设备接触面积大，时间长，可以在定温、定压力下使产品达到饱和；不饱和型设备接触面积小，时间短，在定温、定压力下产品尚未达到饱和；可调饱和度型设备，接触面积和时间是可以调节的。

④灌装机：为防止混合机出来的饱和碳酸化液体，经灌装机时降压呈过饱和状态，而使 CO_2 涌出产生大量泡沫，灌装机上需保持一个过压力（高于灌装机内饱和溶液所需的压力）加以保护。

（四）灌装生产线

1. 玻璃瓶清洗

回收瓶需要经去污、杀菌等处理后才能重新灌装。洗瓶剂常用 3.5% ~4% 的（NaOH）碱液，加热到 60 ~65℃，瓶子和碱液的接触时间一般不低于 10min。回收瓶进洗瓶机前要进行人工预检，去掉不可清洗的瓶。PET 瓶和易拉罐可只用清水冲洗或压缩空气干洗。

2. 生产线

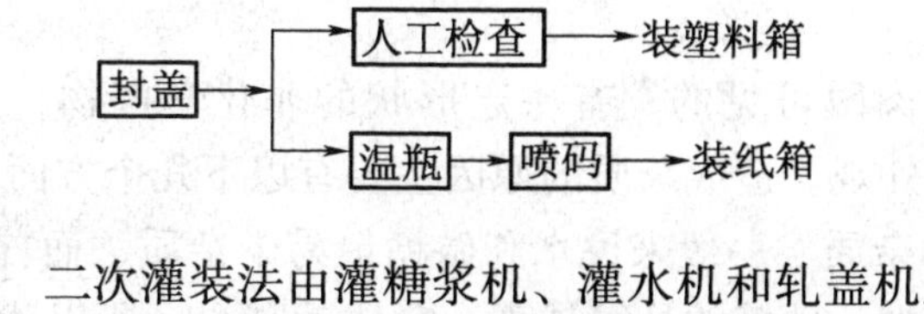

（1）灌装系统　二次灌装法由灌糖浆机、灌水机和轧盖机三个独立机构来完成一次灌装法加糖浆工序已用配比器与混合机配合在一起，常由一个动力机构驱

动灌装机和轧盖机，并组装在一个底座上。

一次灌装法大多用等压式灌装方式，为避免灌满后排瓶内压力而降压时，瓶内 CO_2 饱和液变为过饱和液，CO_2 逸出而产生泡沫，需控制并保持一个过压力状态。

（2）灌装的质量要求　灌装是碳酸饮料生产的关键工序，无论玻璃瓶、金属罐和塑料容器等不同的包装形式，也无论采用何种灌装方式和灌装系统，都应保证碳酸饮料的质量要求，这些质量要求主要有：

①达到预期的碳酸化水平：碳酸饮料的碳酸化应保持一个合理水平，CO_2 含量必须符合规定要求。成品含气量不仅与混合机有关，而且灌装系统也是主要的决定因素。

②保证糖浆和水的正确比例：两次灌装法成品饮料的最后糖度决定于糖浆量、灌装高度和容器的容量，要保证糖浆量的准确度和控制灌装高度。而现代化的一次灌装法要保证配比器的正确运行。

③保持合理和一致的灌装高度：灌装高度的精确性与保持内容物符合规定标准、商品价值和适应饮料与容器的膨胀比例有关。例如两次灌装时的灌装高度直接影响糖浆的水的比例，当灌装太满，顶隙小，饮料由于温度升高而膨胀时，会导致压力增加，产生漏气和爆瓶等现象。

④容器顶隙应保持最低的空气量：顶隙部分的空气含量多，会使饮料中的香气或其他成分发生氧化作用，导致变味变质。

⑤密封严密有效：密封是保证和保持饮料质量的关键因素，瓶装饮料无论是皇冠盖还是螺旋盖都应密封严密，压盖时不应使容器有任何损坏，金属罐卷边质量应符合规定的要求。

⑥保持产品的稳定性：不稳定的产品开启后会发生喷涌和泡沫外溢现象。造成碳酸饮料产品不稳定的因素主要有：过度碳酸化，过度饱和，存在杂质，存在空气以及灌装温度高和温差较大等。任何碳酸饮料在大气压力下都是不稳定的（过饱和），而且这种不稳定性随碳酸化度和温度升高而增加，因此冷瓶子（容器）、冷糖浆、冷水（冷饮料）对灌装是极为有利的。

（五）碳酸饮料的质量控制

碳酸饮料中出现质量问题的现象很多，主要表现在杂质、无气、混浊、沉淀、变味、变色等。

1. 杂质

杂质是产品中肉眼可见的、有一定形状的非化学产物。杂质一般不影响口味，但影响产品的外观。造成杂质的原因主要有以下几个方面：

（1）原料中的杂质　一般来说水和砂糖最易带杂质，而柠檬酸、色素、香料等辅料里的杂质较少。砂糖的品级越高，杂质就越少，所以我们不仅要加强对工艺的控制，也要对砂糖的质量进行检测。另外，贮水池、过滤器、糖浆贮罐等器具应经常清洗干净，同时注意密封性，以免外来空气中的砂尘粒随风吹入。

（2）容器带来的杂质 包装容器的清洗十分重要。包装瓶在浸泡前应预查一次，检出有大型异物（纸屑、苍蝇、蛆虫等）的瓶子，另行处理。在洗瓶后也要认真检查，瓶盖也要认真清洗，防止小片的碎屑杂质带入。

（3）设备碎屑或管道沉积物 为了避免机件碎屑的混入，应当注意混合机、灌装机、压盖机等易损件的磨损。尤其是橡胶件和皮件及个别的麻件、线件等的磨损。经常对管道进行白水抽查检验，看有无杂质。

2. 含气不足（CO_2 含量不够）

含气不足是 CO_2 含量少或根本无气，这样的产品开盖无声，没有气泡冒出。CO_2 溶解于水后呈酸性，对微生物有一定的抑制作用，CO_2 含量低或无气易引起产品变质。造成 CO_2 量不足的原因有：

（1）CO_2 纯度低，或纯度不够标准；

（2）水温或糖温（混合糖浆温度）过高；

（3）混合机混合效果不好；

（4）有空气混入；

（5）混合机或管道漏气；

（6）灌装机不好用，空气排除不好；

（7）灌装机胶嘴漏气，簧筒弹簧太软，瓶托位置太低、造成边灌边漏气，或自动灌装机位置偏低；

（8）压盖不及时，敞瓶时间过长，使 CO_2 在高温下散失；

（9）瓶口、瓶盖不合格，不配套；

（10）压盖不严，要保证产品气足，符合标准，必须经常定期抽测成品的含气量（一般 1 ~2h 测一次）。

3. 混浊、沉淀

混浊是指产品呈乳白色，看起来不透明。沉淀是指在瓶底发生白色或其他颜色的片屑状、颗粒状、絮状等沉淀物。产品混浊、沉淀一般是由于微生物污染、化学反应、物理变化和其他原因引起的。

（1）微生物引起的混浊、沉淀 由于碳酸饮料在生产过程中没有杀菌工序，因此对原料的质量要特别注意。一般主要是砂糖、水等原料易被污染，所以要对原料进行处理；另外碳酸气的存在对微生物有抑制作用。除常见酵母外，偶然有嗜酸菌，多为乳酸杆菌、白念珠菌等引起的变质。由于生物的作用，造成产品的混浊、沉淀，甚至变味。

（2）化学性变化引起混浊、沉淀

①由砂糖引起混浊、沉淀：白砂糖中所含的微量淀粉和蛋白质是导致沉淀起雾的主要原因；

②使用硬水引起沉淀：硬水中所含的钙和镁离子与柠檬酸作用，生成柠檬酸

的盐类在水中的溶解度低，会生成沉淀；

③过量使用香精香料：香精香料用量过多也能引起白色混浊或素浮物，但此现象多是在配料后即发生，容易判断；

④色素质量不好或用量不当：使用焦糖于含鞣酸的饮料中，易发生沉淀。焦糖色素由于制法不同，分阴离子色素和阳离子色素，焦糖中的胶体物质，当达到它的等电点时，就会产生混浊和沉淀；

⑤瓶盖和垫上附着的杂质：回收旧瓶刷洗不彻底。

（3）防治措施：加强原料的管理，尤其是砂糖、水质的检测工作，砂糖应做絮凝试验，不合格原料不能用于生产。

①回收瓶一定要清洗干净，注意清洗后瓶子里是否有残留液，应经常检测；

②保证产品含有足够的 CO_2 气体；

③减少生产各环节的污染，水处理、配料、瓶子清洗、灌装、压盖等工序都必须严格执行卫生标准（生产卫生、环境卫生、个人卫生、产品卫生等）；

④对所用容器、设备有关部分及管道、阀门要定期进行消毒灭菌。对一些采用钙盐作为冷媒剂，要经常检测冷却软水出口的水质，看是否含有钙盐，可用硝酸银溶液滴定检；

⑤一般不用保藏时间长的混合糖浆生产汽水，若需使用必须采用消毒密封措施，在下次使用前先做理化和微生物检测，合格后方可继续使用；

⑥加强过滤介质的消毒灭菌工作；

⑦防止空气混入：空气进入，一是降低了 CO_2 含量；二是利于微生物生长。所以应对设备、管道、混合机等部位的密封程度进行检查，及时维修；

⑧配料工序要合理：注意加入防腐剂和酸味剂的次序；

⑨生产饮料用水一定要符合标准要求；

⑩选用优质的香精、食用色素，注意用量和使用方法，一般要做小试验，合格后才投入生产。

4．糊状

生产的产品放置数天后，成了乳白色胶体状态，开盖后倒出成糊状。原因如下：

（1）生产所用的糖质量差，含有较多的胶质、蛋白质；

（2）CO_2 气含量太少，或空气混入过多，使一些好气性微生物生长繁殖；

（3）瓶子刷得不净，瓶壁上附有微生物，利用产品中的营养成分生成胶体物。一般碳酸饮料产生糊状现象较少，但也应加以防止，针对各方面的不足，加强管理。

5．变味

产品的变味一般是由于微生物引起的。在果汁类碳酸饮料中，肠膜明串珠菌和乳酸杆菌可使其产生不良气味。在温度较适宜微生物繁殖的条件下，由于储糖浆罐、管道及设备清洗不净，使成品生产后产生酸败味。

回收饮料瓶盛装过强烈异味的物质，在清洗中未清洗干净，或污染了一些干净瓶子，也会造成产品变味。另外，由于水质污染严重，在自来水中加的漂白粉杀菌剂较多，致使余氯量超标，给产品的风味带来较大的影响。

总之，由于以上原因的产生与饮料生产的各个环节有关系。要生产出风味佳、含气足的产品，就必须搞好生产过程中的质量控制及原料质量的控制工作，加强厂内外、车间内外的卫生管理，认真分析事故原因，对症解决问题，才能创出优质名牌产品。

任务二 果蔬饮料加工技术

一、果蔬汁及果蔬汁饮料的分类

果蔬汁是果汁和菜汁的合称。一般是指天然汁，即指天然的从果蔬中直接压榨或提取而得到的汁液，人工加入其他成分的称为果汁或菜汁饮料或饮料。天然的果蔬汁与人工配制的果蔬汁饮料在成分和营养功效上截然不同，前者为营养丰富的保健食品，而后者纯属嗜好性饮料。分类如下：

1. 原果蔬汁

原果蔬汁又称天然果蔬汁，是由新鲜水果蔬菜直接制取的汁液（或原汁）。原果蔬汁可分为澄清果蔬汁和混浊果蔬汁两种。

（1）澄清果蔬汁　澄清果蔬汁也称为透明果蔬汁，外观呈清亮透明的状态，原料经过提取后所得的汁液往往含有一定比例的微细组织及蛋白质、果胶物质等，使汁液混浊不清，放置一段时间后，使其出现分层现象，产生沉淀。经过滤、静置或加澄清剂后，即可得到澄清透明果蔬汁。

（2）混浊果蔬汁　混浊果蔬汁的外观呈混浊均匀的液态，果蔬汁内含有微粒。其制造工艺与清汁有所不同，不经澄清处理，但需经过高压均质等处理，不允许有大颗粒，以免影响商品价值。

2. 浓缩果蔬汁

原果蔬汁经蒸发或冷冻，或其他适当的方法，使其浓度提高到20°Bé以上的浓厚果汁，不得加糖、色素、防腐剂、香料、乳化剂及人工甜味剂等添加剂。可溶性固形物有的可高达60%～75%。

3. 果饴（加糖果汁、果汁糖浆）

果饴是在原果汁中加入多量食糖或在糖浆中加入一定比例的果汁而配制成的产品，一般为高糖，也有高酸者。通常为可溶性固形物45%和60%两种。我国市场上的鲜橘原汁为35%以上，总酸0.3%～0.6%。

4. 果汁粉

果汁粉是浓缩果汁或果汁糖浆通过喷雾干燥制成的脱水干燥产品，含水量1% ~3%，常见产品有橙汁粉。

二、果蔬汁饮料加工技术

制作各种不同类型的果蔬汁，首要是进行原果汁的生产，一般原料要经过选择、预处理、压榨取汁、粗滤，这些为共同工艺，是果蔬饮料的必经途径，而原果汁或粗滤液的澄清、过滤、均质、脱气、浓缩、干燥等工序为后续工艺。

（一）原料的选择和洗涤

1. 原料的选择

果蔬汁加工工艺及技术条件是根据果品蔬菜制汁原料的性质、产品的规格和设备的性能等条件而制定的，在一定的设备条件和规格的前提下，加强原料的选择和处理，是保证品质、提高产量的重要技术措施。对原料的要求具体如下：

（1）果品蔬菜应具有浓郁的风味和芳香，色泽稳定，酸度适当，并在加工和储存过程中仍能保持这些优良的品质，无明显的不良变化。

（2）汁液丰富，取汁容易，出汁率较高。

（3）原料的新鲜度高，无发酵或生霉的个体。如受条件限制需保藏时，应防止保藏病害及异味发生。

（4）原料的成熟度适宜，其汁液含量、可溶性固形物含量及芳香物质含量都较高，色泽鲜艳，香味浓郁，榨汁容易。一般在九成左右成熟时采收原料。

适宜于加工果蔬汁的原料如苹果、葡萄、菠萝、柑橘、柠檬、葡萄柚、杨梅、桃、山楂、番石榴、番茄、胡萝卜、芹菜、菠菜以及野生果品沙棘、刺梨、醋栗、酸枣、猕猴桃等均能用来制取果蔬汁。

2. 原料的洗涤

榨汁前原料要清洗干净，除去腐烂发霉部分。一般采用浸泡洗涤、鼓泡清洗、喷水冲洗或化学溶液清洗，洗涤方法，可根据原料的性质、形状来选择设备。鼓泡清洗是从清洗槽底部的吹泡管吹出空气，产生的空气气泡使水或洗涤液与果实表面均匀接触，并有搅动原料的作用。喷水冲洗是将在水槽浸泡一定时间的果实送至旋转式清洗机或冲洗输送带，果实在翻转过程中，从喷嘴向果实喷水，进行冲洗或高压喷洗。喷嘴流量以20 ~23L/min为宜，喷嘴与果实距离为17 ~18cm。喷洗压力高时效果好，但不能损伤果实，一般0.8 ~0.9MPa。喷洗效果决定于洗涤水的压力、流量和时间。对于农药残余量较多的果实，可用化学溶液洗涤，一般用0.5% ~1.0%的稀酸溶液、0.5% ~1.0%的稀碱溶液或0.1% ~0.2%的洗涤剂处理后再用清水洗净，如苹果水洗后将其浸于1% NaOH和0.2%洗涤剂的混合液中10min，洗涤效果较佳。某些原料还需要用漂白粉或高锰酸钾等杀菌剂进行消毒处理。洗涤之后将病虫果、未成熟果和受机械伤的果实剔除。

（二）原料取汁前的预处理

取汁是制汁生产的重要环节，含果汁丰富的果实，多采用压榨法提取果汁；含汁液较少的果实，如山楂等可采用浸提的方法提取汁液。为了提高出汁率和果蔬汁的质量，取汁前通常要进行破碎、加热和加酶等预处理。某些果蔬原料根据要求还要进行去梗、去核、去子或去皮等工作。

1. 原料的破碎

除了柑橘类果汁和带肉果汁外，一般在榨汁前都先进行破碎，组成破碎－压榨工序，以提高原料的出汁率，对于肉质紧密和需要通过浸提法取汁的果实以及个体较大的果蔬，破碎尤其重要。

（1）破碎程度的选择　果蔬的破碎程度直接影响出汁率，因此要根据果蔬种类、取汁方式、取汁设备、汁液的性质和要求选择合适的破碎度。如果破碎果块太大，榨汁时汁液流速慢，降低了出汁率；破碎粒度太小，在压榨时外层的果汁很快被榨出，形成了一层厚皮，影响汁液流出的速度，降低出汁率，同时汁液中的悬浮物较多，不易澄清。通过压榨取汁的果蔬，例如苹果、梨、菠萝、芒果、番石榴及某些蔬菜，破碎粒度以 3～5mm 为宜；草莓和葡萄以 2～3mm 为宜；樱桃为 5mm。

（2）破碎方式的选择　按破碎时原料是否加热，可将破碎分为冷破碎和热破碎。冷破碎是在常温下进行的，由于果蔬中的果胶酯酶和半乳糖醛酸酶等果胶分解酶的活性较强，在短时间内就能降解果胶，从而使果蔬汁稠度降低。对于澄清汁型的果蔬，采用冷破碎具有明显的优越性。

热破碎是在破碎前用热水或蒸汽将果蔬加热，然后进行破碎。由于加热抑制了引起稠度降低的酶的活性，用这种方法得到的果蔬汁较冷破碎有较高的稠度。采用热破碎方式可以使果蔬汁保持一定的黏稠度，增加混浊汁的稳定性。

2. 加热处理

由于破碎过程中果蔬中的酶被释放活性增加，多酚氧化酶会引起果蔬汁色泽的变化。加热可以抑制酶的活性，使果肉组织软化，使细胞原生质中的蛋白质凝固，改变细胞膜的半透性，使细胞中可溶性物质容易向外扩散，有利于果蔬中可溶性固形物、色素和风味物质的提取。适度加热可以使胶体物质发生凝聚，使果胶水解，降低汁液的黏度，因而提高了出汁率。对于水果浓缩汁特别是清型浓缩汁的加工，果实热烫不宜过度。对于果胶含量高的水果原料，不宜使果浆过热。

3. 加果胶酶处理

榨汁时果实中果胶物质的含量对出汁率影响很大。果胶酶可以有效地分解果肉组织中的果胶物质，使汁液黏度降低，容易榨汁过滤，提高出汁率。酶处理时要合理控制加酶量、酶解时间与温度。果胶酶制剂的添加量一般为果蔬浆质量的 0.01%～0.03%，酶反应的最佳温度为 45～50℃，反应时间为 2～3h。为了防止酶处理阶段的过分氧化，通常将果浆在90～95℃下进行巴氏杀菌，然后冷却到50℃时再用酶处理。

（三）取汁

在预处理过程中通过破碎、加热的操作，破坏了原生质的生理功能，使果蔬细胞中的汁液及可溶性物质渗透到细胞外面。但要分离出汁液，必须进一步使细胞破裂，施加压力分离或使其进入浸汁中。

1．压榨法

利用外部的机械挤压力，将果蔬汁从果蔬或果蔬浆中挤出的过程称为压榨。榨汁的方法依果实的结构、果汁存在的部位、组织结构以及成品的品质要求而异。大多数果实，通过破碎就可榨取果汁，但某些水果如柑橘类果实和石榴果实等，外皮中的不良风味物质、色素物质和精油会一起进入到果汁中影响产品质量，故应先去皮后进行榨汁。

果实的出汁率取决于果实的质地、品种、成熟度、新鲜度、加工季节、榨汁机的效能、压榨饼的孔隙度、挤压力、挤压速度、果蔬破碎程度、挤压层厚度等因素。在一定的压力范围内，出汁率与压榨力成正比，增加压力可以提高出汁率，最佳压力范围为1.0～2.0MPa。果蔬种类和品质对出汁率也有很大影响，一般以浆果类出汁率最高，柑橘类和仁果类略低。常见果蔬的出汁率见表4－3。

表4－3　常见果蔬的出汁率　单位：%

果蔬名称	出汁率	果蔬名称	出汁率
葡萄	75～85	番茄	65～75
黑醋栗	75～80	树莓	65～70
草莓	70～80	桃	60～70
苹果	70～80	杏	60～70
梨	65～80	柑橘	45～60
菠萝	70～75	柚子	40～60
樱桃	65～75	西番莲	32～35

2．浸提法

山楂、酸枣、梅子等含水量少、难以用压榨法取汁的果蔬原料需要用浸提法取汁，对于像苹果、梨等通常用压榨法取汁的水果，为了减少果渣中有效物质的含量，有时也用浸提法取汁。浸提法通常是将破碎的果蔬原料浸于水中，由于果蔬原料中的可溶性固形物含量与浸汁（溶剂）之间存在浓度差，果蔬细胞中的可溶性固形物就要透过细胞进入浸汁中。浸提效果具体表现在出汁量和汁液中可溶性固形物的含量（折光度）两个指标。

浸提率是单位质量的果蔬原料被浸出的可溶性固形物的量与单位质量果蔬原

料中所含可溶性固形物的比值。浸提时的加水量直接表现出汁量多少。浸提温度除了影响出汁率外，还影响到果汁的质量。高温可以增加分子运动的动能，提高扩散速度，有利于出汁，同时能抑制微生物生长繁殖。但高温会影响到果汁的色泽和营养等，因而，浸提温度一般选择60～80℃，最佳温度70～75℃。浸提时间越长，可溶性固形物的浸提就越充分，但时间过长，浸提速率变慢，可能引起微生物的繁殖。通常一次浸提时间为1.5～2.0h，多次浸提累计时间为6～8h。

（四）粗滤

粗滤或称筛滤。对于混浊果汁要在保存色粒以获得色泽、风味和香味特性的前提下，除去分散在果汁中的粗大颗粒或悬浮颗粒。对于透明果汁，粗滤以后还需精滤，或先行澄清而后过滤，务必除去全部悬浮颗粒。

生产上粗滤常安排在榨汁的同时进行，也可在榨汁后独立操作。如果榨汁机设有固定分离筛或离心分离装置时，榨汁与粗滤可在同一台机械上完成。单独进行粗滤的设备为筛滤机，如水平筛、回转筛、圆筒筛、振动筛等，此类粗滤设备的滤孔大约为0.5mm。

（五）澄清

制取澄清果汁时，通过澄清和过滤，除去汁液中的全部悬浮物以及容易产生沉淀的胶粒。种子、果心、果皮和维管束等大颗粒物质主要成分是纤维素、半纤维素、糖苷、苦味物质等，它们的存在会影响澄清果汁的质量和稳定性。果汁中亲水胶体主要是果胶质、树胶质和蛋白质，当电荷中和、脱水和加热时都能引起胶粒的聚集并沉淀，使之被电解质所沉淀。常用的澄清剂有明胶、单宁、皂土和硅藻土等。果汁生产上常用的澄清方法有以下几种：

1. 自然沉降澄清法

将破碎压榨出的果汁置于密闭容器中，经过一定时间的静置，使悬浮物沉淀，使果胶质逐渐水解而沉淀，从而降低果汁的黏度。在静置过程中，蛋白质和单宁也可逐渐形成不溶性的单宁酸盐而沉淀，所以经过长时间静置可以使果汁澄清。此法常用在亚硫酸保藏果汁半成品的生产上，也用于果汁的预澄清处理，以减少精制过程中的淀渣。

2. 加热凝聚澄清法

温度的剧变可使果汁中的蛋白质和其他胶体物质变性，凝聚析出，使果汁澄清。将果蔬汁在80～90s内加热到80～82℃，并保持1～2min，然后以同样短的时间冷却至室温，静置使之沉淀。

3. 加酶澄清法

果汁中含有的果胶物质，会使果汁混浊不清。可以利用果胶水解酶水解果汁中的果胶物质，使果汁中其他物质失去果胶的保护作用而共同沉淀以达到澄清的目的。酶制剂的用量一般为果蔬汁质量的0.2%～0.4%，作用温度为45～50℃。

4. 明胶澄清法

单宁与明胶或鱼胶、干酪素等蛋白质络合形成明胶单宁酸盐络合物的作用来澄清果蔬汁的。果蔬汁中加入单宁和明胶立即形成明胶单宁酸盐络合物，随着络合物的沉淀，果汁中的悬浮颗粒被吸附沉淀下去。

（六）混浊果汁的均质

均质目的在于使果蔬汁中所含的悬浮颗粒进一步破碎，使微粒大小均一，促进果胶的渗出，使果胶和果蔬汁亲和，均匀而稳定地分散于果蔬汁中，保持果蔬汁的均匀混浊度，获得不易分离和沉淀的果蔬汁。

目前使用的均质设备有高压均质机、超声波均质机及胶体磨等几种。高压均质机的均质压力为10～50MPa，其工作原理是通过均质机高压阀的作用，使加高压的果蔬汁及颗粒从高压阀极端狭小的间隙中通过，然后由于剪切力的作用和急速降压所产生的膨胀、冲击和空穴作用，使果蔬汁中的细小颗粒受压而破碎，细微化达到胶粒范围而均匀分散在果蔬汁中。混浊果蔬汁饮料的均质压力一般为18～20MPa，果肉型果蔬汁饮料宜采用30～40MPa的均质压力。果蔬汁在均质前，必须先进行过滤除去其中的大颗粒果肉、纤维和砂粒，以防止均质阀间隙堵塞。超声波均质机是利用20～25kHz的超声波的强大冲击波和空穴作用力，使物料进行复杂搅拌和乳化作用而均质化的设备。胶体磨的高速旋转使果蔬汁受到强大的离心力作用，所含的颗粒相互冲击、摩擦、分散和混合，微粒的细度可达0.002mm以下，从而达到均质的目的。

（七）脱气

存在于果蔬细胞间隙中的氧、氮和呼吸作用的产物二氧化碳等气体，在果蔬汁加工过程中能以溶解态进入汁液中，或被吸附在果肉微粒和胶体的表面。氧气的存在不仅会使果蔬汁中的维生素C破坏，而且与果蔬汁中的各种成分反应使香气和色泽发生变化，还会引起马口铁罐内壁腐蚀；附于悬浮微粒上的气体，会导致微粒上浮而影响制品的外观；气体的存在还会造成装罐和杀菌时产生气泡，从而影响杀菌效果。

脱气亦称去氧或脱氧，即除去果蔬汁中的氧气。脱氧可防止或减轻果蔬汁中色素、维生素C、香气成分和其他物质的氧化，防止品质变劣，去除附着于悬浮颗粒上的气体，减少或避免微粒上浮，以保持良好外观，防止或减少装罐和杀菌时产生泡沫，减少马口铁罐内壁的腐蚀。然而脱气过程可能造成挥发性芳香物的损失，为减少这种损失，必要时可进行芳香物质的回收，加到果蔬汁中，以保持原有风味。柑橘类果汁，则需除去产生不良气味的外皮精油，一般用减压法去油，同时脱除气体。果蔬汁脱气有真空脱气法、氮交换脱气法、酶法脱气法和抗氧化剂脱气法等。

1. 真空脱气法

真空脱气的原理是气体在液体内的溶解度与该气体在液体表面上的分压成正比。当果蔬汁进入真空脱气罐时，由于罐内逐步被抽空，果蔬汁液面上的压力逐渐降低，溶解在果蔬汁中的气体不断逸出，直至总压力降至果蔬汁的饱和蒸汽压为止，这样果蔬汁中的气体便可被排除。

2. 氮气交换法

在脱气罐的下部将氮气通入，果蔬汁从上部喷射下来，在氮气的强烈泡沫流的冲击下果蔬汁失去所附着的氧气，达到脱气的目的。气泡的大小、脱氧塔高度、气体和液体的相对流速决定脱氧的速度。

3. 酶法脱气法

在果蔬之中加入葡萄糖氧化酶可除去果蔬汁中的溶解氧。

4. 抗氧化剂法

果蔬汁装罐时加入少量抗坏血酸等抗氧化剂以除去罐头顶隙中的氧的方法称为抗氧化剂法，一般每1g抗坏血酸约能除去1mL空气中的氧。

三、带果肉果蔬汁饮料加工技术

现以番茄汁加工为例介绍带果肉果蔬汁饮料的加工技术。

番茄汁含有较多的营养物质，具有很高的保健营养价值，是人们十分喜爱的饮料之一。原料番茄的化学成分对于产品的加工质量有着重要的影响。番茄果肉的细胞膜主要成分为果胶、半纤维素、纤维素和蛋白质等，随着成熟度的提高，原果胶变成低分子的果胶，这些物质与番茄汁的黏稠性和果肉浆的沉淀性有着很大的关系，直接决定着产品的物理性质和外观。番茄果实中含有果胶酶、多聚半乳糖醛酸酶，其活性较强。成熟果实的果胶分子量降低，易受到此类酶的影响，必须对这些酶进行处理。

（一）工艺流程

番茄汁的一般工艺流程如下：

原料选择→挑选、冲洗、修整→预热、破碎→榨汁→配料→脱气、均质→高温灌装密封→杀菌→冷却→检验→成品

（二）工艺要点

1. 原料的选择

番茄原料的成熟度直接影响着产品的质量，在选择原料时，必须掌握其适当的成熟度，成熟的番茄色香味均较适宜，过熟的番茄香气会有所降低。番茄成熟要适当，颜色鲜红，个大汁多，果香浓郁。优先选用成熟、无损伤、新鲜、无病虫害及腐烂变质，可溶性固形物在5%以上，糖酸比例适宜（6:1）的优良番茄。

2. 挑选、冲洗、修整

番茄原料在加工前应进行严格的挑选和洗净，将病果、裂果、绿肩果等不能加工的果实挑出、剔除，最好选用球形或卵形果实，果蒂尽可能地小、易剔除、无隐埋，果皮、果肉富有弹性、强韧。选中的果实要洗净其上附着的泥土、农药

的残存物和微生物。常用的清洗方法有：

（1）浸渍法　将果实浸泡在水槽中，采用螺旋式输送机使水流动，添加次氯酸钠或进行氯处理，使水中氯浓度保持在 2～10mg/kg，必要时可添加单甘油酸酯、磷酸盐、柠檬酸钠、糖脂肪酸酯等洗涤剂以进一步提高清洗效果。提高水温也可提高洗净效果，但会促使微生物繁殖。

（2）化学法　在洗涤水中添加有界面活性的物质，通常采用柠檬酸和其他酸除去杀菌剂中的铜和其他重金属，从而提高洗净效果。

（3）气泡法　利用鼓风机从洗槽底部喷出空气，使气泡和洗涤液均匀地接触果实表面可提高清洗效果。但气泡的粒径、流量与洗涤效果的关系未进行深入研究。

（4）喷射法　果实在洗槽浸渍一段时间后，送入选装洗涤机，使果实一边回转，一边受一定压力和流量的水的喷洗。洗涤效果根据水的流量与时间决定，喷射压力过高容易使番茄受到损伤。

修整是进一步除去不良果实或切除果实不宜加工的部分，如剔除烂果、坏果和剔除果蒂、果梗等。

3. 预热、破碎

首先将原料热破碎，或瞬间加热到 90～95℃高温进行破碎，解决了酶的均匀失活、营养成分在预煮过程中溶出较多的问题，同时使加热和破碎结合在一起，工艺更加紧凑、高效。

4. 榨汁

榨汁是番茄汁生产中的一道重要工序，直接影响着番茄的出汁率和汁液的品质。一般优良品种的番茄，出汁率在 75%～80%。选择机械榨汁时，应选择效率高，与空气接触少的机械，如采用螺旋榨汁机等进行榨汁，这样可以减少空气中的氧气对色素、维生素及其他营养成分的氧化作用。

5. 配料

配料工艺主要是强化番茄汁的口感和独特的香味、鲜味。向番茄汁中加入 0.5% 左右的 NaCl 可以提高鲜味。有时还要加入 1% 左右的食糖，以调整番茄汁的酸甜口感。

6. 脱气、均质

配料后的番茄汁要进行脱气处理，脱去汁液中溶入的氧气，防止维生素 C 和其他营养成分的氧化。真空脱气条件为：真空度 80kPa，时间 3～5min。为了延迟或避免沉淀和分层，番茄汁需要进行均质。均质可以提高汁液的均匀度，提高产品的品质。

7. 高温杀菌热灌装和密封

番茄汁的杀菌装罐工艺可以采用两种方式：一是均质后，加温到 85～90℃趁热装罐，以满为准，然后密封，再进行杀菌，条件为温度 100℃，时间 20min。二是均质后的番茄汁进行高温瞬间杀菌，条件为温度 120℃，时间 40～60s，然后冷却到 90℃进行热灌装密封。至于采用哪一种工艺，可根据企业的设备状况和控制的手段而定。相比之下，瞬间杀菌效果好，汁液的风味和口感保持好，易于保存，是目前汁液加工的发展趋势。

8. 冷却、检验

包装密封完的番茄汁要立即用冷水冷却到35℃以下。因为番茄汁的稠度高，自然冷却缓慢，长时间高温其品质易变坏。人工降温就可以保证产品的质量。根据企业的产品标准，随机抽取样品进行检验，合格后方可放行入库。

9. 贴标、入库、成品

合格的番茄汁贴上标签，就可入库，作为成品进入市场销售。原汁或浓缩的番茄汁通常是作为配制饮料的原料。因为它黏稠度较高，口感厚重、浓郁，清爽感差。一般将番茄原汁稀释到65% ~70%的浓度，再添加一些香料，就可以制成清爽可口、香味独特的番茄汁饮料。还可以将番茄汁稀释后加入一定量的果汁，如柠檬汁等配制成番茄果汁饮料。番茄汁还可以与其他蔬菜汁调配制成混合蔬菜汁饮料。

（三）注意事项

成品番茄汁在保藏过程中会产生以下几种沉淀现象：

1. 由果肉细碎的颗粒引起的，通常在显微镜下可以观察到少量的沉淀，但一般不会影响番茄汁的风味。

2. 成品库存5 ~7d，会发现许多灰白色沉淀，其形成过程中在番茄汁中出现白色夹杂物，然后逐渐沉到容器底部，再过大约3周后，番茄汁变清，色泽鲜明，沉淀逐渐呈白色粉状聚集在容器底部，味道变酸。

3. 成品下线后1 ~2个月，或更长一段时间番茄汁中才出现少量灰白色沉淀，酸度变化不大，在显微镜下也会发现沉淀中有许多微生物。

4. 番茄汁产生淡黄色沉淀，并逐渐产生似用不新鲜原料加工的味道，在显微镜下发现沉淀中有以球菌为主的各种微生物。

原因及防止措施：菌性沉淀主要是由于原料污染率较高、停工以及生产间歇期间卫生条件不符合卫生要求等因素引起的，主要由成品中存在耐热性微生物所致。平酸菌引起的沉淀不会引起胀罐，但番茄汁的化学组成、外观色泽和风味等都会产生变化，后随灰白色沉淀的出现而恶化，使番茄汁呈鲜红色，味道急剧变酸而不能食用。因此，在番茄汁生产过程中要加强卫生管理，控制番茄汁的pH在4.3以下，装罐前进行高温瞬时杀菌，防止细菌性沉淀的形成。

四、果蔬汁的质量标准及质量控制

1. 败坏

果蔬汁败坏常表现为表面长霉、发酵，同时产生二氧化碳、醇或因产生醋酸而败坏。果蔬汁中所含的碳水化合物、有机酸、含氮物质、维生素及矿物质均是微生物生长活动所必需的。因此加工过程中必须采取各种措施来处理，尽量避免微生物的污染。

2．变味

加工方法不当及保藏期间环境条件不适宜都会引起变味。原料不新鲜、加工时过度热处理都会明显降低果蔬汁饮料的风味；调配不当，不仅不能改变果蔬汁的风味，反而会使果蔬汁饮料风味下降。加工和保藏过程中的各种氧化和褐变反应，不仅影响果蔬汁的色泽，风味也随之变劣，非酶褐变能加速某些不良化学变化，铜的污染加剧抗坏血酸的氧化，同时铜的催化常因铁的存在而加剧，从而引起汁液风味变劣；此外微生物活动所产生的不良物质也会使果蔬汁变味。

3．变色

不同的果蔬汁饮料会呈现果蔬特有的天然色素的颜色，如卟啉色素、类胡萝卜色素和多酚类色素。在加工、保藏过程中，因酶促影响和其他化学、物理变化的影响造成一定的颜色变化，包括色素引起的变化和褐变引起的变化。

4．混浊与沉淀

加工过程中杀菌不彻底或杀菌后微生物再污染。由于微生物活动并产生多种代谢物质，而导致混浊沉淀；果蔬之中的悬浮颗粒以及易沉淀的物质未充分去除，在杀菌后保藏期间会继续沉淀，加工用水为达到饮料用水标准，带来沉淀和混浊的物质；金属离子与果蔬汁中的有关物质发生反应产生沉淀；调配时糖和其他物质的质量差，可能导致有混浊沉淀的杂质；香精水溶性地或用量过大，从果蔬汁中分离出来引起沉淀。

导致混浊果蔬汁分层和沉淀的原因也很多，要根据具体情况进行预防和处理，在榨汁前后对果蔬原料或果蔬汁进行加热处理，破坏果胶酶的活性，严格均质、脱气和杀菌操作，是防止混浊果蔬汁沉淀和分层的主要措施。

任务三 包装饮用水生产技术

一、包装饮用水的分类

包装饮用水主要包括矿泉水和纯水两大类。矿泉水分为天然矿泉水和人工矿泉水两类。纯水包括纯净水、太空水和蒸馏水等。

1．矿泉水

矿泉水是指从地下深处自然涌出的或经人工揭露的、未受污染的地下泉水。矿泉水含有一定量的矿物盐、微量元素或二氧化碳气体，在通常情况下，其化学成分、流量、水温等动态在天然波动范围内相对稳定。

矿泉水中的锂和溴能调节中枢神经，具有安定情绪和镇静作用。长期饮用矿泉水能补充膳食中钙、镁、锌、硒、碘等营养素的不足，对于增强机体免疫功能，延缓衰老，预防肿瘤，防治高血压，痛风与风湿性疾病有着良好的作用。目前，瓶装饮用矿泉水大致分为以下几种类型：

（1）天然矿泉水　自然涌出的地下泉水。混合矿泉水：两种或多种矿泉水的混合水。

（2）矿泉水饮料　以矿泉水为主要成分而配制成的各种矿泉水饮料。

（3）人工矿化水　即仿制的矿泉水，也称人工合成矿泉水。

无论哪种矿泉水饮料，其加工工艺流程均如下所示：

源水→过滤→氯杀菌→脱氯→调和→精密过滤→紫外线杀菌→充填→密封→冷却→包装→制品

洗瓶→加温→充填

2. 纯水

纯水是以符合生活饮用水卫生标准的水为原料，通过电渗析法、离子交换法、反渗透法、蒸馏法及其他适当的加工方法制得的，密封于容器中且不含任何添加物的一种无色、无味直接饮用的水。目前饮用纯水有多种生产工艺，常用的有微滤、电渗析、超滤、反渗透、离子交换、蒸馏等方法及其组合，此外还应进行原水的预处理和纯水的消毒杀菌。

二、矿泉水生产技术

饮用天然矿泉水在生产中必须取得采矿许可证、准产、卫生许可证、产品合格证和经营证后，瓶装饮用天然矿泉水才能进入市场。该产品的生产工艺由矿泉水的引水、曝气、过滤、灭菌、充、灌装等工序组成，它涉及水文、地质、卫生、机械性能、管理等方面。

（一）工艺流程

空瓶→洗涤→冲洗→灭菌→灌装

水源→抽水→储存→沉淀→粗滤→精滤→灭菌→超滤→灌装→贴标→喷质检→包装→成品

（二）工艺要点

1. 引水

引水工程一般分为地下和地上两部分，地下部分主要是指从地下引取矿泉水到地上出口的部分，需对矿泉水进行封闭，避免地表水的混入。地上部分是指把矿泉水从最适当深度引到最适当的地表，并进行后续加工工序的部分。在引水过程中应防止水温变化和水中气体的散失，防止周围地表水的渗入，防止空气中氧气的氧化作用及有害物质的污染。

2. 曝气

矿泉水中含有的二氧化碳、硫化氢、多种金属盐类，开采出来后压力下降，二氧化碳大量逸出，已溶解的盐类沉淀出来，水的 pH 发生变化，由于水中含有硫化氢等气体以及铁等金属盐类，装瓶后必然会造成成品矿泉水存在异味和产生氧化物沉淀，影响产品感官质量。为了排除不愉快的气味，避免装瓶后产生氧化物沉淀，降低成品矿泉水金属离子浓度，在过滤前可对天然矿泉水采取曝气工艺，使矿泉水和净化过的空气接触脱去各种气体。

3. 过滤

过滤目的是除去水中不溶性杂质及微生物，以使水质清澈透明、清洁卫生。一般要经过粗滤、精滤和超滤。

粗滤一般是用砂罐滤去水中的大颗粒的矿物质结晶、细砂、泥土等；精滤是用砂滤棒或微孔烧结管装置过滤，滤掉悬浮物和一些微生物；超滤一般用聚矾中空纤维超滤膜技术装置过滤，截留相对分子质量6000~400000，滤去胶粒状小颗粒及经灭菌后的菌体。

4. 灭菌

国标对饮用天然矿泉水的细菌指标规定为小于5cfu/mL和大肠菌零检出。

臭氧（O_3）是特别强烈的氧化剂，臭氧瞬时的灭菌性质优越于氯化和紫外线照射，臭氧现已广泛用于水的消毒，同时也可用做除去水臭、水色以及铁和锰。

对于某些矿化度较高的矿泉水就应特别注意控制臭氧的用量，切勿过量使用，以免早期和后期产生沉淀。在天然矿泉水的生产中臭氧的功效在于灭菌，而各种菌类耐臭氧的能力差别很大，在一定臭氧浓度下可从1~10min达到杀灭的程度，某些细菌形成的孢子或芽孢杆菌或霉菌的孢子都有很强的耐臭氧能力。因此，在矿泉水的生产中就涉及如何使用臭氧的工艺技术问题。通常控制好以下四方面可以达到较好的效果：

（1）流量　指在单位时间内给出的臭氧的量和单位时间内给出的被处理的水量，实际是在操作过程中每升的水要用多少毫克的臭氧。

（2）界面　指臭氧与水接触的面积。通常气体与液体接触面积越大越好，行程越长越好。例如在臭氧发生器中的氧化塔里增加填充物，设有分配板或强制湍流隔板都是为了使臭氧和水充分地接触。

（3）流速　指供给臭氧在单位时间内的流速和进水、出水在单位时间内的流速。

（4）时效　时效指保留时间，即在一定臭氧浓度下与水作用的有效时间。

5. 充气

饮用矿泉水中有充气和不充气两大类。充气饮用矿泉水经过引水、曝气、过滤后再充入二氧化碳气体；不充气饮用矿泉水则在经过引水、曝气、过滤、灭菌后直接装瓶或因水质条件的特殊不经曝气而直接装瓶。充气用二氧化碳的要求如下：二氧化碳纯度达99%以上，无色、无臭，水分含量小于0.1%，KOH小于1%，不得含有一氧化碳、二氧化硫、三氧化硫、氢气、氯化氢、氨气、矿物油等杂质。我国国标上未分含气和不含气产品，仅规定矿泉水中游离二氧化碳含量在250mg/L以上。

6. 灌装

灌装有人工灌装和机械灌装。人工灌装产量低、速度慢、易污染，但比较灵活方便。机械灌装，可选用全自动冲瓶、灌装、封盖机，此机将冲瓶、灌装和封盖三机结合为一体，可节省能源消耗，减少操作队员，降低三机间矿泉水受空气的污染。

三、纯净水生产技术

纯净水是指水经净化、软化或蒸馏、消毒、灌装等工艺，除去水中有机和无机的杂质，供直接饮用的纯水。在纯净水生产过程中，原水以符合生活饮用水卫生标准的水为水源，净化、软化或蒸馏可采用机械过滤法、电渗析法、离子交换法、反渗透法、蒸馏法及其他适当的加工方法。纯净水包括蒸馏水、超纯水、太空水等。

（一）工艺流程

纯净水生产前，首先要将原水水质进行化验，根据产品要求及原水品质确定设备、工艺流程。

原水→水箱→机械过滤→活性炭过滤→电渗析→反渗透→超滤→

臭氧消毒→净水罐→灌装→检验→成品

（二）工艺要点

1. 前处理

前处理的目的是降低原水的色度和混浊度。一般采用机械过滤或砂滤棒过滤作为初滤，再用蜂房式或烧结管式微孔过滤。

（1）初滤　包括机械过滤和砂滤棒过滤。机械过滤通常分为重力式和压力式，使水通过细小的粒状滤料层进行过滤，从而降低水的色度和混浊度；砂滤棒过滤器是一个装有多根特制砂滤棒的不锈钢密封容器，原水进入容器后，通过砂滤棒外壁进入棒内，滤出水由出口部流出，从而达到净化目的。纯净水处理水量较小，且原水水质较好，一般多采用砂滤棒过滤。

（2）微孔过滤　微孔过滤是利用过滤介质微孔的截留作用，除去水中的机械杂质，使水得到净化。传统的微孔过滤，采用蜂房式过滤器，蜂房式过滤芯是一种效率高、阻力小的深层过滤层，但容易堵塞，且清洗困难，所以运行周期短。现在多采用PE过滤管过滤器，PE管微孔过滤材料由低压超高分子质量聚乙烯通过烧结而成，过滤时料液由管壁进入管内，滤渣留在管壁上，从而达到过滤的目的，截污负荷大，过滤精度高。当滤阻增加到过滤流量不能满足要求时，可利用压缩空气反吹或清水反冲方法进行清洗脱渣及再生。此种烧结管的化学性能优越，耐酸、碱、盐及大部分有机溶剂和其他的化学物质，且耐温性能好（80℃），加之装置的机械强度好，不易损坏，使用寿命长，操作简单方便。根据处理水的能力和原水水质状况，可选择不同的微孔过滤规格型号，以适应生产需要。

2. 除盐

生活饮用水作为原水，水中溶解总固形物含量不超过1000mg/L，相当于电导率不超过120～150S/cm，除盐的目的是除去水中的盐分，使电导率降低到5S/cm以下，达到饮用纯净水标准。由于除盐工艺的关系，水的pH会降到5～7，但仍符合饮用纯净水标准。

（1）电渗析法　电渗析法是利用离子交换膜对离子的选择透过性，在直流电场作用下，以电位差作推动力，使水中阴阳离子定向移动，让一部分水静离子进入到另一部分水中，从而达到除盐的目的。

（2）离子交换法　离子交换法除盐是让原水通过两种离子交换的复床、混合床达到除盐的目的。该法出水纯度高，比蒸馏法简便、经济，采用单一的阴阳离子交换法，水质即可达到饮用纯净水标准；但离子交换法用酸、碱需再生，酸碱消耗量较大，而且再生操作比较繁琐复杂，因此，可采用离子交换与电渗析等相结合的方式，生产更纯净的水。

（3）反渗透法　反渗透与电渗析一样是一种膜分离技术，是利用压力差作为推动力。它以足够的压力使原水中的纯水通过反渗透膜分离出来，从而达到除盐的目的。反渗透过程由于分离过程不需加热，没有相的变化，具有能耗低、设备体积小、适应性强等优点。但反渗透的设备投资及维护费用较大，且操作压力较高，需要高压泵加压，压力一般为1～4MPa。反渗透法除盐率可达90%～99.5%。为了适应不同的原水水质和减少设备投资，可采用反渗透与离子交换相结合的方式生产纯净水。

（4）蒸馏法　蒸馏就是将原水加热蒸发，使其变成水蒸气，然后将水蒸气冷却凝结而得蒸馏水。全自动密封生产线的核心是蒸汽压缩蒸馏机，通过把供给水加压加热，温度达到240℃后，用沸水蒸汽冷凝的方式提取纯净的蒸馏水。

3. 超滤

超滤技术是用于物质分离、浓缩、提纯的一种膜分离技术。目前用于饮用纯净水的超滤膜大部分为中空纤维聚砜膜，该膜是以高分子材料采用特殊工艺制成的不对称半透膜。它呈中空毛细管状，管壁密布微孔，在压力的作用下，原液在膜内或膜外流动，其中的溶剂或小分子可以透过膜，经收集而成为超滤液，而其中的高分子物质以及胶体粒子则被阻止在膜表面，被循环流动的原液带走而成为浓缩液，从而达到了物质的分离、浓缩和提纯的目的。

4. 消毒

(1) 紫外线消毒　饮用纯净水的消毒采用传统的紫外线杀菌工艺时，由于紫外线穿透能力相对较弱，水中存在的杂质多、颜色深、浊度较大时都会影响紫外线的穿透能力。因此，要使用紫外线灭菌时需要超滤后至装瓶前杀菌效果相对较好。

(2) 臭氧消毒　采用水激活化技术、高频高压沿面放电技术产生臭氧，臭氧能破坏分解细菌的细胞壁，迅速扩散透入细胞里，氧化破坏细胞内的蛋白酶致死菌原体。具有快速、高效、安全的特点，臭氧与纯净水混合即可迅速消除水中细菌、异味及其他有害物质。

任务四 其他饮料加工技术

一、植物蛋白饮料加工技术

植物蛋白饮料是以蛋白质含量较高的植物的果实、种子或核果类、坚果类的果仁等为主要原料，经加工制成的制品。主要有豆乳、花生乳、杏仁露、核桃露和椰子汁等产品。

(一) 豆乳生产工艺流程

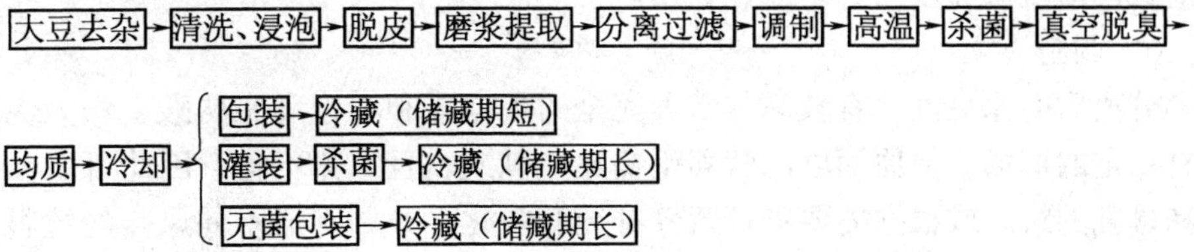

(二) 工艺要点

1. 原料选择、去杂

豆乳没有煮汁（豆清）排除过程，原料大豆的缺陷直接影响制成品的质量，因此大豆原料选剔很重要。通常选用脂肪含量高的大豆原料，大豆味浓，白浊度也好。原料大豆含水量控制在12%以下。根据杂质与大豆间不同的物理性质（密度、大小等）可选用筛选、风选、去石机、磁选等方法，除去霉烂豆粒以及石块等各种杂质。

2. 清洗和浸泡

大豆表面有很多微细皱纹、尘土和微生物附着其中，浸泡前应进行充分清洗。大豆浸泡的目的是为了软化组织结构，降低磨浆时的能耗与磨损，提高蛋白胶体分散程度，有利于蛋白质的萃取，提高蛋白质提取率。浸泡用水为大豆的3～4倍质量；浸泡时间视水温不同而异。夏天浸泡8～10h，冬天浸泡16～20h。应随时检查浸泡情况，确定浸泡程度。

3. 脱皮

浸泡好的大豆应脱去豆皮，可以改进豆乳风味以及缩短灭酶所需要的加热时间，可以减少蛋白质变性和防止褐变。大豆含水量应在12%以下，以保证脱皮率在90%以上。当大豆含水量超过12%时，应将大豆置于干燥机中通入105～110℃热空气进行干燥处理，冷却后进行脱皮。

4. 磨浆及脂肪氧化酶等的钝化

生大豆中存在各种酶，包括尿素酶、淀粉酶、蛋白酶、过氧化物酶、脂肪氧化酶20多种，这些酶在豆乳制造中产生豆腥味、苦味、涩味等，影响豆乳风味；有时还不利于人体消化，产生毒性分解物。这些酶通过一般的加热处理大都失去活性，特别是使脂肪氧化酶失活尤为重要。将磨浆用水加热到90℃以上，然后和大豆一起进入磨浆机中磨浆，并保温10min。大豆磨碎成白色糊状物成为豆糊。

5. 分离过滤

通过分离过滤，将豆浆液与豆渣分开，豆渣中含水量应在80%以下，渣中含水量越多，则蛋白质回收越低。以热浆进行分离，可降低浆体黏度，有助于分离。磨浆的同时大多数的豆渣可分离出去，得到的豆浆还需要经过专用设备进行进一步分离。分离一般用沉降式卧式离心机（滗析式离心机），分离后可用自动排渣式澄清机进一步去除不溶性物质。

6. 调制

分离后的原豆乳含有较高的营养完全的蛋白质和不饱和脂肪酸，作为保健食品有一定的市场，但原豆乳的营养平衡比牛乳差，且风味不佳。因此可以参照牛乳和母乳的组成或根据需要进行营养补充和强化，并调制成不同风味的饮料。豆乳饮料的调制，即按照产品的标准要求，在调制罐中将豆乳、营养强化剂、赋香剂和稳定剂等注入一起，充分搅拌均匀，并用饮料用水调整至规定浓度的过程。通常，调整可以改善营养、油脂、香气物质、稳定剂等。

7. 加热杀菌

豆乳加热杀菌的目的，一是杀死致病菌和绝大多数腐败菌，达到商业无菌要求；二是破坏不良因子，特别是胰蛋白酶抑制素。豆乳杀菌常用的方法有煮沸杀菌和超高温杀菌。煮沸杀菌对豆乳来说只是消毒产品，只能短期保藏（4℃，10d以内）。

目前，豆乳杀菌广泛采用超高温瞬时杀菌，然后迅速冷却，这种方法使有害菌热致死率高，而对产品的色、香、味和营养成分破坏小。主要采用的设备有间接加热的片式、管式超高温杀菌设备和向豆乳中通入高温蒸汽而进行超高温杀菌的直接喷射式杀菌法。目前豆乳生产常用后一种，即采用0.6MPa压力，140～150℃的蒸汽与具有5～6MPa压力的豆乳同时加入加热器中，加热10s左右，使豆乳瞬时吸收大量的热量，温度迅速上升。

8. 真空脱臭

真空脱臭主要目的是去除加热处理产生的加热臭和前处理留下的不愉快气味。前一工序所得的具有高温高压的豆乳进入真空脱臭罐中，压力骤然降低，从而引起带有豆臭和其他异味的蒸汽迅速排除；同时由于水分迅速蒸发时吸收冷凝热，使豆乳可迅速降温（80℃以下），可使蛋白质避免加热时间过久而产生热变性，减轻褐变现象。

脱臭一般在真空罐内进行，脱臭真空度以26.7～40kPa为佳，脱臭温度一般在75℃以下，这一温度对以后的均质乳化也是适合的，如果真空装置停止工作，豆乳在真空罐内有时会发生分离和凝聚现象；而真空度过高会加剧气泡产生，使豆乳与蒸汽一起排出，造成产品损失。

9. 均质

均质机是在机械的作用下，使豆乳获得较高的压力，然后通过均质阀狭缝压出，而使脂肪微粒及其他粒子微化，提高油脂在豆乳中的稳定性，使产品保持均匀稳定的状态，并能明显改善豆乳口感。豆乳均质的效果由均质压力、均质温度和均质次数三个因素决定。均质压力越高越好，但受到设备性能的限制；均质温度越高均质效果越好，但受均质机最高工作温度的限制；增加均质次数可以提高均质效果。均质一般放在杀菌后进行。

10. 冷却与包装

均质后的豆乳经板式换热器冷却至10℃以下（2～4℃），送入储存罐中进行无菌包装。

二、茶饮料加工技术

液态茶饮料是利用茶叶的可溶物，制成具有饮用方便、营养丰富、包装新颖的茶叶保健饮料。根据目前国内外液态茶饮料的种类品种，可将其分为两类：

一是通过调味的混合型液态茶饮料，该类产品除茶叶可溶性成分外，还佐以各种果汁、糖、酸等辅料，使产品不仅突出茶叶的品味，而且具有茶叶特有的解渴、提神等功效。

二是纯茶型的即饮茶饮料，该类产品不添加其他辅料，保持茶叶原有的色、香、味。但无论哪一类液态茶饮料均为天然萃取型的即饮茶饮料。

装罐茶水是一种纯茶饮料，目前大部分是乌龙茶，另有少量红、绿茶。

（一）工艺流程

水源→水处理→净水（加茶叶）→浸提→冷却→过滤（去茶渣）→调配→加热→灌装→密封→杀菌→冷却→成品

（二）工艺要点

装罐茶饮料的主体是茶叶浸出液（又称其为茶汤），因此凡影响茶浸出液的因素都会对成品产生影响，主要包括以下方面：

1. 茶叶

应选择外观颜色纯泽，香气浓郁纯正，外形均匀一致的当年新茶，确保饮料产品有理想的色泽、香气和滋味。

2. 水质

水中的金属离子对茶浸提液的颜色及滋味都会产生较大的影响，因此，浸提用水应进行去离子处理，同时应将水的 pH 控制在 6.5 左右，即微酸性至中性范围。

3. 浸提

茶叶中可溶性成分的浸提效果与浸提时间和温度有关。一般温度升高、浸提时间延长都有助于可溶性成分的浸出。但茶叶中的香气成分在高温条件下易出现挥发损失，且温度过高还会引起浸提液的氧化，故生产中宜用 75～85℃的温水，浸提 10～15min 即可。茶水比例控制为 1∶100 左右，或每 250mL 茶饮料用茶 2.5～3.0g。

4. 冷却

浸提结束后，应迅速将浸提液冷却下来，最大限度地保持茶饮料固有的香气成分及呈味物质。

5. 过滤

采用250 目尼龙滤布滤去茶渣及其他肉眼可见物，保证成品的清澈透明。

6. 调配

有关专家的研究表明，茶叶中的儿茶素类物质在酸性条件下较为稳定。因此用 L－抗坏血酸将茶饮料的 pH 降低至 5～5.5，这样既保证了有效成分的稳定，又兼顾了茶饮料的适口性，同时 L－抗坏血酸还可抑制氧化作用的产生。

7. 灌装

应采用优质涂料铁罐或玻璃瓶进行灌装，避免铁及其他金属直接与茶饮料接触，造成饮料中的多元酚类物质与铁等金属元素间的反应，导致成品色泽变黑。

8. 密封

采用充氮气后密封或抽真空（真空度为 5.3×10^4～6.75×10^4Pa）后密封，降低罐内氧气的含量。

9．杀菌

在121℃条件下杀菌5~10min，保证产品卫生、安全。

10．冷却

杀菌结束后，反压冷却至常温即得成品。若采用铝箔或PET瓶包装，茶饮料在调配后加热至90~95℃，通入超高温瞬时杀菌器，在130℃下杀菌10~15s，冷却至45℃左右，在无菌条件下灌装密封即成。

三、固体饮料加工技术

固体饮料是指以某种原料为主，配以其他辅料（或不加辅料），经加工处理制成的水分含量小于5%的经水冲溶后即可饮用的固体状饮料。固体饮料可以分为蛋白型固体饮料、果香型固体饮料和其他类固体饮料。

固体饮料必须有良好的即溶性，即冲水后能很快溶解或以微细颗粒均匀地分散在水中，没有残渣或少有沉淀。因此所选原料必须具有良好水溶性或分散性，且经加工后仍保持该产品特性。

（一）工艺流程

配料→合料→成型→烘干→过筛→检验→包装→成品

（二）工艺要点

1．合料

这是全部操作的第一道工序，也是全部操作的主要工序。国外常用高效的粉碎机和高效的混合机，各种成分被粉碎得很细，并在干燥的条件下混合得很彻底，将各种组分按配方混合后，便成为一种粉状产品，再不经成型和烘干了，所以合料就成为全部工艺操作的唯一工序。国内一般都在合料之后，再经成型、烘干等工序。因此全部操作的第一道工序是合料。在这道工序中，要特别注意以下方面：

（1）合料配方　果味固体饮料一般的配方是，砂糖或麦芽糊精和低聚糖97%，柠檬酸或其他食用酸1%，各种香料香精0.8%，食用色素控制在国家食品卫生标准以内。果汁固体饮料的配方与果味型不同，浓缩果汁占有相当大的比例，产品的香气主要来自果汁和柠檬酸，食用色素也可以不用或少用。可加入较高比例的麦芽糊精和低聚糖。

（2）粉碎　砂糖必须先用粉碎机粉碎，并能通过80~100目筛。商品麦芽糊精和低聚糖均为粉状，可直接使用。液态低聚糖浓度较高，也可直接使用。

（3）过筛　糖粉需先通过60目筛，然后投料，以免粗糖粉结块混入合料机，以保证合料均匀，不出色点和白点。

（4）多糖过筛　如需投入麦芽糊精和粉状低聚糖，同样需先经筛子筛出，继糖粉之后投料。

(5) 添加剂溶解　食用色素和柠檬酸需分别先用水溶解，然后分别投料。再投入香精，搅拌混合。

(6) 果汁加量　果汁加量少时，可将浓缩果汁还原成原果汁加入。如果制造果汁粉，则需用浓缩果汁添加少量辅料，经过真空发泡干燥或喷雾干燥制成。

(7) 用水量　投入混合机的全部用水，需保持在全部投料的5%～7%。全部用水包括用以溶解食用色素和柠檬酸的水，也包括了香精。用水过多，则成型机不好操作，并且颗粒坚硬，影响质量；用水过少，则产品不能形成颗粒，只能成为粉状，不符合质量要求。如用果汁取代香精，则果汁浓度必须尽量高，并且不能加水合料。

2. 成型

将混合均匀和干湿适当的坯料，放进颗粒成型机造型，造成颗粒状。颗粒大小与成型机筛网孔眼大小有直接关系，必须合理选用。一般以6～8目筛网为宜。造型后成颗粒状的坯料，由成型机出料口进入盛料盘。

3. 烘干

将盛装盘子中的颗粒坯料，放进干燥箱干燥。烘烤温度应保持80～85℃，以取得产品较好的色、香、味。

4. 过筛

将完成烘烤的产品通过6～8目筛子进行筛选，以除掉较大颗粒或少数结块，使产品颗粒大小基本一致。

5. 包装

将通过检验合格的产品，摊晾至室温之后包装。产品如不摊晾而在品温较高的情况下包装时，则产品容易回潮，引起一系列质变。包装如不紧密，也会引起产品的回潮变质。

四、特殊用途饮料加工技术

功能性饮料是功能性食品的一个分支。近年来，功能性保健饮料日益得到消费者的认同，为饮料工业开发新产品提供了新的发展方向，使饮料市场更趋多元化。

(一) 分类

1. 根据原料分类

(1) 传统食品加工　利用传统的动物性食品（如乌骨鸡、中华鳖、蛇等），植物性食品（无花果、南瓜、黑芝麻等）和微生物发酵食品（酸乳、醋蛋等），通过先进的工艺和设备而制得的饮料。其营养丰富，大多含有人体必需的氨基酸、维生素、微量元素等，各具不同的功能。

（2）添加中药提取物和营养强化剂　用现代的工艺方法提取中草药中成分，然后通过添加提取物和一些营养强化剂（如矿物质、维生素、氨基酸等），从而制成一类具有较好的防病与保健作用的功能性饮料。

（3）添加新资源食品　一些新资源食品在调节人体代理功能、防治某些疾病方面作用较强，如绞股蓝、珍珠、蜂王浆、芦荟、银杏叶、杜仲、小球藻等。这些新资源促进了疗效型功能性饮料的发展。

（4）利用生物技术开发　随着生物技术的发展，运用生物技术将生产出含有各种活性肽、免疫因子等的功能性饮料。

2. 按功能作用分类

（1）兴奋性饮料　含有咖啡因、瓜拉拿藤、L-肉碱、牛磺酸等物质的饮料。

（2）疗效饮料　长期饮用能对某些常见病具有一定疗效的饮料，如长期饮用含有银杏黄酮的保健饮料，可对心血管疾病患者有一定的疗效作用等。

（3）运动饮料　含维生素、纤维素、氨基酸、矿物质等多种抗疲劳因子的饮料。

（4）健康饮料　含有较多能促进人体由亚健康状态向健康状态转变的功能因子，如卵磷脂、乳清分离蛋白、益生菌、益生元、多酚类等的饮料。

3. 主要功能成分分类

（1）活性多糖饮料　活性多糖主要指具有某种特殊生理活性的多糖类化合物。该类饮料一般包括膳食纤维饮料和真菌多糖饮料。

（2）功能油脂饮料　含有较多功能性不饱和脂肪酸的饮料。

（3）矿物元素饮料　主要指强化了硒、锗、铬等与人体健康密切相关的微量矿物元素的功能性饮料。

（4）抗衰老饮料　主要指强化了自由基清除剂的一类饮料。

（5）保健茶饮料　茶叶有效成分中的茶多酚、脂多糖、氨基酸、微量元素以及咖啡碱等对人体有特殊的保健作用。以茶为主的饮料将成为功能性饮料的重要部分。

（6）低能量饮料　添加功能性甜味剂的饮料。

（7）强化维生素功能饮料　主要指强化各种维生素的一类饮料，如“红牛饮料”等。

4. 按食用对象分类

（1）日常功能性饮料　主要是根据不同的健康消费群体（如婴幼儿、学生、老年人等）的生理特点与营养需求的一类饮料，强调其成分能充分显示调节生理节律、提高身体防御机能、促进生长发育、维持活力与精力等功能。

（2）特种功能饮料　主要是着眼于某些特殊消费群体（如糖尿病患者、便秘患者、肥胖症患者、肿瘤患者、心血管疾病患者等）的特殊身体状况而设计的一类饮料，重点强调其在预防疾病和促进康复等方面的调节功能。

(二) 加工工艺

功能性饮料的基本生产工艺和相同类型的一般饮料的基本工艺过程是大致相同的，如功能性碳酸饮料的生产工艺也同样包括水处理、二氧化碳处理、调配和灌装四大系统，乳品功能性饮料的生产工艺基本同乳饮料的生产等。但由于功能性饮料的原料众多，特性各异，所以其提取、调制、后处理等工艺过程也就各不相同。主要工艺介绍如下。

1. 功能性原料的提取

植物性原料中的功能性成分一般采用萃取法来提取。萃取法是将其有效成分先溶解于溶剂中，从而使其得到部分或完全分离的一种方法。

在采用萃取法时，溶剂的选择是成功的关键。功能性成分一般分为水溶性成分和脂溶性成分两类，在萃取水溶性成分时，常用水、酒精水溶液等作为溶剂；在萃取脂溶性成分时，常用乙烷、丙酮、食用油脂等有机溶剂。只有在确定有效成分的性质后，才能正确地选择溶剂。萃取法不但能分离有效成分，还能排除某些有害成分。在进行萃取操作时一般应注意：

(1) 首先要正确选择溶剂。

(2) 在用液体萃取液体时，两种液体的密度相差要大，以便于分离，同时应加以搅拌，以增加液体之间的接触面积。

(3) 萃取固体原料时，可采用多次或连续长时间萃取。

(4) 为提高萃取速度，可采用适当粉碎、加速液体流动速度、搅拌、鼓入压缩空气等方法。

(5) 要选择合适的温度等。

2. 功能成分的强化

强化的目的，就是使最终产品中能维持某些强化剂的有效浓度。要达到预期的效果就应当充分了解各种强化剂的不同性状、加入对象的特点，以及加入后可能发生的不利变化等。只有在充分权衡之后，才有可能得到一种较好的方法。

(1) 强化方法　饮料一般呈酸性（$pH < 7$），故强化剂应当能溶于水，利于均匀混合；还应当对酸较稳定，以免受到分解失效。通常可以在原料中添加比较稳定的强化剂，如维生素 B_1、维生素 B_2 等，通过各种加工工艺，使其完全地混合在一起；也可以在加工过程中添加热敏性强化剂，如维生素 C、赖氨酸等，在加热之后的某工序添加，再混合均匀；还可以在成品中添加，如液体饮料，可把强化剂制成溶液后在灌装前混入，并搅拌均匀；对于固体饮料，可把强化剂碾成粉末与之充分混合，或溶成溶液喷洒进去。此法可减少强化剂的损失，但很难混合均匀。

(2) 保持强化效果的措施　强化饮料加工工艺可以采取改变强化剂的结构、加入稳定剂、改进加工方法等。各种强化剂均有一定的加工适应性，只有对其充分了解以后才能有针对性地采取措施，有效地保护强化剂。

3．后处理

主要是指功能性成分强化后的处理过程，包括后杀菌、灌装、产品的包装材料、保藏要求等。不同的产品，其要求各不相同。

实训十四 碳酸饮料加工

一、技能目标

通过实训加深对碳酸饮料生产技术的工艺流程、生产要点的理解。掌握碳酸饮料生产的方法及操作要点。培养学生认真、严谨的科学工作态度和一定的职业技术技能。

二、教学资源的准备

（一）仪器设备

小型碳酸饮料灌装生产线。

（二）教学场所

食品加工实验室。

（三）师资准备

实训时每班配备1名教师，技能考核时配备2名教师。

（四）实验试剂与材料

酸味剂、甜味剂、防腐剂、乳化剂、香精、色素等。

三、原理与知识

碳酸饮料的主要成分包括：碳酸水、柠檬酸等酸性物质、白糖、香料，有些含有咖啡因，人工色素等。除糖类能给人体补充能量外，充气的“碳酸饮料”中几乎不含营养素。

四、操作方法与步骤

（一）操作流程

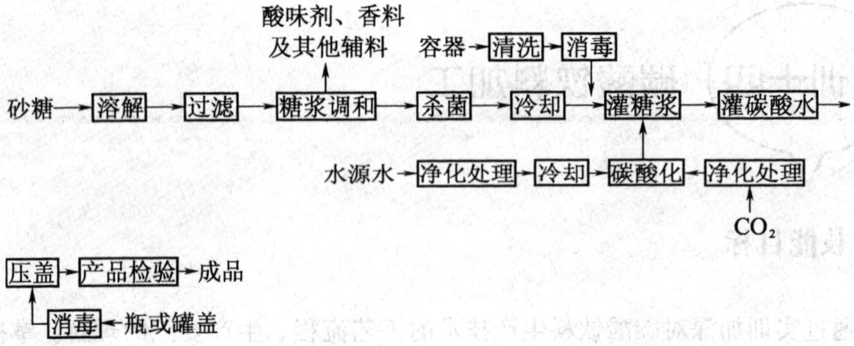

（二）操作步骤

1. 确定产品配方

2. 原糖浆的制备

把优质砂糖溶解于一定量的水中，根据生产的产品制成预计浓度的糖液，再经过滤、澄清后备用。

3. 调和糖浆的配制

（1）添加剂的调制。先将添加剂按操作规程要求制成一定浓度的水溶液，经过滤后计量添加。

（2）调和糖浆的投料顺序。糖液→甜味剂液→防腐剂→酸味剂→乳化剂→香精→色素液→水加至规定体积量，按投料的顺序配制好调和糖浆。

4. 碳酸化操作

根据产品调整二氧化碳气压。用水冷却器将水温降到碳酸化所需要的温度。用汽水混合设备混合水与二氧化碳气体。

5. 灌装生产线及操作要点

容器的清洗与检验、灌装、压盖。

6. 质量检验

（1）感官指标检验　均匀度：没有分层现象，液面距瓶口 3～6cm。瓶盖：不漏气，不带锈。商标：端正，与内容一致。透明度：呈现产品所应有的颜色，澄清透明，无杂质。口味：无异味，具有本品的芳香味或酒精香味。泡沫：倒入杯内，泡沫高 2cm 以上，持续时间 2min 以上。

（2）理化指标　体积：为水容积的 2.5～4 倍。酒精含量 $<0.5\%$。糖度含量 $8\%\sim10\%$。重金属含量 $<10mg$。砷含量 $<0.5\times10^{-6}$。铅质量分数 $<1\times10^{-6}$。

(3) 微生物指标　细菌数≤100 个/mL。大肠杆菌≤ 5 个/mL。不得检出致病菌。

五、思考与讨论

在实验室如何制作碳酸饮料?

实训十五 山楂汁制作

一、技能目标

通过实训加深对山楂汁生产技术的工艺流程、生产要点的理解。掌握山楂汁饮料生产的方法及操作要点。培养学生认真、严谨的科学工作态度和一定的职业技术技能。

二、教学资源的准备

(一) 仪器设备

小型山楂汁饮料灌装生产线。

(二) 教学场所

食品加工实验室。

(三) 师资准备

实训时每班配备 1 名教师,技能考核时配备 2 名教师。

(四) 实验试剂与材料

山楂,白砂糖,蜂蜜,使用香精。

三、原理与知识

山楂作为一种绿色食品原料,除了富含碳水化合物、氨基酸、有机酸、维生素(尤其是维生素 C)、矿物质以及微量元素等营养成分外,还含有黄酮类化合物、槲皮黄苷、金丝桃苷等生物活性成分,具有一定的保健功能。

四、操作方法与步骤

（一）操作流程

山楂原料→挑选→洗涤→切分→干制→山楂干片→浸提→粗滤→澄清→精滤→调配→灌装→密封→杀菌→冷却→成品

（二）操作步骤

1. 原料清洗、挑选、洗涤

剔除因受热而腐败变质的果实、严重病虫害的山楂，清洗除去泥沙、杂质。

2. 切片、干制

用不锈钢刀将山楂纵向切为2～3瓣，然后放入电热鼓风干燥箱中干制，1kg鲜果出0.4kg左右干片。

3. 浸提

浸提温度75℃，浸提时间1h，料水比1∶7。

4. 粗滤

浸提后汁液用150目不锈钢筛网立滤，也可以用4～5层纱布过滤。

5. 澄清

选择澄清剂来澄清山楂汁饮料，其用量为0.05%～0.10%。

6. 精滤

澄清后的汁液过200目不锈钢筛网过滤。

7. 调配

山楂汁饮料各原辅料配比为：山楂原汁50%，白砂糖8%～11%，维生素C 0.2%～0.3%，蜂蜜0.2%，食用香精0.1%。

8. 灌装、密封

将饮料加热至93℃，保持10～15min，立即灌装。玻璃瓶先预热后再灌装，山楂汁饮料应在温度大于85℃灌装，要装满，冷却后产生一定的真空度。

9. 杀菌、冷却、成品

杀菌公式（3—4—5min）/100℃，冷却采用逐步冷却法。

10. 产品质量标准

（1）感官指标　色泽：呈浅红色、橙红色或红色，均匀一致。香气：具有山楂特有的芳香，不得有外来香气和异味。滋味：酸甜适口，口味纯正，无异味，爽口。组织状态：澄清透明，无明显肉眼可见杂质，长期静置后允许有少量沉淀，但摇匀后仍呈原有的均匀状态。

（2）理化指标　可溶性固形物（以折光仪计）：10%～15%。pH＜4.0。山楂原汁≥40%。总酸（以柠檬酸计）0.3% ~0.5%。铅 < 1mg/kg；砷 < 0.5mg/kg；铜 < 10mg/kg。

（3）微生物指标　细菌总数≤100 个/mL。大肠菌群 < 3 个/100mL。致病菌不得检出。

五、思考与讨论

制作山楂汁应该如何进行？

实训十六　杏仁露制作

一、技能目标

通过实训加深对植物蛋白饮料生产技术的工艺流程、生产要点的理解。掌握杏仁露饮料生产的方法及操作要点。培养学生认真、严谨的科学工作态度和一定的职业技术技能。

二、教学资源的准备

（一）仪器设备

小型杏仁露饮料灌装生产线。

（二）教学场所

食品加工实验室。

（三）师资准备

实训时每班配备 1 名教师，技能考核时配备 2 名教师。

（四）实验试剂与材料

杏仁，三聚磷酸钠，亚硫酸钠，焦磷酸钠，糖，乳化剂，香精。

三、原理与知识

甜杏仁味香甜，颗粒大，淡黄色，尖端略歪；营养成分与作用同苦杏仁，但苦杏仁苷含量很少，可直接食用，杏仁露是以杏仁为主要原料生产的乳状植物蛋白饮料。

四、操作方法与步骤

（一）操作流程

杏仁→热烫去皮→浸泡脱毒→磨浆→离心分离→调配→均质→杀菌→灌装→密封→杀菌→冷却→保温检验→成品

（二）操作步骤

由于杏仁含油量较高，加工饮料时，常经脱油处理，即杏仁经清洗、烘干（65～70℃，20～24h）、粉碎、榨油（使杏仁饼中含油量在20%左右为宜），将脱脂杏仁饼研磨成杏仁浆。

1. 热烫去皮

挑选无霉变、无虫蛀、无氧化变质的饱满杏仁原料。将杏仁放入含0.15%～0.2%三聚磷酸钠、90℃以上的热水中热烫1～2min，用冷水冷却清洗后用机械或手工脱去外皮。也可采用脱皮剂、碱液等化学方法脱去种皮。

2. 浸泡脱毒

甜杏仁不需脱毒，苦杏仁则必须经脱毒处理后才能使用。利用苦杏仁苷易溶于水的性质，可采用热水浸泡，多次漂洗的方法脱毒。具体做法是将杏仁放入热水中，一般水温为50～60℃，用水量为原料的3倍左右，每天换水1～2次，浸泡7d左右即可，漂洗干净备用。或者采用pH为5～6的稀盐酸浸泡5～6d，每隔2d换一次浸泡液，然后彻底清洗干净备用。浸泡后的水要统一收集在一起进行处理。

3. 磨浆

磨浆分粗磨、细磨两次磨浆，磨浆时料水比1:（8～15）。送入砂轮磨中粗磨，粗磨时添加3～5倍水，磨至呈均匀浆状时送入胶体磨中精磨。精磨时可添加0.1%的亚硫酸钠和焦磷酸钠的混合液进行护色和提高蛋白质提取率。待磨至均匀呈乳状液时送入离心分离机中进行离心过滤，控制微粒细度在20μm左右。

4. 调配

杏仁浆液泵入调配桶中加热至80～90℃，按配方添加糖、酸、乳化剂及香精等。砂糖用量为6%～14%，一般以8%为佳，乳化剂用量0.3%，适量的杏仁香精。杏仁蛋白质的等电点一般在pH4.8～5.0，因此常将杏仁浆液的pH调至7.0±0.2，并不断搅拌均匀，在均质前可再次经过200～240目的筛过滤。

5. 均质

均质是保证产品口感润滑细腻、组织状态稳定必不可少的重要步骤。均质时，杏仁浆液温度为60～70℃，均质分两次进行，第一次均质压力为20～23MPa，第二次为28～30MPa，均质后的杏仁颗粒直径≤5μm。

6. 灌封和杀菌

灌装前，杏仁露采用巴氏杀菌，杀菌温度为75～80℃，杀菌后及时进行热灌装。灌装密封后的杏仁露产品需经二次杀菌和冷却，因杏仁露pH近中性，属低硅酸食品，则需采用高温杀菌。杀菌公式为（10－20－10min）/121℃（250g马口铁罐装），杀菌后迅速降温至37℃，擦罐后置于37℃保温库中存放5～7d后，检查合格后装箱入库或出厂。

五、思考与讨论

如何在实验室制作杏仁露？

【项目思考】

1. 饮料用水如何处理？
2. 饮料生产中常见的甜味剂、酸味剂有哪些？
3. 饮料生产中对包装材料的要求有哪些？
4. 影响碳酸化的主要因素有哪些？如何解决生产中常见的质量问题？
5. 如何解决果肉饮料的稳定性及褐变问题？果蔬汁调配的基本方法是什么？
6. 植物蛋白饮料如何进行分类？常见的质量问题如何解决？
7. 茶饮料的特点是什么？生产的操作要点有哪些？
8. 瓶装矿泉水的生产工艺流程及操作要点。
9. 功能性饮料有哪些特点？
10. 乳酸菌饮料常见质量问题有哪些？

项目五
发酵食品加工技术

》》》》

【知识目标】

1. 了解白酒和葡萄酒的主要种类及特点。
2. 了解白酒、葡萄酒、啤酒、酱油、食醋和腐乳加工的原辅料。
3. 理解葡萄酒发酵的基本原理。
4. 了解葡萄酒的保藏方法。

【技能目标】

1. 掌握续渣法及清渣法大曲酒加工的工艺流程及操作要点。
2. 掌握葡萄酒加工的工艺流程及操作要点。
3. 了解啤酒加工的工艺流程及操作要点。
4. 了解酱油、食醋和腐乳加工的工艺流程。
5. 掌握白酒、葡萄酒、啤酒加工过程中的常见质量问题及预防措施。

任务一 白酒加工技术

我国的白酒生产工艺独特，它是以高粱、大米等为原料，用曲作为糖化剂和发酵剂酿制而成，再利用固态蒸酒技术得到的一种蒸馏酒，其酒精含量较高，具有独特的芳香和风味。尽管白酒种类多，但在生产工艺上的共同点是固态发酵、固态蒸馏，低温糖化发酵和多菌种混合发酵。

一、白酒的分类

（一）按曲种类别分类

1. 大曲白酒

大曲白酒是用小麦、大麦或豌豆等原料经自然发酵制成的。一般先将原料粉碎，然后蒸熟制成曲块，再经自然发酵而成。大曲白酒有特殊的曲香，酒味醇和，但用曲量大，消耗的粮食多，出酒率低，生产周期长，因此只有酿造名酒、优质酒才使用大曲，如五粮液、汾酒。大曲中的微生物是曲霉菌和细菌，如醋酸菌、乳酸菌及酵母菌。

2. 小曲白酒

小曲白酒是用米粉和米糠加中药制成的，南方各省生产的白酒约有一半是小曲白酒。它香味清淡，用曲少，出酒率高，属于米香型，如三花酒。

3. 麸曲白酒

麸曲白酒用麸皮酒糟制成的散装曲称为麸曲。麸曲中的菌种是纯种培养的曲霉菌。用麸曲酿酒，节约粮食，出酒率高，生产周期短，适于机械化生产。不过酒的风味不如大曲酒，但如选好培养的菌种，并在工艺上采取有效措施，用麸曲也可以生产优质的白酒，如河北的迎春酒、山西的二曲酒、黑龙江的高粱糠白酒等。

（二）按生产工艺分类

1. 固态发酵白酒

我国传统酿酒采用固态发酵法，就是将糖化和发酵合在一起进行的双边发酵，酿造出的酒的质量佳，如清香型白酒。

2. 液态发酵白酒

现代化酒精生产方式采用液态发酵法，就是将糖化和发酵分开进行，生产出的白酒称为新工艺白酒，它的风味质量尚不适合我国消费者的习惯。

（三）按香型分类

1. 清香型白酒

常以山西省的汾酒为代表，其风味特点是：清香纯正，口味协调，微甜绵长，余味爽净，代表着传统白酒的风格，适合于北方人的口味。酒中的香气主要是乳酸乙酯和乙酸乙酯相互搭配协调形成的。北京二锅头也属于此类，只因其两种主要的香气成分含量低，而清香型的香气风格表现不太明显。

2. 浓香型白酒

以四川省的泸州特曲为代表，其风味特点是：窖香浓郁，绵柔甘洌，香味协调，入口甜，落口绵，尾子净，可以概括为“香、甜、浓、净”四个字。浓香型白酒可以稍带一点酱香，但不露头。浓香型白酒适合于国内大部分消费者的口味，在我国白酒中占的比例最大。酒中的香气成分主要是已酸乙酯和适量的丁酸乙酯。名酒中的五粮液、古井贡酒、洋河大曲和双沟大曲等都属于此类。

3. 酱香型白酒

代表首推茅台酒，产于贵州省仁怀市茅台镇。除茅台酒之外，还有四川省的郎酒和湖南常德的武陵酒。酱香型白酒以“酒度低而不淡，香而不艳”著称。它的风味特点：酱香突出，幽雅细致，酒体醇厚，回味悠长。盛过酒的空杯仍留有香气，这是此类酒的一大特点。酱香型白酒略有焦香，但不能露头。酒中的主要香气成分很复杂，其中挥发性的酚类化合物是香气的重要成分，如愈创木酚、香草酸、丁香酸、香草醛、酮酸等以及它们的酯类，另外还含有多元醇和乙酸酯。

4. 米香型白酒

小曲酒多属于米香型，也是我国传统的酒品之一，是应用小曲糖化发酵大米而制成的蒸馏酒，在我国南方各省较为普遍。它的风味特点是：米香清雅纯正，入口绵柔，落口甘洌，回味怡畅，有时还有令人愉快的曲药香。酒中的香气成分主要是乳酸乙酯，乙酸乙酯含量较低，除了酯类外，异戊醇和异丁醇的含量高于其他香型白酒，可能与小曲酒采用的半液体发酵工艺有关。桂林的三花酒和全州的湘山酒都属于米香酒。

5. 其他香型

有的白酒兼有两种或两种以上香型的特点，称为兼香型，习惯上被列为其他香型。介于酱香和浓香之间的代表酒种为湖北松滋白云边酒；兼有清香和浓香特色的凤型酒的代表酒种为山西凤翔的西凤酒；兼有浓香、酱香、药香特色的董型酒的代表酒种为贵州遵义的董酒；兼有浓香、酱香、清香特色的特型酒，代表酒种为江西樟树的四特酒。它们均具有本香型产品的独特风格和特征性香气成分，主要香味成分之间具有一定的比例关系，还具有独特的生产工艺，即具备了保持其香型特点的条件。

二、白酒生产的原辅料

（一）白酒生产的主要原料

白酒生产传统上多用谷类植物的子实作原料。固态法大曲白酒都以高粱为原料；普通低档白酒，有以薯类块根或块茎为原料的，也有以甘蔗糖蜜或甜菜糖蜜为原料的。

1. 谷类原料

（1）高粱　酿酒用的是高粱子实，按其品质可分为粳高粱和糯高粱。糯高粱中的淀粉几乎全是支链淀粉，具有吸水性强、容易糊化的特点，因此出酒率高。高粱子实部分的化学成分因品种、产地、气候、土壤的不同而有差别，主要反映在其单宁、粗蛋白质和粗脂肪的含量上。高粱子实的单宁含量比较高，在0.29%~0.6%，而单宁会凝固蛋白质，所以为了防止酶失活，高粱一般不用来作制曲的原料。

(2) 玉米 酿酒用的是玉米子实，以颜色分为黄玉米和白玉米，前者的淀粉含量高于后者。玉米子实特别是其胚芽部分含脂肪较高，而过多的脂肪不利于白酒的发酵，所以必须预先分离掉玉米的胚芽。玉米子实还含有较多的植酸，在发酵过程中植酸被分解为环己六醇和磷酸，前者使酒呈醇甜味，后者能促进甘油的生成。玉米子实蒸煮后疏松适度、不黏糊，有利于发酵。

(3) 大米 按大米的淀粉性质可分为粳米和糯米。大米的营养成分组成特别适合根霉菌的生长，因此小曲都是以大米为主要原料制造的。以糯米为原料酿制的白酒的质量比粳米酿制的白酒好。

(4) 小麦 小麦的子实是固态法大曲酒用于制曲的主要原料。小麦子实除淀粉外，还含有少量的蔗糖、葡萄糖、果糖等。

(5) 豆类 白酒制曲如果不以小麦为原料，而改用大麦、荞麦时，一般都需要添加20%~40%的豆类。常用的是豌豆，以补充蛋白质数量不足并增加曲块的粘结性，并且有助于曲块保持水分，适宜于微生物生长繁殖。

2. 薯类原料

(1) 甘薯 酿酒用的是甘薯块根。与高粱、玉米或小麦相比较，甘薯的淀粉含量大，蛋白质和脂肪的含量较低。用它来酿酒，发酵过程中生酸较慢，生酸幅度小，糖化酶受到的损害较小，故甘薯淀粉的糖化度高。甘薯块根的结构疏松，容易蒸煮糊化，故糖化就容易达到完全。因此用甘薯酿酒的出酒率比其他原料高。但是甘薯块根中含有较多的果胶，在蒸煮糊化过程中会产生出较多量对人体健康有害的甲醇；甘薯块根中的甘薯树脂对发酵有抑制作用。此外，鲜甘薯不易保存，极易受病菌危害，产生出对发酵有极强抑制力的番薯酮，并且使白酒带有明显苦味。

(2) 木薯 木薯的块根富含淀粉，木薯块根的结构疏松，容易蒸煮糊化，因此用作酿酒原料时的出酒率高。但是木薯的果胶含量甚至超过甘薯，而且还含有少量的极毒物质氰基苷。

3. 糖质原料

(1) 甘蔗糖蜜 是以甘蔗为制糖原料的废蜜。由于产区的土质、气候、原料品种、收获季节和制糖方法、工艺条件的不同，糖蜜的化学成分相差较大。

(2) 甜菜糖蜜 是以甜菜为制糖原料的废蜜。其组成成分在数量上与甘蔗糖蜜相差较大。

(二) 白酒生产对原料的要求

1. 原料的选择

生产白酒的原料应该产量丰富、易于收集；可发酵性物质含量高，而蛋白质和其他成分适量；易于保藏和加工；价格低廉；不含对人体有害成分；原料颗粒饱满、无霉烂、无虫蛀、无杂质。

2. 原料的主要化学组成

（1）碳水化合物　一般是指淀粉、纤维素、半纤维素和一些低相对分子质量的单糖、双糖。淀粉经微生物酶水解生成葡萄糖、其他单糖以及双糖等低分子糖类。这些可发酵性糖类既是霉菌和酵母菌生长繁殖的营养物质及能源，同时又是酵母菌生产酒精的原料。半纤维素在发酵过程中有部分水解，生成六碳糖和五碳糖，其中六碳糖能被微生物利用，而五碳糖一般很难被微生物代谢。因为酿酒用微生物的纤维素酶活力微弱或缺乏，所以纤维素在发酵过程中不被分解。

（2）蛋白质　原料中的蛋白质经微生物蛋白酶分解为氨基酸和小分子含氮物，其中有一部分氨基酸经微生物代谢，会生成高级醇、酯类以及其他一些香味物质，这对白酒的香型形成有很大关系。但并非原料中的蛋白质含量越高越好，蛋白质含量过高，发酵时容易污染杂菌。

（3）脂肪　原料中含有的少量脂肪类化合物，在发酵过程中几乎都能被微生物利用。如果原料中脂肪含量过高，就会生成较多的高级脂肪酸酯类，这种酯类能使酒体醇厚，但过量时反而使酒液带油腻味。此外，过量的脂肪还会导致发酵过程中生酸快、生酸幅度大，会影响发酵的正常进行。

（4）灰分　原料中含有的磷、硫、镁、钾、钙等离子是微生物细胞和辅酶的重要成分，此外还有调节细胞渗透压的作用。

（5）单宁　原料种类不同其所含单宁的结构和性质会有差异。单宁能凝固蛋白质，因此会影响酶的活力，这对糖化和发酵是不利的。但是，在固态法发酵白酒时，原料中如果含少量单宁，不仅可抑制有害微生物，而且因为生成了丁香酸、丁香醛，它们对改善白酒风味是有利的。高粱中含单宁较多。

（6）果胶　薯类等原料中的果胶含量较高，而粮谷类原料中的果胶含量较低。果胶在原料蒸煮和发酵过程中会生成甲醇，甲醇对人体有害。

（三）白酒生产的辅助原料及填充料

1. 辅助原料

（1）麸皮　是小麦加工面粉过程中的副产品，其成分因加工设备、小麦品种及产地而异。在麸曲白酒和液态法白酒的生产中，使用麸皮为制曲原料，原因是麸皮可给酿酒用微生物提供充足的碳源、氮源、磷源等营养物质外；麸皮有相当数量的α-淀粉酶；麸皮比较疏松，有利于糖化剂曲霉菌、根霉菌的生长繁殖，因此可以制得质量优良的曲块。

（2）高粱糠　是加工高粱米的副产物，高粱糠不仅用作辅料，而且还可以作为酿酒的原料，但需要在酿制工艺上作必要的调整。高粱糠的淀粉含量较低，而脂肪和蛋白质的含量高，所以发酵时生酸速度较快，生酸幅度大，微生物酶受到的损害大，发酵不容易顺利进行。

2. 填充料

在白酒酿制过程中，需要加入一定数量的填充料，如稻壳、花生壳、高粱壳、玉米芯、麦秆、酒糟等。使用填充料的目的有调节酒醅的入窖淀粉浓度和酸度；维持酒醅的疏松；保持一定量的浆水；吸收发酵过程中产生的酒精。

（四）白酒生产用水

天然河水、泉水、井水以及自来水都可作为酒厂的水源，但溪水、矿泉水最好，因为其硬度低、杂质少、有害微生物少，且不缺乏酿酒微生物生长繁殖所需要的微量元素。对工艺用水的要求是色度不超过15度，不能有异色；混浊度不超过5度；无邪杂味；以氧化钙计的总硬度不超过250mg/L；铅不超过0.1mg/L、砷不超过0.04mg/L、氰化物不超过0.05mg/L、氟化物不超过1.0mg/L；水中细菌不超过100个/mL；pH6.5~8.5。锅炉用水一般要求无任何固形悬浮物、总硬度低。冷却用水要求硬度适当、温度较低且尽可能循环使用。

三、大曲酒加工技术

（一）续渣法大曲酒的加工技术

1. 工艺流程

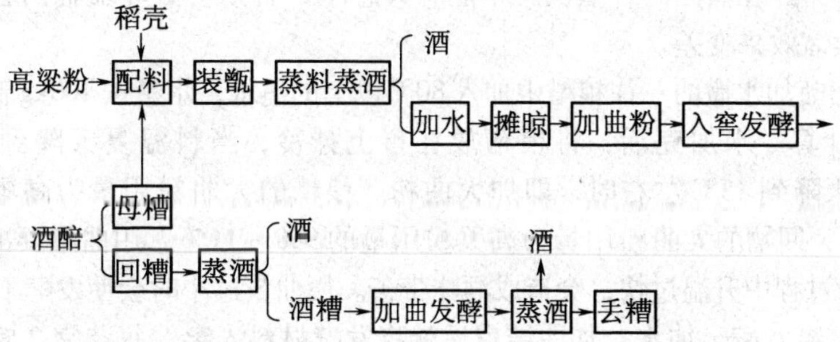

2. 工艺要点

（1）原辅料的质量要求　使用糯高粱酿酒时，要求颗粒饱满、成熟、淀粉含量高。使用高温曲时，要求曲块质硬、内部干燥、有浓郁曲香味，曲断面整齐、边皮薄、内呈灰白色，有较强的液化力、糖化力和发酵力。使用新鲜干燥不带霉味的金黄色稻壳。酿酒用水应无色透明，呈微酸性，金属离子及有机物含量均较低。

（2）原料粉碎　高粱磨碎后，要求其不能通过20目筛孔的粗粒占28%，细粒占72%。大曲用钢磨磨成曲粉。稻壳不经过任何预处理。

（3）出窖配料　发酵完就出窖，对粮糟和回糟分别处理。粮糟在加入高粱粉和辅料装甑后，经蒸酒蒸料加曲粉再继续发酵。而回糟却不加新料，在蒸酒后再经一次发酵就丢糟。由回糟得到的丢糟酒因质差需单独装坛。

配料蒸酒的配料比为：每甑母糟500kg，加入高粱粉120～130kg，稻壳用量为25～38kg。母糟用量大，一方面是为了让酒醅中残余淀粉继续被利用，另一方面是为了调节入窖淀粉的浓度和粮糟的酸度，但更主要的是增加母糟发酵轮次，使母糟与窖泥接触机会增加，产生更多的香味物质。配料时加入稻壳可使酒醅疏松，保持一定的空隙，为发酵和蒸馏创造较好的环境。另外，稻壳的加入还起到稀释淀粉浓度、吸收酒精、保持住浆水的作用。

装甑操作是先在甑桶底部的竹篱上预先撒上1kg稻壳，然后将高粱粉、曲糟和经清蒸处理过的稻壳拌匀，装甑。

（4）蒸料蒸酒　发酵完后的酒醅除了含酒精外，还有一些挥发性和非挥发性的物质，需采用蒸馏的方法将酒精和其他挥发性成分蒸出。与此同时，新添加的新料也被蒸熟。

酒醅和新料混合后装甑桶时，粮糟必须疏松，桶中间堆料低四周高，加热蒸汽要缓慢。流酒的温度为35℃左右，流酒速度一般在3～4kg/min，，流酒15～20min。收集流酒前，先接取酒头0.5kg，酒头中除沸点比酒精低的乙酸乙酯、乙醛、甲醇外，还有大量的高级醇。高级醇含量高时酒的口味就差，但经长期储存后高级醇变成了香味物质，这种酒头主要用以勾兑酒。酒尾中含有多量的高级脂肪酸酯类而使酒味变涩，但香味强烈，所以可用它来勾兑液态法制造的白酒以提高白酒的香味。在蒸酒时，蒸汽压不能忽大忽小，否则会破坏甑桶内各层气液相平衡，使蒸馏效果变差。

（5）出甑加水撒曲　往粮糟中加入80℃以上的热水，水量按100kg高粱粉加水70～80kg计算。水加完后，将粮糟放在窖上摊冷，当料温夏天降到比气温低2～3℃，冬天降到13℃左右时，即加大曲粉。粮糟的大曲粉用量为高粱粉用量的19%～21%，回糟的大曲粉用量为高粱粉用量的9%～11%。用曲量要准确，用量过大时发酵过程中升温过快，会造成酒味带苦。用曲量过小时会使发酵不彻底。

（6）入窖发酵　加水、加曲结束后就将发酵材料入窖，每装完2甑材料就踩窖，目的是压紧发酵材料、减少空气、抑制好气性细菌繁殖，以形成缓慢的细菌发酵。材料入窖完，即用踩柔的黄泥将窖顶封没，开始进行发酵。发酵过程中应定时检查窖温，冬季还需采取保温措施。

通过严格控制发酵材料的淀粉浓度、温度、水分和酸度来保证发酵正常进行。发酵材料的淀粉浓度高低是控制发酵的重要手段，一般夏季为14%～16%，冬季为16%～17%；浓度过高，发酵升温过猛，酸的生成量多，会造成酸败；浓度过低，发酵不良会使白酒缺乏香味。发酵材料的水分夏季为57%～58%，冬季在53%～54%；水分过高，会引起糖化和发酵速度过快，升温迅速，造成白酒质量和产量下降；水分过少，会造成发酵不充分，出酒率低。发酵材料的酸度，夏季pH在2以下，冬季为pH 1.4～1.8；酸度过高时会造成酵母细胞死亡；酸度过低对糖化和发酵都不利。发酵材料的温度冬季18～20℃，夏季在16～18℃；温度过高会造成发酵升温太快；温度过低会造成发酵速度慢，出酒率低。

（7）勾兑贮存　新蒸馏出来的白酒有刺激味和辛辣味、口感不醇和、口燥，所以新酒必须经过半年以上时间储存为成品酒后才能饮用。白酒在储存中发生氧化和酯化反应而使香味物质不断生成，又由于酒精分子与水分子的缔合使白酒的刺激味和辛辣味大为减少。储存过程即老熟。

（二）清渣法大曲酒的加工技术

1. 工艺流程

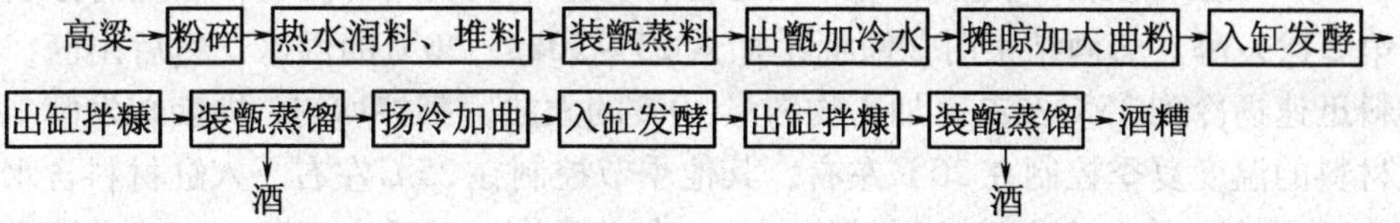

2. 工艺要点

（1）原料的质量要求　水必须选用优质水。所用大曲是将清茬、红心和后火这3种中温曲按30%：30%：40%混合后使用。大曲的外观质量、糖化力、蛋白质分解力和发酵力等生化指标必须符合要求。

（2）原料处理　高粱要求粉碎后一粒成4～8瓣，细粉不得超过20%。第一次发酵用的大曲，要求其大小在绿豆和豌豆之间，能通过1.2mm筛孔的细粉不超过55%。第二次发酵用的大曲，要求其大小在小米和绿豆之间，能通过1.2mm筛孔的细粉在70%～75%。夏季可采用大颗粒曲，以防止发酵过快；冬季选用小颗粒曲，可以加快发酵。

（3）润料　在蒸料前要用80℃左右的热水对高粱粉润料，用水量为高粱粉质量的60%左右。热水和高粱粉拌匀后堆料18～20h，期间料温不断上升可达50℃左右，这是原料中好气性菌产生的呼吸热和发酵热引起的。为防止料面干燥，料堆上应加盖覆盖物，堆料期间有时还需补加水。堆料过程翻料2～3次，保证所有物料的淀粉颗粒内部被水浸润，这有利于蒸料彻底。

（4）蒸料　采用清蒸法可使酒味更加清香纯正。当底锅水沸腾时，即将500kg堆料后的高粱均匀散入甑桶，待蒸汽均匀滋润到高粱粉后，再泼入15kg的60℃热水，接着在高粱粉上部铺盖发酵用的辅料，加盖芦苇席后加大蒸汽量，蒸料80min。

（5）加水扬冷　蒸料结束后立即出甑。辅料另外处理。将蒸煮过的高粱粉堆成长方形后，泼入18～20℃的井水，水量为原料质量的28%～30%。加水后立即翻拌，使温度冬季时降到16℃左右，夏季降到室温。

（6）加曲　扬冷后加入大曲粉，用量为投料高粱粉质量的9%～11%。曲粉和高粱粉充分拌匀后就装缸发酵。

（7）入缸发酵　将发酵材料装入陶瓷缸，用石板制的缸盖盖严，再用清蒸过的小米壳掩埋住缸口，然后将缸埋入土中，缸口与地面齐平。汾酒的这种发酵方法与一般大曲酒入窖发酵不同。入缸材料的温度不低于14℃，夏季时不超过室温。入缸材料含水52%左右。汾酒生产的发酵特点是中温长周期发酵。整个发酵过程前期（7~8d）温度缓慢地上升到30℃左右，中期（10d左右）维持温度在30℃左右，后期（11d）温度缓慢下降，总发酵周期为28d。发酵1~12d内，隔天检查一次品温。

（8）出缸蒸馏　发酵结束后就出缸。在成熟酒醅中加入清蒸过的辅料，翻拌均匀后装甑蒸馏。使用的辅料是稻壳和小米壳的混合物，两者比例为3∶1。

（9）入缸再发酵　蒸酒后的母糟还含有大量未被利用的淀粉，因此有必要进行第2次发酵。蒸酒结束时往甑桶中加入25~30kg、30℃的温水，然后出甑，将物料迅速扬冷到35℃左右，加入物料量10%的大曲，翻拌均匀，即装缸发酵。入缸材料的温度夏季控制在20℃左右，其他季节控制在25℃左右，入缸材料含水量在60%左右。第2次发酵的材料装缸时，有必要将材料适当压紧，以减少缸中空气，防止好气性细菌生长繁殖过快。

（10）储存勾兑　将蒸馏收集到的白酒分别储存，存放期为3年。出厂时，按优质酒和合格酒进行勾兑，最后品评合格。

任务二 葡萄酒加工技术

葡萄酒是以整粒或破碎的新鲜葡萄或葡萄汁为原料，经完全或部分发酵酿制而成的低度饮料酒，其酒精含量一般不低于8.5%。葡萄酒是世界上最早的饮用酒之一。我国葡萄酒工业发展迅速，在河北、天津、通化、长白山等地建立了葡萄酒厂，引进了国外优良葡萄品种和酿酒先进设备。

一、葡萄酒的分类

葡萄酒品种众多，各国生产的葡萄酒都有其各自不同的分类命名方法，一般按颜色、糖分含量、是否添加白兰地或酒精、是否含二氧化碳以及酒的产地等进行分类。

（一）按葡萄酒的颜色分类

1. 红葡萄酒

红葡萄酒是用有色葡萄不去果皮酿成的，含有果皮或果肉中的有色物质，酒色呈深红、鲜红或红宝石色。干红葡萄酒具有浓郁醇和的风味和优雅的葡萄酒香味，没有涩口或刺激性味道，糖度一般小于0.3g/mL。

2. 桃红葡萄酒

桃红葡萄酒酿造工艺与红葡萄酒相似，但皮渣在葡萄醪中的浸出时间较短。

酒色介于红、白葡萄酒之间，主要是淡玫瑰红、桃红、浅红色。具有明显的果香及和谐酒香、新鲜爽口、酒质柔顺。

3. 白葡萄酒

白葡萄酒是用白葡萄或红葡萄果汁酿成的，色泽为淡黄色或金黄色，酒精含量为9% ~13%。外观澄清透明，果香芬芳、幽雅细腻、滋味微酸爽口。

（二）按含糖量分类

1. 干葡萄酒

含糖量≤4g/L，品评感觉不出甜味。具有洁净爽怡、和谐怡悦的果香和酒香。按酒色不同又分为干红葡萄酒、干白葡萄酒和干桃红葡萄酒。

2. 半干葡萄酒

含糖量为4 ~12g/L。微具甜味，口味洁净爽顺、味觉圆润，并具和谐的果香和酒香。

3. 半甜葡萄酒

含糖量为12.1 ~50g/L。口味甘甜爽顺，具有舒愉的果香和酒香。

4. 甜葡萄酒

含糖量≥50g/L。口味甘甜醇厚、舒适爽顺，具有和谐的果香和酒香。

（三）按生产工艺分类

1. 天然葡萄酒

天然葡萄酒是完全用葡萄汁发酵，不添加酒精和糖分的葡萄酒。

2. 半天然葡萄酒

半天然葡萄酒是在葡萄酒的酿造过程中，通过人工添加白兰地或酒精来提高酒精度，并添加浓缩葡萄汁或糖浆来提高含糖量的葡萄酒。

3. 合成葡萄酒

合成葡萄酒是不经过发酵，使用葡萄汁与白兰地或食用酒精兑制成的葡萄酒。

（四）按是否含二氧化碳分类

1. 汽酒

汽酒又称为起泡酒，法国香槟产区生产的含气葡萄酒又称为香槟酒。其中天然汽酒中的二氧化碳是由发酵产生的；人工汽酒中的二氧化碳是用充气的方法添加到酒里去的。

2. 静酒

静酒是不含二氧化碳的葡萄酒。除蒸馏酒和汽酒以外的所有用葡萄酿制的酒都属于这一类酒。

二、葡萄酒原汁制取

葡萄进厂之前，需准备好辅料、设备及仪表，对设备进行全面检查，并对厂区环境、厂房、设备、用具等进行全面杀菌、消毒和清洗。

（一）分选

分选就是将不同品种、不同质量的葡萄分别存放。目的是提高葡萄的平均含糖量，减轻或消除成酒的异味，增加酒的香味，减少杂菌，保证发酵与贮酒的正常进行，以达到酒味纯正、少生病害的要求。最好在采收时就分品种、分质量存放。

（二）破碎除梗

破碎的目的是将果粒破裂、保证籽粒完整、使葡萄汁流出、便于压榨或发酵。要求每粒葡萄都要破裂、籽实不能压破、梗不能碾碎、皮不能压扁，以免籽和梗中的不利成分进入汁中。葡萄及其浆、汁不得接触铁、铜等金属。果梗在葡萄汁中停留时间过长时会带来青梗味，使酒液过涩或发苦，因此葡萄破碎后应尽快除去果梗。

（三）压榨

在破碎中自流出来的葡萄汁称为自流汁，加压之后流出来的葡萄汁叫压榨汁。为了增加出汁率，一般采用2～3次压榨，当压榨汁的口味明显变劣时为压榨终点。用自流汁酿制的白葡萄酒，酒体柔和，口味圆润爽口；一次压榨汁酿制的酒，酒体已欠厚实；二次压榨汁酿制的酒，酒体粗糙，不适于酿造白葡萄酒，可用于生产白兰地。为了提高白葡萄酒的质量，通常对葡萄汁进行前净化处理，方法有添加二氧化硫静置澄清、皂土澄清、机械离心及果胶酶法。

（四）葡萄汁成分的调整

当由于气候条件、葡萄成熟度、生产工艺等原因使葡萄汁达不到工艺要求时，需要对其进行糖度和酸度的调整。

1. 糖分的调整

（1）添加白砂糖　常用纯度为98.0%～99.5%的结晶白砂糖。调整糖分要以发酵后的酒精含量作为主要依据。理论上，17g/L的糖可发酵生成酒精体积分数1%，但实际加糖量应略大于此值，但也不能过高，以免残糖太高导致发酵失败。操作时注意准确计量葡萄汁体积；用葡萄汁将糖溶解制成糖浆；加糖后要充分搅拌使其完全溶解并记录溶解后的体积；最好在酒精发酵刚开始时一次加入所需的糖。世界上许多葡萄酒生产国家不允许加糖发酵，或限制加糖量。葡萄含糖低时，只添加浓缩葡萄汁。

（2）添加浓缩葡萄汁　首先对浓缩汁的含糖量进行分析，然后用交叉法求出浓缩汁的添加量。葡萄汁含糖太高时容易造成发酵困难，所以一般不在前发酵前期加入，而采用在主发酵后期添加。添加时要注意浓缩汁的酸度，若酸度太高需在浓缩汁中加入适量碳酸钙中和，降酸后再使用。

2. 酸度的调整

为了抑制细菌的繁殖，保证酵母菌数量的绝对优势和发酵的正常进行，要求葡萄汁有适宜的酸度。一般在发酵前将葡萄汁的酸度调整到 6g/L，pH 为 3.3~3.5。

（1）酸度提高的方法　可添加未成熟的葡萄压榨汁、酒石酸和柠檬酸，以酒石酸为好。加酸时先用葡萄汁与酸混合，缓慢均匀地加入葡萄汁中，并搅拌均匀。操作中不可使用铁质容器。

（2）酸度降低的方法　可添加碳酸钙等降酸剂，1L 汁中加 1g 碳酸钙，则降酸量为 1g/L。

三、葡萄酒发酵

葡萄酒发酵，首先是由酵母菌引起的酒精发酵，其次是由乳酸菌引起的苹果酸－乳酸发酵。只有利用质量优良的原料，并使之在良好的条件下顺利地进行酒精发酵，以及在需要时顺利地进行苹果酸－乳酸发酵，才能充分保证葡萄酒的质量。

（一）发酵机理

1. 酒精发酵

反应非常复杂，最后生成酒精、二氧化碳及少量甘油、高级醇类、酮醛类、酸类、脂类等成分外，还会生成磷酸甘油醛等多种中间产物。

2. 葡萄酒色、香、味的形成

（1）色泽　葡萄酒的色泽主要来自葡萄中的花青苷色素。发酵过程中产生的酒精和二氧化碳，均对花色素苷有促溶作用，发酵时由于还原作用，花色素苷一部分会变为无色。在发酵后期，被还原的花色素苷又重新氧化，使色泽加深；还原型或氧化型的花色素苷，均有可能被不同的化学反应部分地破坏，或因与单宁缩合而被部分破坏。故在发酵阶段，某些酒液色泽会加深，而某些酒液则色泽减退。在新酒中，花色素苷对红葡萄酒色泽的形成影响较大，单宁也有增加色泽的作用；而白葡萄酒色泽的成因主要与单宁有关。但在葡萄酒储存阶段，花色素苷会与单宁缩合而继续减少，单宁本身则逐渐氧化缩合，使色泽由黄变为橙褐。

（2）香气　有三个来源：一是葡萄果皮中含有的特殊香气成分，即葡萄果香；二是发酵过程中产生的芳香，如挥发酯、高级醇、酚类及缩醛等成分；三是储存过程中有机酸与醇类结合成酯，以及在无氧条件下由于物质还原所生成的香气即葡萄酒的储存香。

（3）口味成分　主要是酒精、糖类、有机酸。葡萄本身含有机酸。在酵母发酵过程中，有机酸含量增加；同时，由于酵母对有机酸的同化及酒石酸盐的沉淀，使有机酸减少。增酸主要在前发酵期，而减酸作用则发生于葡萄酒的酿造全过程。若发酵条件有利于醋酸菌繁殖并污染较多的醋酸菌，则葡萄酒会呈现讨厌的醋酸味。

实际上，葡萄酒的色、香、味三者的成分是很难截然分开的。同一成分往往对色、香、味有不同程度的作用。赋予葡萄酒色、香、味的各种成分之间，以及它们的形成机理之间都有着一定的联系。

（二）红葡萄酒的传统发酵工艺

红葡萄酒可带皮进行前发酵或纯汁发酵，后者产品口味较轻些。整个发酵期分为前发酵和后发酵两个阶段，发酵期分别为5~7d和30d。前发酵有开放式图5-1及密闭式图5-2两种，目前多采用后者。前发酵期间，原始的搅拌方法是人工用木耙“压醪盖”，现多用泵将汁进行循环喷淋到醪盖上。

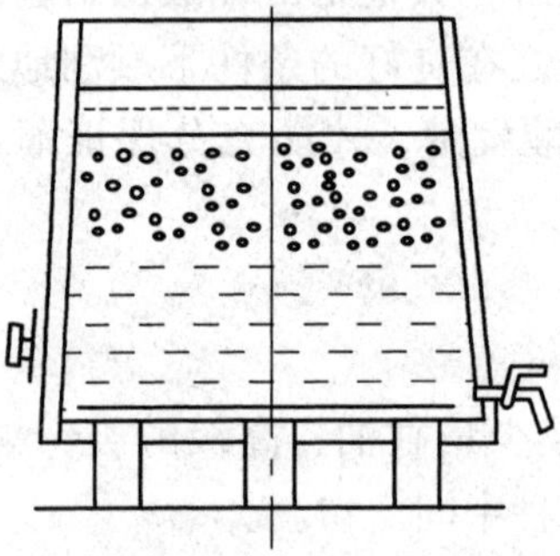

图5-1　带压板装置的开放式发酵池
（发酵工艺，孙俊良，2002）

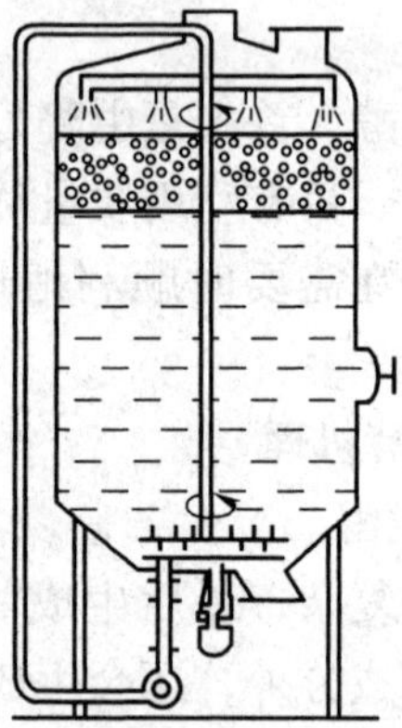

图5-2　新型密闭式的红葡萄酒发酵罐
（发酵工艺，孙俊良，2002）

1. 入池

发酵容器清洗后，用亚硫酸杀菌（$20mL/m^3$），装好压板、压杆。泵入葡萄浆，充满系数为75%~80%。按规定量添加二氧化硫，然后加盖封口。在葡萄浆入池几个小时后，有害微生物已被二氧化硫杀伤。这时，在醪液循环流动的状态下，将酒母加入。添加酵母最好使用人工培养的纯种酵母，或使用天然酵母，也可使用上一次的酒脚。人工酒母的相对密度为1.020~1.025。

2. 前发酵

主要目的是进行酒精发酵、浸提色素物质和芳香物质。前发酵进行的好坏是决定葡萄酒质量的关键。若葡萄浆的原始糖度低于成品酒酒度所要求的度数，应一次加入需加的糖量，或在前发酵旺盛时分2次添加，压板的缝约0.5cm，浸没深度为6~12cm。

（1）前发酵的管理　具体如下所述。

①温度管理：红葡萄酒发酵的最适温度范围为26~30℃。温度过低，红葡萄皮中的单宁、色素不能充分溶解到酒里，影响成品酒的颜色和口味。温度过高，葡萄的果香会受到损失，影响成品酒香气。入池后每天早晚各测量1次品温，记

录并画出温度变化曲线。若品温过高，需及时冷却降温；如无冷却设备，可每天早晚循环倒汁各1次，每次约30min。

②成分管理：每天测定糖分下降状况，并记录于表中、画出糖度变化曲线。按品温和糖度变化状况，通常可判断发酵是否正常。

③观察发酵面状貌：通常在入池后8h左右，液面即有发酵气泡。若入池后24h仍无发酵迹象，应分析原因，并采取相应措施。

（2）发酵期的确定 一般当在酒液残糖量降至0.5%左右，发酵液面只有少量二氧化碳气泡，“酒盖”已经下沉，液面较平静，发酵温度接近室温，并且有明显酒香，此时表明前发酵结束。一般前发酵时间为4～6d。发酵后的酒液质量要求为：呈深红色或淡红色；混浊而含悬浮酵母；有酒精、二氧化碳和酵母味，但不得有霉、臭、酸味；酒精含量为9%～11%（V/V）、残糖≤0.5%、挥发酸≤0.01%。

（3）前发酵过程的物理及化学变化 葡萄浆中绝大部分糖在酵母作用下分解，生成酒精、二氧化碳及其他副产物。葡萄皮的色素等成分逐渐溶解于酒中。发酵开始时，有“吱吱”声，响声由小变大。发酵旺盛时，产生大量的二氧化碳，使酒液出现翻腾现象。旺盛过后，“吱吱”声逐渐变小。整个主发期间泡沫的多少和发酵激烈的程度是相应的；而泡沫的色泽往往是由浅变深的。二氧化碳将皮和其他较轻的固状物质带至酒液表面，形成一层厚厚的醪盖。前发酵结束时，醪盖已下沉，应及时分离，否则将导致酵母自溶。

3. 酒醪固液分离

通常在酒液相对密度降为1.020时进行皮渣分离。如果葡萄的糖度高达22%～24%，且富含单宁及色素，则皮渣的浸提时间应适当缩短。有时在酒液相对密度降至1.030～1.040时，即可进行皮渣分离。如果生产要求色泽很深或单宁含量高的酒，应推迟除渣。使用质量较差的葡萄酿酒，则应提前除渣。先将自流酒液从排出口放净，然后清理出皮渣进行压榨，得压榨酒。前发酵结束后的醪液中各组分比例为，皮渣占11.5%～15.5%，自流酒液占52.9%～64.1%；压榨酒液占10.3%～25.8%；酒脚占8.9%～14.5%。自流酒液的成分与压榨酒液相差很大，若酿制高档酒，应将自流酒液单独储存。

（1）提取自流酒液 自流酒液通过金属网筛流入承接桶，由泵输入后发酵罐，称为“下酒”。生产红葡萄酒采用这种方法，可使新酒接触空气，以增强酵母的活力，并使酒中溶解二氧化碳得以逸出。但应注意不要溶入过多的空气。若酒液温度高于33℃，则应先冷却。佐餐红葡萄酒要求有新鲜感，有明显的原果香，故在下酒时应尽量使酒液隔绝空气，以免氧化，即酒液由出口直接经输酒管泵入后发酵罐。

（2）出渣、压榨 通常在自流酒完全流出后2～3h进行出渣，也可在次日出渣。压榨时应注意不能压榨过度，以免酒液味较重，并使皮上的肉质等带入酒中而不易澄清。

4. 后发酵

(1) 后发酵的目的　继续发酵至残糖降为0.2g/L以下；澄清作用，在低温缓慢的后发酵中，前发酵原酒中残留的部分酵母及其他果肉纤维等悬浮物逐渐沉降，形成酒泥，使酒逐步澄清；排放溶解的二氧化碳；氧化还原及酯化作用；苹果酸—乳酸发酵的降酸作用。

(2) 后发酵管理　尽可能在24h之内下酒完毕。酒液品温控制为18～20℃。每天测量品温和酒度2～3次，并做好记录。定时检查水封状况，观察液面。注意气味是否正常，有无霉、酸、臭等异味，液面不应呈现杂菌膜及斑点。

若后发酵开始时逸出二氧化碳较多，或有“嘶嘶”声，则表明前发酵未完成、残糖过高。应泵回前发酵罐在相应的温度下进行前发酵，待糖分降至规定含量后，再转入后发酵罐。若酒液一开始呈臭鸡蛋气味，可能是二氧化硫用量过多而产生硫化氢所致，可进行倒罐，使酒液接触空气后，再进行后发酵。若品温过低而无轻微发酵迹象，应将品温提高到18～20℃。若早期污染醋酸菌，则液面有不透明的污点。应及早倒桶并添加适量二氧化硫，并控制品温，以避免醋酸菌蔓延。若前发酵品温升到35℃以上而酵母早衰，则很难完成后发酵。可采取如下补救措施：添加约20%发酵旺盛的酒液，其密度应与被补救的酒液相近。若至发酵季节终了，仍存在后发酵不完全的酒液，则应及时添加人工酒母进行补救。

四、葡萄酒保藏

新鲜葡萄汁（浆）经发酵而制得的葡萄酒称为原酒。原酒不具备商品酒的质量水平，还需要经过一定时间的保藏（或称陈酿）和适当的工艺处理，使酒质逐渐完善，最后达至商品葡萄酒应有的品质。

1. 保藏目的

(1) 促进酒液的澄清和提高酒的稳定性　在发酵结束后，酒中尚存在一些不稳定的物质，如过剩的酒石酸盐、单宁、蛋白质和一些胶体物质，还带有少量的酵母及其他微生物，影响葡萄酒的澄清，并危害葡萄酒的稳定性。在保藏过程中，由于葡萄原酒中的物理化学及生物学的特性均发生变化，蛋白质、单宁、酒石酸、酵母等沉淀析出，结合添桶、换桶、下胶、过滤等工艺操作达到澄清。

(2) 促进酒的成熟　在陈酿过程中，在有空气或氧化剂存在的情况下，经过氧化还原作用、酯化作用以及聚合沉淀等作用，使葡萄酒中的不良风味物质减少，芳香物质得到增加和突出，蛋白质、聚合度大的单宁、果胶质、酒石酸等沉淀析出，从而改善了酒的风味，表现出酒的澄清透明和口味醇正。对红葡萄酒，陈酿的第一效果是色泽的变化，其色泽由深浓逐渐转为清淡，由紫色变为砖红色。同时，酒的气味和口味也有很大变化，幼龄酒的浓香味逐渐消失，而形成的香味更为愉快和细腻。

新葡萄酒由于各种变化尚未达到平衡、协调，酒体显得单调、生硬、粗糙、淡薄，经过一段时间的保藏，使幼龄酒中的各种风味物质（特别是单宁）之间达到和谐平衡，酒体变得和谐、柔顺、细腻、醇厚，并表现出各种酒的典型风格，这就是葡萄酒的成熟。

2. 保藏条件

保藏温度通常在15℃左右，因酒而异。一般干白葡萄酒的酒窖温度为8~11℃，干红葡萄酒的酒窖温度为12~15℃，新干白葡萄酒及酒龄在2年以上的老干红葡萄酒，酒窖温度为10~15℃，浓甜葡萄酒的酒窖温度为16~18℃。保藏湿度，以相对湿度85%为宜。保藏环境应空气清新，不积存二氧化碳，故需经常通风，通风操作宜在清晨进行。

合理的葡萄酒保藏期，一般白葡萄酒为1~3年，干白葡萄酒则更短，为6~10个月。红葡萄酒由于酒精含量较高，同时单宁和色素物质含量也较多，色泽较深，适合较长时间的保藏，一般2~4年。其他生产工艺不同的特色酒，更适宜长期保藏，一般为5~10年。

3. 葡萄酒的瓶贮

瓶贮是指酒装瓶后至出厂前的一段过程。它能使葡萄酒在瓶内进行陈化，达到最佳的风味。使葡萄酒香味协调、怡人的某些成分只能在无氧条件下形成，而瓶贮则是较理想的方式。对葡萄酒而言，桶贮和瓶贮是两个不能相互替代或缺少的阶段。装瓶时的软木塞必须紧密，不得有渗漏现象。瓶颈空间应较小，使酒残存氧气很快消耗殆尽。酒瓶应卧放，使木塞浸入酒中，以免木塞干燥而酒液挥发进入空气。瓶贮期因酒种和酒质而异，但至少半年左右。一些名贵葡萄酒，则贮期至少1~2年。若在装瓶前采取的净化和防氧化措施较充分，则瓶贮期可相应缩短。

任务三 啤酒加工技术

啤酒是以优质大麦芽为主要原料，啤酒花为香料，经过制麦芽、糖化、发酵等工序制成的富含营养物质和二氧化碳的酿造酒。啤酒的酒精含量仅为3%~6%（体积分数），有酒花香和爽口的苦味，深受消费者欢迎，因此消费面广、消费量大，是世界上产量最大的酒种。

一、啤酒生产的原辅料

（一）啤酒生产的原料

啤酒酿造以大麦为主要原料其原因为大麦种植遍及各地；大麦便于发芽并且

发芽后产生大量水解酶类；大麦的化学成分适于酿造啤酒；大麦不是主粮。按大麦籽粒在穗轴上的分布形态可分为六棱、四棱和二棱大麦，啤酒生产一般采用二棱大麦。

1. 大麦的化学成分

（1）淀粉　淀粉是大麦胚乳中最主要的储存物，分为大颗粒淀粉和小颗粒淀粉，二棱大麦中的小颗粒淀粉占90%，但质量只占10%。直链淀粉在麦芽水解酶的作用下，几乎全部转化为麦芽糖；而支链淀粉除生成麦芽糖和葡萄糖外，还生成大量的糊精和异麦芽糖。糊精不能被酵母利用发酵成醇，但它是构成啤酒酒体的成分之一。

（2）半纤维素和麦胶物质　它们是胚乳细胞壁的组成成分。在发芽过程中，半纤维素酶将胚乳细胞壁分解之后，其他水解酶类才能进入胚乳细胞分解淀粉等大分子物质。构成半纤维素和麦胶物质的主要成分是β-葡聚糖。β-葡聚糖水溶液的黏度很高，在制麦过程中应注意其分解。溶解良好的麦芽中，β-葡聚糖大部分已被分解，但溶解不良的麦芽中含有较多的β-葡聚糖，使麦芽汁的黏度增高，将造成麦芽汁甚至成品啤酒过滤困难。

（3）蛋白质　大麦中蛋白质的含量和类型直接影响大麦的发芽力、酵母的培养、啤酒的风味、啤酒的稳定性、啤酒的泡沫及适口性。

清蛋白是唯一能溶于水的高分子蛋白质，对啤酒的泡持性起重要作用。但从加热至52℃开始，便从溶液中凝固析出，随着麦汁的煮沸，其凝固速度加快，与单宁结合而沉淀。

球蛋白是温度达到90℃时部分凝固，但在麦汁煮沸过程中不可能全部凝固析出，部分存在于麦汁和啤酒中。β-球蛋白含有活性巯基，在有氧存在的条件下，通过生成二硫键形成难溶物质，造成啤酒混浊。

醇溶蛋白受热不凝固，是造成啤酒冷混浊和氧化混浊的主要成分。

谷蛋白醇蛋白一起是构成麦糟蛋白质的主要成分。

（4）多酚物质　大麦中含有0.1%~0.3%的多酚物质，其中最重要的是花色苷。花色苷和蛋白质结合是造成啤酒混浊的主要原因，但如果这一反应发生在麦汁煮沸和发酵过程中，可除去某些凝固性蛋白质，有利于提高啤酒的非生物稳定性。

2. 啤酒生产对大麦的质量要求

（1）外观　麦粒有光泽，呈淡黄色，籽粒饱满，大小均匀，表面有横向且细的皱纹，皮较薄。

（2）物理检验　千粒重35~45g；能通过2.8mm筛孔径的麦粒应占85%以上；将大麦从横面切开，胚乳断面应呈软质白色，透明部分越少越好，表明蛋白质含量低，淀粉含量高，浸渍时吸水性好、出芽率高；发芽率是指全部样品中最终能发芽麦粒的百分率，要求不低于96%；发芽力是指在发芽3d之内发芽麦粒的百分率，要求达到85%以上。

（3）化学检验　淀粉含量在65%以上；含水量在12%～13%；15℃下浸泡48h，大麦含水不低于42%；蛋白质含量为9%～12%，其中1/3～1/2的蛋白质可溶解于麦芽汁中。

（二）啤酒生产的辅料

1. 大米

大米是啤酒生产中最常用的辅料。大米中的淀粉含量高、蛋白质含量低，用部分大米代替麦芽时出酒率高，而且可以改善啤酒的风味和色泽。啤酒生产时大米使用量多在25%左右，过高则要求麦芽具有较强的糖化力。从啤酒风味来看，粳米优于籼米，糯米优于非糯米。使用大米可以降低成本，但用大米过多容易引起酵母繁殖衰退、导致发酵迟缓，所以必须经常更换酵母。

2. 玉米

少数啤酒厂用玉米作为辅料。玉米中淀粉含量比大米低，但比大麦高。玉米胚芽富含油脂，由于油脂会破坏啤酒的持泡性，降低起泡能力，氧化后还会产生异味，所以在使用时应预先去除胚芽。

3. 其他辅料

小麦发芽制成的麦芽和小麦面粉均可作为啤酒生产的辅助原料，但目前在我国生产中应用较少。有的啤酒厂为了简化工艺，直接使用蔗糖、葡萄糖或淀粉糖浆作为辅料，有利于提高发酵度并降低色度。

（三）酒花

又称蛇麻花，它是雌雄异株，用于啤酒发酵的是成熟的雌花。酒花在啤酒中的作用有赋予啤酒香味和爽口苦味；提高啤酒泡沫的持久性；使蛋白质沉淀，有利于啤酒澄清；有抑菌作用，增强麦芽汁和啤酒的防腐能力。

1. 酒花的化学成分

（1）苦味物质　赋予啤酒爽口苦味，主要包括α－酸、β－酸以及一系列氧化、聚合产物。在新鲜酒花中，α－酸的含量为5%～11%，它具有苦味和防腐性，是衡量酒花质量的重要标准。β－酸的苦味不如α－酸强，防腐性也低，很难溶于水，在新鲜酒花中约占11%。β－酸易氧化形成苦味较大的β－软树脂，赋予啤酒宝贵的柔和苦味。

（2）酒花精油　是酒花腺体的另一种分泌物组分，它的气味芳香，是赋予啤酒香气的主要物质。但它极易挥发，在煮沸时几乎全部挥发掉，采用分次添加酒花工艺的目的就是要保留适当的酒花精油。我国啤酒厂目前使用的大多是苦型酒花，仅含酒花精油0.1%～0.75%，而香型酒花一般含酒花精油为1.5%～2.5%。国内生产的啤酒缺乏典型的酒花香气原因在于，缺乏香型酒花或兼型酒花；大量使用加工方法不正确或品质低劣的酒花粉。

（3）多酚物质　酒花中含1.5%～2.5%的多酚物质。在啤酒生产中多酚物质有双重作用，在麦汁煮沸和冷却时与蛋白质结合形成热凝固物和冷凝固物，有利于麦汁的澄清和啤酒的稳定性。但残存于啤酒中的多酚物质又是造成啤酒混浊的因素之一，在啤酒过滤时，可采用 PVPP（聚乙烯聚吡咯烷酮）吸附，以除去啤酒中的多酚物质。

2. 酒花制品

在麦汁煮沸时直接添加酒花的利用率较低，且酒花球果在运输、保藏、使用上都不方便，因此酒花制品越来越受到生产者的欢迎。

（1）酒花粉　在 45～55℃下将酒花干燥至水分含量为 5%～7%，然后进行粉碎，在密闭容器中用惰性气体保护保藏。使用酒花粉时的利用率可提高 10%，且不需要酒花分离器，使用方便。

（2）酒花浸膏　用有机溶剂或二氧化碳萃取酒花中的有效成分，将酒花浓缩 5～10 倍制成酒花浸膏。在煮沸或发酵成熟后添加，有利于提高酒花的使用效率。

（3）酒花油　酒花油主要是香味成分。在煮沸时添加酒花，会使酒花油的成分挥发或氧化，因此制出纯度很高的酒花油制品，直接在成品啤酒中添加。

（四）啤酒生产用水

“美酒必有佳泉”，生产用水直接影响啤酒质量。我国的青岛啤酒之所以远销海外，与当地有名的崂山泉水是分不开的。啤酒生产用水包括加工用水和洗涤冷却用水。加工用水要符合国家饮用水标准，若某些指标不符合啤酒生产要求，可采取适当措施改良。比如水质硬度和碱度太大可用煮沸、加酸、加石膏、离子交换和电渗析等方法改良；如果铁离子、锰离子超标，可通过活性炭过滤、石灰处理、硼砂过滤等方法改良。

二、麦芽制备

将原料大麦制成麦芽，习惯上成为制麦。麦芽的品种和质量决定了啤酒的类型和成品啤酒的质量。大麦发芽的过程中会产生各种水解酶，在这些酶的作用下，胚乳中的淀粉、蛋白质等物质会适度分解。再对麦芽进行干燥，除去绿麦芽中的水分和生腥味，以使麦芽产生特有的色、香、味。

（一）工艺流程

大麦→浸渍→湿大麦→发芽→绿麦芽→干燥→除麦根、破皮→保藏→成品麦芽

（二）工艺要点

1. 大麦后熟

新大麦不但发芽率低，而且发芽不均匀，为了提高麦芽的发芽力，必须将新大麦置于 30～40℃下保藏 6～8 周，使麦芽充分后熟。

2. 大麦浸渍

用水浸渍大麦使麦粒吸水和吸氧，为发芽提供条件。水温以 13 ~ 18℃为宜。浸渍用水可以是饮用水、饱和澄清石灰水或甲醛水溶液，大麦浸渍后含水 40% ~ 48%。浸麦不足，大麦发芽力弱；浸麦过头，大麦胚芽易遭破坏。浸麦方法有交替法，快速法和喷淋法。

3. 大麦发芽

（1）发芽目的　在发芽过程中酶被激活，同时形成大量的新酶。麦芽中存在酶的种类很多，与酿酒有关的酶类有 α - 淀粉酶、β - 淀粉酶、蛋白酶、半纤维素酶、磷酸酯酶、氧化还原酶等。

（2）发芽条件　发芽室内的相对湿度应维持在 85% 以上；通入适量的饱和新鲜湿空气供麦粒呼吸作用；发芽最适温度为 13 ~ 18℃，温度过低发芽周期长，过高则呼吸旺盛、物质消耗多并容易霉烂；避免阳光直射，否则促进叶绿素的形成而损害啤酒风味。

（3）绿麦芽质量要求　有新鲜味、无霉味及异味、握在手中有弹性和松软感；发芽率不低于 85%；浅色麦芽的叶芽伸长度为麦粒长度的 3/4 者占麦芽总数 70% 以上；浓色麦芽的叶芽伸长度为麦粒长度 4/5 者占麦芽总数 75% 以上；将麦皮剥开，用拇指和食指搓捻胚乳，若呈粉状散开、有润滑细腻感为好；虽能捻开、但感觉粗重者为溶解一般；搓捻时成团状或搓不开者为溶解不良。

4. 绿麦芽干燥

（1）干燥目的　将水分降至 2. 5% ~ 4. 0% 以终止酶的作用、便于储存；经过焙焦去除绿麦芽生腥味、产生特有的色香味；干燥除根，防止麦根不良味道带入啤酒中。

（2）干燥过程　分为萎凋和焙焦两个阶段。水分由 42% ~ 45% 降至 10% 左右称为萎凋阶段，此期绿麦芽脱水较易。水分由 10% 左右降至 5% 以下称为焙焦阶段，此期麦芽脱水较困难，主要进行化学反应和脱水、形成麦芽特有的色香味。

5. 麦芽除根

麦根的吸湿性强，如不除去易吸收水分而影响麦芽的保存。麦根含有苦涩味物质、色素和蛋白质，对啤酒的风味、色泽和稳定性都不利。因此经干燥后的麦芽应立即用除根机除根，否则吸湿后不易除尽。

6. 麦芽保存

干麦芽除根稍冷后，应立即送入立仓储存。如采用袋装，因为与空气接触面积大而易吸水，所以储存期较短，不宜超过 6 个月。

7. 麦芽质量要求

质量好的麦芽粉碎后，粗、细粉浸出率相差比较小，糖化力大，最终发酵度高，溶解氮和氨基酸的含量高，黏度小。

三、麦芽汁制备

麦芽汁的制备过程称为糖化。糖化就是把干麦芽粉碎成沙粒大小的麦芽粒，依靠麦芽自身的各种水解酶，以水为溶剂，将麦芽粒中的淀粉、蛋白质等大分子物质分解成可溶性小分子糊精、低聚糖、麦芽糖和胨、肽、氨基酸，制成营养丰富、适合于酵母生长和发酵的麦芽汁。未分离麦糟的混合液称为糖化醪。滤除麦糟后称麦芽汁。从麦芽中浸出的物质称浸出物。质量好的麦芽汁，麦芽内容物的浸出率可达到80%。

（一）麦芽粉碎

1. 粉碎目的及要求

目的是增加淀粉粒、酶以及水之间的接触面，加速酶促反应及可溶性物质溶出。麦芽粉碎度应适当，既有利于酶促反应速度，又有利于过滤速度。如果采用浸出糖化法，因糖化时间长，粉碎度可粗些；若用煮出法，由于糖化时间短，粉碎应细些。此外，若要用过滤槽设备，不能过度粉碎，否则皮壳呈粉状，不能形成良好的滤层，若用压滤机设备，粉碎度可细些，至于大米等辅料以细粉为好。

2. 粉碎方法

有干法、湿法和回潮法3种。干法是传统的，要求麦芽含水在4%～7%。回潮法是用水雾或蒸汽使麦芽吸水。湿法粉碎是将麦芽浸没15min，并通风搅拌，使其吸水至28%～30%，然后用对辊式粉碎机压碎。压碎良好的麦芽，皮壳不碎，甚至胚芽保留完整。此法优点是可获得高效滤层，加快滤速，缩短糖化周期，防止粉尘危害，缺点是动力消耗大，麦汁色度稍深。

（二）糖化过程物质变化

1. 淀粉分解

辅料需先在糊化锅中煮沸糊化，然后再与麦芽粒一起进行糖化。辅料的淀粉颗粒在温水中吸水膨胀，当液温升到70℃左右时，颗粒外膜破裂，内部的淀粉呈糊状物溶出而进入液体中，使液体黏度增加。如果温度继续升高，那么淀粉颗粒变成无形空囊，大部分的可溶性淀粉被浸出，液体成为半透明的均质胶体。并不是所有的谷类淀粉都需要预煮，待糊化后在进行糊化操作，例如小麦、大麦因为糊化温度低，所以不必将糖化和糊化特意分开进行，而是在糊化升温过程中自然完成了糊化。但是，对于糊化温度高于糖化酶作用温度的大米、玉米，就必须预先将它们糊化后，再用糖化酶来水解。在糊化辅料时，可以按1g大米加入5～6IU的α－淀粉酶，使辅料的淀粉有一定程度的分解，以加速糖化酶作用，同时也可降低糊化醪的黏度。辅料的糊化物和麦芽粒在糊化锅中糖化，淀粉酶将淀粉水解成麦芽糖、糊精、低聚糖和单糖。

2. 蛋白质分解

麦芽粒总蛋白质中的28% ~40%是可溶性的，它们可直接进入糖化醪液。大约总蛋白质的15%经酶水解后变成胨、肽和氨基酸，这些水解产物被溶入糖化醪液。余下的蛋白质被留在麦粒中，这些蛋白质主要是碱性谷蛋白、高分子醇溶性蛋白以及热变性的水溶性清蛋白。糖化时，蛋白质的分解不应过度，尽量使相对分子质量在10000 ~60000的胨能保持一定数量，这对啤酒的泡沫持久性和口味醇厚有好处。

3. 半纤维素分解

胚乳细胞的细胞壁主要是由淀粉、蛋白质和半纤维素组成。在糖化时，半纤维素被β-葡聚糖酶分解成β-葡聚糖，它有黏性，可进一步分解成葡萄糖、半乳糖和木糖等单糖。

4. 磷酸盐分解

糖化时，由于磷酸酶的作用，有机磷酸盐发生分解，游离出磷酸。

5. 类黑精生成

糖化醪中的单糖和氨基酸因受热发生反应生成类黑精，使麦芽汁和啤酒的颜色加深。类黑精具有还原性，它的氧化产物对啤酒质量无影响，因此类黑精能防止麦芽汁和啤酒被氧化。

6. 锌

在糖化过程，有痕量的锌从麦芽粒中游离出来进入糖化液中。锌能增进酵母的发酵力。

7. 多酚物质

麦芽粒皮壳的下面是果皮和种皮，这两层称为皮层。皮层含硅酸、单宁和苦味物质等，它们对啤酒发酵有害。在糖化醪加热时，这些物质被氧化，生成黄褐色的氧化物影响淡色啤酒的色泽。

（三）糖化方法

糖化方法很多，传统的糖化方法有煮出糖化法和浸出糖化法两大类，其他糖化方法都是由这两种方法演变而来的。在各种糖化方法中物料的主要变化均与麦芽中各种水解酶的催化作用有关，糖化条件控制就是创造适合各种酶作用的最适条件，各种糖化方法中有几段控制的原理是相似的。

1. 控制原理

（1）酸休止　利用麦芽中的磷酸酯酶对麦芽中菲汀的水解，产生酸性磷酸盐，有时还利用乳酸菌繁殖产生乳酸。工艺条件温度为35 ~37℃，pH为5.2 ~5.4，时间为30 ~90min。

（2）蛋白质休止　利用麦芽中的蛋白酶类将蛋白质分解为多肽和氨基酸。此作用的最佳pH为5.2 ~5.3，形成α-氨基酸的最适温度为45 ~50℃，形成可溶性多肽的温度为50 ~55℃，作用时间为10 ~120min。

（3）糖化分解　淀粉水解成可溶性糊精和可发酵性糖，被麦芽中β-淀粉酶催化形成可发酵性糖的最适温度为60~65℃，α-淀粉酶作用的最适温度为70℃。这两种酶共同作用的最适pH为5.5~5.6，作用时间为30~120min。

（4）糖化终止　糖化终止后，必须使醪液中除α-淀粉酶以外的其他酶类失活或钝化，此时温度为70~80℃。保留α-淀粉酶是过滤的需要，即降低黏度。若采用上限温度，醪液黏度小，过滤快，有害物质溶解多，α-淀粉酶残留少。

（5）煮沸　部分醪液加热至沸腾，主要是利用热力作用促进物料的水解，特别是使生淀粉彻底糊化、液化，提高浸出物的收率。

2. 煮出糖化法

是麦芽醪利用酶的生化作用和热力的物理作用进行糖化的方法。其特点是将糖化醪液的一部分分批地加热到沸点，然后与其余未煮沸的醪液混合使全部醪液温度逐步提高到不同酶分解所需要的温度，最后达到糖化终止温度。根据部分醪液煮沸的次数，可分为一次煮出、二次煮出和三次煮出糖化法。

3. 浸出糖化法

糖化醪液自始至终不经煮沸，单纯靠酶的作用浸出各种物质。此法一般不经过蛋白分解阶段而直接在65℃左右糖化。采用此法时，要求使用蛋白质分解比较充分的麦芽，否则就需要经过蛋白分解阶段。由于始终没有煮沸过程，麦芽汁可保留较强的酶活性。

分为升温浸出法和降温浸出法。升温浸出法中各种水解酶在醪液逐步升温时对麦芽成分进行分解，常采用二段式糖化。首先经过62.5℃糖化，此温度下β-淀粉酶有最高活性，有利于形成较多的可发酵性糖，一些蛋白酶类也有一定活性，可进一步促进蛋白质的分解，此温度一般保持20~40min；然后是升温至68~70℃进行第二段糖化，此段主要发挥α-淀粉酶的作用，提高麦汁收率。而降温浸出法一开始就在68~70℃下进行糖化，然后再降温进行第二段浸出，这是蛋白酶已受到破坏，这种先高温后低温的方法不够合理，所以近年啤酒厂很少采用。

4. 复式糖化法

当使用部分未发芽谷物作辅料时，由于其中的淀粉包含在胚乳细胞中，必须先破除淀粉细胞壁使淀粉溶出，再经糊化和液化形成淀粉浆，才能受到麦芽中淀粉酶作用形成可发酵性糖和糊精。未发芽谷物的处理，一般是在糊化锅内加水、加麦芽后，升温至沸。由于包含了辅料的酶和煮沸处理，故称复式糖化。采用本法时，辅料大米、玉米应适当磨细。磨得越细，糊化和液化越容易；但磨得太细会造成麦汁过滤困难、麦汁混浊，一般以通过40目筛为宜。添加麦芽或酶有利于辅料液化。

（四）麦芽醪过滤

糖化结束后，应在最短的时间内将糖化醪中溶于水的浸出物与不溶性的麦糟分开，得到澄清的麦汁，此分离过程称为麦芽醪的过滤。可分为3个过程，首先

是残存的 α－淀粉酶继续将少量的高分子糊精分解成短链糊精和可发酵性糖，提高原料浸出物的收率；然后以麦糟为滤层，从麦芽醪中分离出“头号麦汁”；最后利用热水洗涤麦糟，洗出残存于麦糟中的可溶性固形物，得到洗涤麦汁或称“二号麦汁”。

麦芽醪的过滤设备通常有3类，依靠液柱静压力为推动力的过滤槽；依靠泵送醪液的正压力为推动力的压滤机；依靠液柱正压力和麦芽醪泵抽吸造成的局部负压力为推动力的快速渗出槽。

（五）麦汁煮沸与酒花添加

1. 麦汁煮沸目的、方法及设备

麦汁煮沸目的为蒸发水分、浓缩麦汁；破坏酶并对麦汁灭菌；使蛋白质变性沉淀；将酒花成分浸出；排除麦汁中的异杂味；形成还原物质。使用间歇常压煮沸法煮沸，即当麦汁已将加热层盖满后开始加热并保持80℃左右，让酶继续对残存淀粉分解，洗槽结束时加热至沸，煮沸时间一般为1～2h。麦汁煮沸是在麦汁煮沸锅中进行。

2. 酒花添加量及添加方法

啤酒苦味值（Bu）是体现酒花添加量的重要指标，测定Bu的方法是EBC方法，即从酸化的啤酒中用异辛烷萃取苦味物质，在275nm的波长下比色，将吸光值乘以50，所得值为Bu值。此值反映的主要是 α－酸、氧化 α－酸及氧化异 α－酸的含量，不包括 β－酸部分。酒花的添加我国多采用分次添加法。酒花添加应把握以下原则，香型、苦型酒花并用时，先添加苦型酒花以得到较好的酒花利用率，后添加香型酒花以提高酒花香味；在使用同类酒花时，应先加陈酒花后加新酒花；分批添加酒花时，开始添加量要少些，然后再提高。

（六）麦汁的处理

煮沸结束的热麦汁，在进行啤酒发酵前还需要进行酒花槽分离、热凝固物分离、冷凝固物分离、麦汁冷却、充氧等一系列处理，才能制成发酵麦汁。80%～90%的工厂采用回旋沉淀槽法对热凝固物进行分离，也有少量工厂采用离心机或硅藻土过滤法分离。分离冷凝固物法方法有酵母繁殖法、冷沉降法、硅藻土过滤法、麦汁离心分离法和浮选法。麦汁的充氧包括热麦汁的氧化和冷麦汁的充氧。国内目前采用较多的流程如下：

热麦汁→煮沸锅→泵→回旋沉淀槽→薄板换热器→通风器→发酵罐

回旋沉淀槽↓酒花槽和热凝固物　薄板换热器↓离心冷凝固物　通风器↓无菌空气

在回旋沉淀槽内，分离酒花槽和热凝固物的同时，麦汁温度降低到55℃。然后利用薄板换热器将麦汁冷却到接种温度。

四、啤酒发酵工艺

传统的啤酒发酵工艺分上面发酵和下面发酵两大类，由于两者采用的酵母菌种、发酵工艺和设备不同，制出的啤酒风味也不同。我国采用的都是下面发酵。传统的下面发酵的生产时间比较长，整个工艺过程包括添加酵母、前发酵、主发酵、后发酵和贮酒等几个工序。

1. 前发酵

即酵母繁殖期，指麦汁接种酵母后的8~16h，此时酵母与麦汁接触，逐渐克服生长滞缓期开始出芽，液面上出现二氧化碳小气泡，逐渐形成白色的乳脂状泡沫。经过20h的酵母繁殖，将发酵麦汁移入主发酵池，分离池底沉淀的杂质。如果麦汁添加酵母16h后仍不起泡，则需要适当提高液温、增加麦汁的通风量、增加酵母量、改善糖化方法以及加强蛋白质的分解作用来提高麦汁中的α-氨基氮的含量。

2. 主发酵

此阶段为酵母活性期，麦汁中绝大部分可发酵性糖在此期间内发酵，酵母的一些主要代谢产物也在此期间形成。主发酵前期，酵母吸收麦汁中的氨基酸和营养物质，利用糖类发酵获得能量合成酵母细胞。此期每天发酵液升温0.5~0.8℃，降糖至0.3~0.5°P，不需人工降温。当酵母浓度达到最大时，降糖最快，每天糖浓度下降可达1.5~2.0°P，此时发酵液温度达到要求的最高温，需人工冷却以保持允许的发酵最高温度。当发酵度达到35%~45%时，酵母开始凝聚，发酵液中悬浮的酵母数量开始下降，降糖速度随之降低，每天降低0.5~0.8°P。此时发酵温度逐步降低，要控制液温每天下降0.5℃，最终使发酵温度接近后发酵温度。当主发酵后期每天降糖小于0.3°P时，发酵变缓，液面泡沫逐渐回落形成泡盖。对于原麦汁浓度在12%的浅色啤酒，一般下酒时外观糖浓度为3.6~4.0°P，下酒温度一般为4.2~5.5℃，下酒时酵母浓度目前常控制在10×10^6~20×10^6个/mL。

3. 后发酵

麦汁经主发酵后的发酵液叫嫩啤酒，此时酒中的二氧化碳含量不足、口味不成熟、不适宜饮用，大量的悬浮酵母和凝固析出的物质尚未沉淀下来，酒液不够澄清，一般需要经数周或数月的保藏，此保藏期即为后发酵期，啤酒的成熟和澄清均在此期完成。首先将发酵完毕的发酵液倒入事先灭菌的贮酒罐内，可用单批发酵液装满，也可将几批发酵液混合后分装于几个贮酒罐内。然后将发酵液送入后发酵罐，液面上部留出10~15cm的空隙，有利于排除液面上的空气。下酒装满后发酵罐后，敞口发酵2~7d，以排除啤酒中的生青味物质。而后封罐并在罐上口连接压力计，控制压力0.05~0.06MPa，使二氧化碳气体逐渐上升，一周后气压达到要求，即控制稳定不变。后发酵多利用室温控制酒温，或贮酒罐本身具备冷却设施进行自身冷却。

4. 贮酒

贮酒时间应根据啤酒类型、原麦汁浓度和贮酒温度的不同而定。如淡色啤酒要求酒花苦味柔和，一般贮酒时间较长；浓色啤酒要求麦芽香味突出，贮酒时间较短。外销啤酒贮酒时间要长，内销啤酒则贮酒期较短。原麦汁浓度高的啤酒贮酒期长，浓度低的贮酒期短。

五、啤酒包装与成品啤酒

（一）啤酒过滤与分离

经过后发酵的成熟啤酒，大部分蛋白颗粒和酵母已经沉淀，少量悬浮于酒中，须过滤除去。常用的方法有滤棉过滤法、硅藻土过滤法、离心分离法、板式过滤法、微孔薄膜过滤法。其中滤棉过滤法较古老，在国外已被淘汰，但我国少数啤酒厂仍在使用。较合理的工艺是将不同方法联合使用。

（二）啤酒包装

啤酒包装是啤酒生产的最后一道工序，对啤酒的质量和外观有直接影响。过滤完的啤酒，在包装前存放在低温清酒罐中，通常同一批啤酒应在24h内包装完毕。啤酒的包装形式是根据市场需要而选择的，一般当地销售的啤酒以瓶装、罐装或桶装的鲜啤酒为主，而外销啤酒或出口啤酒则多为瓶装或罐装的灭菌啤酒。若采用瓶装，则包装费用较低，但玻璃瓶易破碎、需回收清洗、携带不方便。若采用罐装，虽然容器成本高，但由于节省了包装容器的运费，省去了贴标，降低了灭菌蒸汽用量，便于旅游携带，所以也很受欢迎。瓶装啤酒包装工艺如下所示：

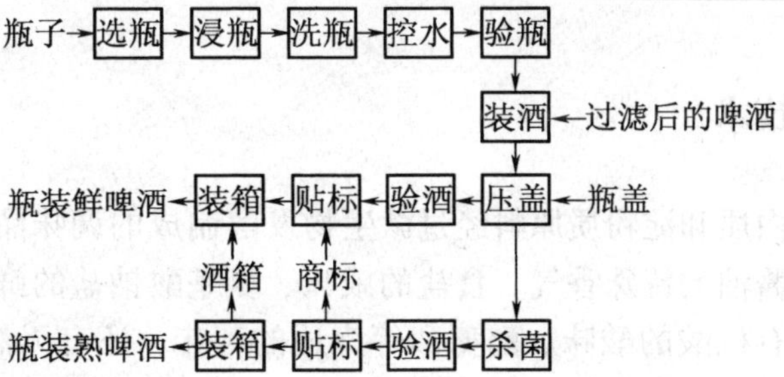

（三）成品啤酒

1. 成品啤酒的主要化学组成

（1）酒精　酒精含量由原麦汁浓度和啤酒发酵度决定。它可以增加啤酒的浓度和泡沫浓度，使啤酒泡沫细腻。

（2）浸出物　指发酵后残存于啤酒中的固形物，其浓度称为真浓度，通常为4%左右。主要是酵母不能利用的糊精、三糖、四糖和戊糖等。

(3) 含氮物质　麦汁中的含氮物质经发酵后残存的含氮量为啤酒浸出物的8% ~10%，总氮量为342 ~426mg/L。

(4) 二氧化碳　含量取决于贮酒温度和贮酒压力，一般啤酒中二氧化碳含量为0.35% ~0.45%。

(5) 无机盐　啤酒浸出物中无机盐的含量为3% ~4%，其含量与原料特别是水的质量有关。

(6) 风味物质　主要包括高级醇类、醛类、脂肪酸和其他有机酸、脂类、硫化物及双乙酰等。

2. 啤酒的稳定性

(1) 生物稳定性　经除菌处理的啤酒能保持长期的生物稳定性。除菌方法一种是低热消毒法（巴氏杀菌法），消毒后的啤酒称为“熟啤酒”；另一种是过滤除菌法，称“纯生啤酒”。

(2) 非生物稳定性　指不是由于微生物污染而产生混浊、沉淀现象的可能性。包括蛋白质引起的非生物混浊，比如消毒混浊、冷雾混浊（可逆混浊）、氧化混浊（永久混浊）和铁蛋白混浊；多酚物质引起的非生物混浊。在不影响啤酒风味和酒体的前提下应减少啤酒中高分子蛋白和多酚物质的含量。

(3) 风味稳定性　啤酒包装后随时间延长，酒花的新鲜香味会减少和消失，接着啤酒出现如面包和焦糖的味道，然后出现纸板味，这是由于啤酒的风味物质不断被氧化造成的。

任务四 发酵调味品加工技术

一、酱油加工技术

酱油是由蛋白质和淀粉质原料经过微生物发酵制成的调味品。酱油中含有多种调味成分，有酱油的特殊香气、食盐的咸味、氨基酸钠盐的鲜味、糖及其他醇甜物质的甜味、有机酸的酸味、酪氨酸等爽适的苦味，还有天然的红褐色色素。酱油是生活中必不可少的调味佳品。

（一）酱油生产的原料

蛋白质原料包括大豆、脱脂大豆、其他蛋白质含量高且不含有毒物质、无异味的原料如蚕豆、豌豆、绿豆等。淀粉质原料包括小麦、麸皮、含有较多淀粉而无毒无异味的物质如薯干、碎米、大麦、玉米等。此外还有食盐和水。

（二）酱油酿造用微生物

主要包括米曲霉、酱油曲霉、酵母菌和乳酸菌。在酱油酿造过程中，微生物的参与引起一系列的生物化学反应，形成了酱油独特的色、香、味，主要体现在制曲和酱醅两个阶段。制曲过程中，米曲霉分泌并积累大量的蛋白酶、淀粉酶等，将蛋白质和淀粉分解为氨基酸和糖等。微生物分泌和积累的酶对酱醅发酵的快慢、色素和鲜味成分的生成量以及原料的利用率等都有直接关系。在发酵阶段，酵母菌、乳酸菌的发酵产物对酱油风味的形成也有重要作用。

（三）酱油制曲

1. 种曲制备

制曲的目的是给米曲霉创造最佳条件，使其大量生长繁殖并分泌和积累大量酶类。而酱油制曲所需的大量的米曲霉通常由种曲提供，所以种曲制造是酱油制曲的前提。种曲制备工艺流程如下所示：

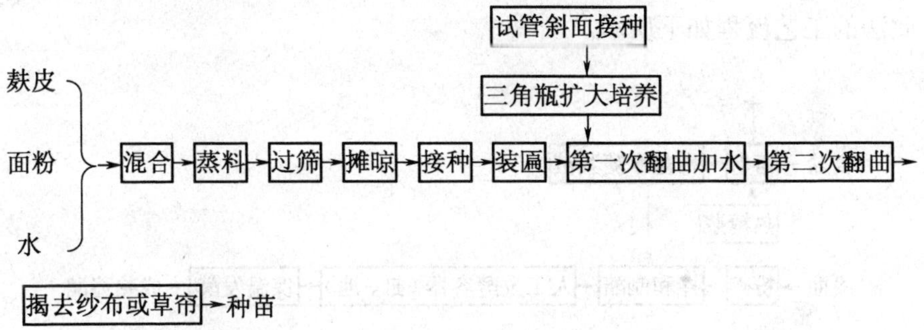

2. 制曲

酱油生产中多采用纯种曲，包括固体曲和液体曲。液体曲是采用液体培养基接入米曲霉进行培养的一种方法，适合于管道化和自动化生产，但液体曲酿制的成品色泽浅、风味欠佳。固体曲使用广泛，制曲方法有厚层通风制曲、曲盘制曲及圆盘式机械制曲等。厚层通风制曲是大多数厂家采用的方法，它具有曲层厚、设备利用率高、节约人力、操作机械化程度高以及成曲霉活力强等优点。曲盘制曲采用曲盘作为制曲容器，通过自然风和倒盘来供氧并控制温度，原料层薄，设备利用率低，劳动强度大。我国也有很多厂家使用圆盘式机械制曲，效果较佳，其主要具备自动翻曲、自动调节温度和湿度、机械化程度高等特点。多菌种制曲是新发展起来的一种制曲方法，为了提高原料利用率和成品风味，除加入米曲霉外还加入一些其他菌种，如木霉、黑曲霉、耐盐乳酸菌、耐盐酵母等。以豆粕和麸皮为原料制曲的工艺流程如下所示：

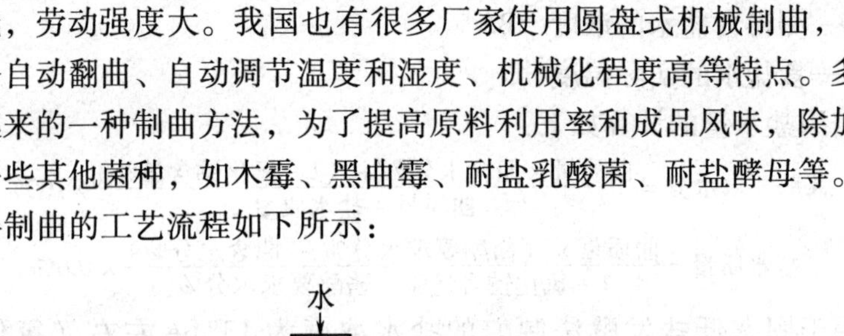

（四）酱油发酵工艺

将成曲拌入大量盐水中，形成的浓稠的半流动状态的混合物称为酱醪；而将成曲拌入少量盐水中形成的不流动状态的混合物称为酱醅；将酱醅装入发酵容器内，采用保温或者不保温方式，利用曲中的酶和微生物的发酵作用，将酱醅中的物料分解、转化，形成酱油独有的色香味成分，这一过程就是酱油生产的发酵。

酱油发酵的方法很多，根据发酵的加水量不同可分为稀醪发酵法、固态发酵法及固稀发酵法；根据加盐量的不同可以分为有盐发酵法、低盐发酵法及无盐发酵法；根据发酵时加温情况不同，可分为自然发酵法和保温速酿发酵法。目前普遍采用的方法为固态低盐发酵法，由于采用该工艺酿造的酱油质量稳定，风味较好，且操作管理简单，发酵周期较短，因此已被国内大、中、小型酿造厂广泛使用。此法的工艺流程如下所示。

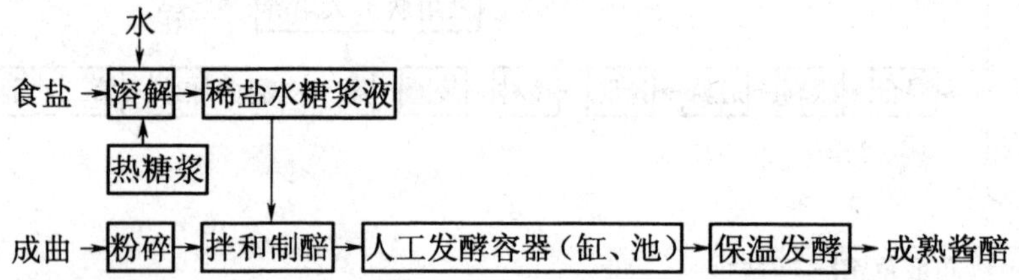

1. 发酵设备

包括发酵室、发酵容器、制醅机和溶盐设备等。

2. 配制食盐水

食盐加水溶解后，用波美计测定其浓度，并根据当时温度调整到规定浓度。通常都以20℃时的波美度表示食盐水浓度。换算公式如下：

当温度高于20℃时：$B = A + 0.05\ (t - 20)$

当温度低于20℃时：$B = A + 0.05\ (20 - t)$

式中　B——标准温度时食盐水的浓度，°Bé

A——测得食盐水的浓度，°Bé

t——食盐水的实际温度，℃

制酱醅用盐水量的计算如下：

$$\text{酱醅要求水分} = \frac{\text{曲质量} \times \text{曲含水分\%} + (1 - \text{氯化钠含量\%})}{\text{曲质量} + \text{盐水质量}} \times 100\%$$

$$\text{盐水质量} = \frac{\text{曲质量} \times (\text{酱醅要求水分\%} - \text{曲含水分\%})}{1 - \text{氯化钠含量\%} - \text{酱醅要求水分\%}} \times 100\%$$

一般用于固态低盐发酵法制醅的盐水浓度为13°Bé左右（氯化钠含量为13.5%），而有盐发酵法制醪的盐水浓度则高达20°Bé（氯化钠含量为24.6%）。

3. 制醅入池

成曲用制醅机粉碎成2mm左右的颗粒，要求粉碎均匀，有利于水分迅速均匀地渗入曲内。粉碎的成曲与55℃左右12~13°Bé的盐水按一定比例拌和，酱醅的起始发酵温度为42~44℃，此温度是蛋白酶的最适作用温度。铺在池底10cm厚的酱醅应略干、疏松、不黏，当铺到10cm以上后，可逐渐增加盐水用量，让成曲充分吸收盐水。

因为微生物的繁殖和酶的催化反应都要在有水存在下才能完成，又因水的比热容较大，所以醅温不会因为发酵产热而有很大变化。当拌水量过小时，因不能充分将成曲浸透，曲中的酶不能充分发挥作用，所以氨基酸生成量较低，结果是酱醅缺乏鲜味。拌水量小时品温易升高，淀粉酶活力旺盛，生成的五碳糖量多，它与氨基酸发生褐变反应生成的色素增多，使酱醅呈黑褐色，并有焦煳味。当拌水量过大时，酱醅发黏造成淋油困难，且酱醅中色素生成不足。如果拌水量适当，不仅曲中酶被充分溶出，酶解效果好，而且在发酵过程中升温缓慢，容易保持适当温度，这样酱醅色泽好，呈新鲜的红棕色，味鲜美。

在固态低盐发酵中，酱醅的含水量以52%~55%为宜，食盐含量为6%~7%，但由于制曲原料上的差别或成曲质量不同等原因，对拌水量可作适当增减。另外，酱醅的pH6.5~6.8为宜，这样有利于蛋白酶、谷氨酰胺酶发挥作用。如果曲的酸度过大，可用适量碱调整。

4. 发酵管理

前期主要是曲料中的蛋白质和淀粉在酶的作用下被水解，所以前期应把水温控制在蛋白酶作用的最适温度42~45℃，一般需要10d左右才能基本完成水解。曲料入池后的第2d开始进行浇淋，每天1~2次，以后可减少浇淋次数至3~4d一次。当进入后期发酵阶段时，应补加适量的浓盐水，使酱醅含盐量达到15%左右，并使醅温下降至30~32℃。此时可将酵母菌培养液和乳酸菌培养液浇淋于酱醅上，也可利用自然繁殖的野生酵母菌、乳酸菌发酵，直至酱醅成熟。在此期间进行数次酱汁浇淋，发酵阶段一般需14~20d。

二、食醋加工技术

食醋可分为酿造醋、合成醋、再制醋三类，最重要的是酿造醋，它是用粮食等为原料，经微生物制曲、糖化、酒精发酵、醋酸发酵等阶段酿制而成的。除主要成分醋酸外，还含有各种氨基酸、有机酸、糖类、维生素、醇和酯等营养成分及风味成分，具有独特的色、香、味、体。

（一）食醋生产的原料

按照工艺要求，一般可将制醋原料分为主料、辅料、填充料和添加剂四类。主料是能被微生物发酵而生成醋酸的主要原料，包括含淀粉质或含糖、含酒精的物质，如谷物、薯类、果蔬等，我国多以粮食为原料制醋。辅料可以提供微生物活动所需要的营养物质并增加食醋中糖分和氨基酸含量，一般使用细谷糠、麸皮或豆粕。固态发酵制醋和速酿法制醋都需要填充料，主要作用是疏松醋醅，积存并使空气流通，以利于醋酸菌进行好氧发酵，常用谷壳、稻壳、高粱壳、玉米秸等。添加剂包括食盐、砂糖、芝麻、茴香、生姜、炒米色等。

（二）醋酸的发酵类型

我国食醋的生产工艺是以醋酸发酵的方式为分类依据，若醋酸发酵在固态下进行，称固态发酵法；若醋酸发酵在液态下进行，称液体发酵法。

1. 固态发酵法

如山西老陈醋、镇江香醋及保宁麸醋，它们分别采用酶法液化自然通风回流法和生料制醋法，产量占绝大多数。此法一般以粮食为主料，以麸皮、谷糠及稻壳为填充料，以大曲和麸曲为发酵剂，经过糖化、酒精发酵及醋酸发酵制得成品醋。生产周期最短为 1 个月左右，最长的 1 年以上，成品的总酸量最低为 4%，最高在 11% 以上。

2. 液体发酵法

如福建红曲老醋、浙江玫瑰醋、糖醋、白醋、深层发酵醋及液态回流醋等，其中一部分以米为原料，部分以糖和酒为原料，前者以野生微生物为发酵剂，后者采用人工培养纯种。此法的工艺特点是，醋酸发酵在液态条件下进行；静置表面发酵法的生产周期最短为 20 ~ 30d，最长为 3 年；深层发酵法的生产周期最短为 1 ~ 2d，有的厂采用半连续发酵法取醋；成品的总酸量最低为 2.5%，最高为 8% ~ 9%。

（三）醋的成熟

后熟陈酿工艺方法有 3 种。一是醋醅陈酿，是将加盐后熟的醋醅移至发酵室外，装入缸内砸实，上盖石板一块，用泥封顶，放置一个月，中间倒醅。二是生醋陈酿，是夏日晒，冬捞冰，陈酿数月。三是成品醋封坛灌装陈酿。

陈酿期间食醋色泽发生的变化是，醋中的糖分和氨基酸结合产生类黑素等物质，使食醋的色泽加深。陈酿期食醋成分发生的变化是乙醇氧化生成乙醛，食醋中含有的多种有机酸与醇结合生成酯。在食醋后熟陈酿中，保藏时间越长，成酯数量就越多。温度越高，前提物质浓度越大，成酯数量也越多。目前对保藏时间还没找出规律，一般为 1 ~ 6 个月。

（四）山西老陈醋的生产

山西老陈醋是我国北方最著名的食醋，其工艺特点是：用曲量大，高达主要原料高粱的 62.5%；低温酒精发酵；高温醋化，醋酸发酵温度达 43 ~ 45℃；一部分醋醅经地火熏蒸变色后形成熏醅；陈酿期长，陈酿过程“夏日晒、冬捞冰”。酿得的老陈醋色泽黑紫、味清香、质浓稠，酸味醇厚、回味绵长，产品久储无沉淀、不变质。

1. 工艺流程

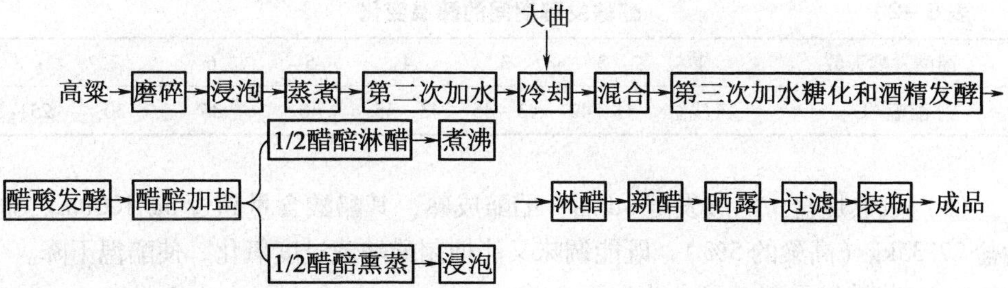

2. 工艺要点

（1）原料配比　如表 5－1 所示。

表 5－1　　老陈醋原料配比

配料	高粱	蒸前水	蒸后水	大曲	入缸前水	总水	麸皮	谷糠	食盐	花料	总原料
质量/kg	100	50	225	62.5	65	340	73	73	5	0.05	313.5

（2）原料处理　将高粱磨碎，使大部分成 4～6 瓣，以粉末少为好。取磨碎的高粱，按每 100kg 高粱加水 50kg 拌匀，润水 12h 以上，若用 30～40℃的温水则润水 4～6h。务必使高粱颗粒充分吸收水，夏天要摊开，冬天要堆成丘形。将润水后的料打散、蒸煮，上汽后蒸 1.5～2h，以熟透而不粘手且无生心为标准。将熟料取出，放入冷散池，用 70～80℃的热水浸润，热水量为高粱原料的 225%，拌匀后焖 20min，待高粱颗粒充分吸足水分后，掏出摊在凉场上冷却，要求在短时间内冷却至 25～26℃。

（3）淀粉糖化及酒精发酵　当高粱冷至 25～26℃时，加入磨细的大曲粉 62.5kg，搅匀后再加 65kg 水，使总加水量达 340kg，搅拌均匀。使上述配好的原料入缸发酵，冬季入缸温度为 20℃，夏季为 25～26℃。若入缸温度高，则发酵太快；若入缸温度低，则发酵迟缓；发酵过快或过慢都会影响产品质量。原料入缸后逐渐糖化并发酵，前 3d 每天打耙 2 次，第 3d 品温可达 30℃，第 4d 发酵达到最高峰。用塑料布封缸，并盖上草垫使之不漏气，以促进后发酵，此时品温逐渐下降。发酵时间为 16d，取样化验，要求酒精体积分数在 6%～7%，酸度为 2.5g/mL。

（4）醋酸发酵　向 547kg 高粱和 341.5kg 酒曲制得的酒醪中拌入麸皮、谷糠各 400kg，分装于 100 只浅缸内进行醋酸发酵。取上次醋酸发酵至第 4d 的并经翻拌 3 次、品温在 43～44℃的新鲜醋醅作为醋酸菌种接入浅缸，接种比例为 10%。将菌种埋于中心，缸口盖上草盖，约经 12h 品温升至 41～42℃，每天早晚各用手翻拌一次。经如此 3 次翻拌后，又可用做醋酸菌种。3～4d 后发大热，第 5d 开始退火，此后品温逐渐降低，至第9d即完成醋酸发酵。发酵过程中醅温变化如表5-2所示。

表5-2 醋酸发酵期间的醅温变化

醋酸发酵天数	1	2	3	4	5	6	7	8
醅温/℃	入浅缸	41~42	43~45	43~45	40	35	30	25~26

（5）成熟加盐　醋酸发酵8d后，醋醅成熟，其醋酸含量超过8g/100mL。加入食盐27.35kg（高粱的5%），既能调味又能抑制醋酸菌过度氧化，使醅温下降。

（6）淋醋与熏醅　可分为以下3步。

①取一半醋酸发酵后的醋醅置于熏醅缸内，用文火加热，温度控制在70~80℃，在缸口盖上瓦盖，每天翻拌1次，4d后出醅，称为熏醅。老陈醋熏醅时，不宜温度过高或时间过长，否则醋味发苦。熏醅后醋醅应呈褐红色；

②取另一半醋醅，先加入上一次淋醋后得到的淡醋液，再补足冷水至醋醅质量的两倍，浸泡12h，就可以淋醋，直至醋液全部淋出；

③向淋出的醋液中加入香料，加热至80℃，放到熏醅中浸泡10h后，再进行淋醋，淋出的醋称为熏醋，也叫原醋，是老陈醋的半成品。每100kg高粱出熏醋400kg，余下淋出的淡醋液用于浸泡下一次的醋醅。老陈醋的浓度为7°Bé，原醋酸的浓度为6~7g/100mL。

（7）陈醋　新醋保藏于室外缸内，除遇刮风下雨需盖上缸盖以防雨淋外，一年四季日晒夜露。冬季醋缸结冰，则把冰取出弃去。经过三伏一冬的“夏日晒、冬捞冰”后，醋色浓而体重，浓度达18°Bé，总酸量在10g/100mL以上。原醋的陈酿期为9~12个月。每100kg高粱制得的400kg熏醋经陈酿后，只能得到120~140kg老陈醋。

（8）成品　老陈醋制成后经纱布过滤，除去浮杂物质即可装瓶出售。

三、腐乳加工技术

腐乳是用豆浆的凝乳物经微生物发酵制成的一种大豆制品。大豆制成腐乳后，不仅保留了自身的营养成分，而且去除了大豆中对人体不利的溶血素和胰蛋白酶抑制物。此外通过发酵，水溶性蛋白质及氨基酸含量增多，提高了人体对大豆蛋白的利用率。在发酵过程中微生物作用，还产生了相当数量的核黄素和维生素B_{12}。因此腐乳是很好的调味品，也是营养素的良好来源。按工艺类型，腐乳分为腌制型、毛霉型、根霉型和细菌型腐乳；按产品类型分为红腐乳、白腐乳、花色腐乳、酱腐乳和青腐乳。

（一）腐乳生产的原辅料

主料中的蛋白质原料有大豆、豆粕和冷榨豆饼；凝固剂有盐卤、石膏、葡萄糖酸内酯等；主料还有食盐和水。辅料有白酒、黄酒、混合酒、糟方、红曲、面曲、花椒、茴香、葱和姜等。

（二）酿造腐乳用微生物

常用的腐乳生产用菌包括五通桥毛霉、腐乳毛霉、总状毛霉、雅致放射毛霉、根霉、藤黄小球菌、酵母菌、米曲霉和羊肚菌。

（三）腐乳酿造中的化学变化

腐乳的酿造是利用在豆腐上培养出来的毛霉或根霉、培养及腌制期间有外界侵入并繁殖的微生物、配料中红曲含有的红曲霉、面糕曲中的米曲霉以及酒类中的酵母菌等所分泌的酶系。在发酵期间，尤其是后期发酵中引起极复杂的化学变化，促使蛋白质水解成可溶性的低分子含氮化合物——氨基酸，并使淀粉糖化、糖分发酵成乙醇和其他醇类及形成有机酸，同时辅料中的酒类及添加的各种辛香料也共同参与作用，合成复杂的酯类，最后形成腐乳特有的色、香、味、体等。腐乳成品细腻、柔软、可口。

（四）腐乳生产工艺

腐乳生产主要分为制作豆腐坯、前发酵、腌坯和后发酵4个阶段，工艺流程如下所示：

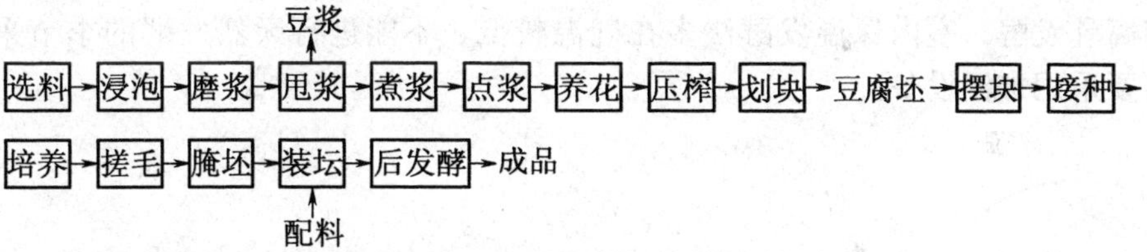

1. 制作豆腐坯

（1）选料　应选用优质大豆或粕片作为原料，可用干选法或水选法。

（2）浸泡　将选好的原料放入料池或缸内，用自来水浸泡，目的是提高蛋白质的提取率。浸泡用水量以大豆充分膨胀后不露出水面为宜。浸泡时间根据气温、水温而定。

（3）磨浆　在磨浆机中磨浆，可按每1kg浸泡好的大豆添加约4kg水的比例操作。

（4）甩浆　是将磨出的带渣豆浆及时送入甩浆机中，使豆渣和豆浆分离。

（5）煮浆　将滤出的豆浆打入煮浆桶内，占桶内容量70%，温度为95～100℃，时间为3～5min，可以杀菌、灭酶、去腥。

（6）点浆　温度控制在（82±1）℃，豆浆pH控制在6.0～7.0为宜，凝固剂浓度应控制在12～18 °Bé。

（7）养花　豆浆凝固后必须给予一定时间充分静置，以使蛋白质沉淀完全、组织结构稳定。时间为20～30min。

（8）压榨　将凝固的豆腐脑上箱压榨，应按豆腐坯规格和水分含量要求成型。

（9）划块　压榨后按要求的规格进行划块成豆腐。

2. 前期发酵

前期发酵是让菌体生长旺盛，积累蛋白酶，以便后期发酵时蛋白质缓慢水解。自然发酵是利用自然界中存在的毛霉进行腐乳生产，是我国的传统方法，目前地方小作坊和家庭仍采用此法。接种发酵包括毛霉型发酵和根霉型发酵。由于多菌种的酶催化，加快了蛋白质、淀粉和纤维素的分解以及风味的合成，所以应用多菌种发酵能缩短腐乳生产周期。

3. 腌坯

在进行后期发酵之前，需将毛坯上的菌丝搓倒，以便腌坯操作，所以发酵好的毛坯要立即进行搓毛。搓毛后毛坯要用盐腌，使毛坯变成腌坯。

4. 后期发酵

即发霉毛坯在微生物的作用下以及辅料的配合下进行后熟，形成色、香、味、体的过程。包括装坛和灌汤两步。

5. 保藏

豆腐坯上生长的微生物与加入配料中的微生物在保藏期内发生复杂的生化反应，促使腐乳成熟。腐乳装入坛内，擦净坛口，加盖后用水泥或猪血封口。可分别采用天然发酵法和室内保温发酵法进行发酵。天然发酵法是利用户外较高的气温使腐乳发酵；室内保温发酵法多在气温较低、不能进行天然发酵的季节采用，并需要采用加温设备。

实训十七 红葡萄酒的酿造

一、技能目标

通过实训掌握红葡萄酒的制作工艺及工艺要点。

二、教学资源的准备

（一）仪器设备

发酵酒罐（或缸、桶、少量时可用大三角瓶代替）、台秤、手持折光仪、温度表、酒精度表、小型螺旋压榨机、压榨机或软木塞、胶帽和纱布等。

（二）教学场所

食品发酵实验室。

（三）师资准备

实训时每班配备1名教师，技能考核时配备2名教师。

（四）实验试剂与材料

材料有葡萄、蔗糖、硫磺、柠檬酸、亚硫酸氢钠。

三、原理与知识

葡萄酒的制作是用新鲜的葡萄为原料，利用野生或人工添加的酵母分解糖分并产生酒精及其他副产物，伴随着酒精和副产物的产生，葡萄酒内部发生一系列复杂的生化反应，最终赋予葡萄酒独特风味及色泽。

四、操作方法与步骤

（一）操作流程

原料选择→清洗、除梗、破碎→二氧化硫处理→成分调整→过滤、压榨→换桶、后发酵→换桶、陈酿→杀菌→成品

（二）操作步骤

1. 选料、清洗

宜选取充分成熟，新鲜完整的红色葡萄果实，剔除腐烂果，洗净果实。

2. 除梗、破碎

去除果梗后，用破碎机或手工破碎。

3. 二氧化硫处理

原料破碎后按100kg葡萄加入 $NaHSO_3$ 10～12g，抑制有害微生物的生长及酶褐变。

4. 成分调整

将汁液含糖量调整到22%～25%，pH3.5～3.8，同时加入酵母液，用量为葡萄浆的3%～5%。也可不加酵母，让其自然发酵。

5. 入罐发酵

将硫处理和成分调整后的葡萄汁连皮一同倒入事先用硫磺熏蒸或75%酒精擦洗消毒的发酵容器进行发酵。入罐时需留出1/4的空隙，以免发酵旺盛时果汁溢出。在主发酵期做好以下管理工作，一是温度控制在20～25℃，最高不超过30℃。可用蛇形管安装发酵容器内，利用冷热水调节温度，也可以采用人工调温；二是要注意压帽，即发酵期每天将葡萄皮渣和汁液上下翻搅两次，以供给酵母菌繁殖所需要的空气，同时防止酒帽受醋酸菌侵染而造成发酵液酸败；三是测

定发酵期温度和含糖量的变化，发酵开始后，品温逐渐升高，到旺盛发酵期达到高峰，发酵液起泡、混浊。当起泡消失，汁液澄清，发酵液接近室温，含糖量降至1%左右时，主发酵结束。主发酵需5～7d。

6. 酒、渣分离

主发酵结束后，要及时用胶管虹吸法（用泵抽出）将上清液导入另一发酵罐中，使新酒与果渣分离。

7. 后发酵

后发酵温度控制在20～21℃，当糖分下降至0.1%～0.2%时（约15d）即完成后发酵。

8. 陈酿

后发酵结束后进行第二次果酒分离，除去沉淀，可转入陈酿。生产上常将酒封闭好放入地下室温度较低的地方（10～15℃）进行陈酿。初期3个月换桶1次，以后半年换桶1次，陈酿半年至两年不等。

9. 成品调配

按产品标准调整酒度、糖度、酸度、色泽以及香气，以提高果酒的口感，保持质量的一致性。经过调整的果酒有明显的生味，应再入桶，短期保藏（多为1周）待生味消失，醇和可口后，再行装瓶。

10. 装瓶、密封、杀菌

空瓶要事先洗净、晾干，酒装至瓶颈为度，用压盖机封口（或用软木塞塞好，套胶帽），在70℃温度下杀菌10～15min，即为成品。

五、思考与讨论

1. 二氧化硫处理有什么作用？能否找到二氧化硫替代物质？

2. 对各组酿出的红葡萄酒的色泽、滋味、香味、酒度、酸度、澄清度等进行评定［色泽呈桃红或玫瑰红，果香和酒香味浓，酸、涩适口，酒精含量10%～16%（V/V），酸度为0.45%～0.60%，无混浊，无沉淀。］，并检查杂菌感染情况。

实训十八 发霉型腐乳加工

一、技能目标

明确发霉型腐乳生产的基本工艺，熟悉各工艺操作要点及成品质量要求。

二、教学资源的准备

（一）仪器设备

坛子、磨浆机、笼屉等。

（二）教学场所

食品发酵实验室。

（三）师资准备

实训时每班配备 1 名教师，技能考核时配备 2 名教师。

（四）实验试剂与材料

大豆、花椒、大料、茴香等香辛料。

三、原理与知识

腐乳是用豆浆的凝乳物经微生物发酵制成的一种大豆制品。大豆制成腐乳后，不仅保留了自身的营养成分，而且去除了大豆中对人体不利的溶血素和胰蛋白酶抑制物。

四、操作方法与步骤

（一）操作流程

选料→浸泡→磨浆→甩浆→煮浆→点浆→养花→压榨→划块→前期发酵→加盐腌制→加酒腌制→加卤汤装瓶→密封腌制

（二）操作步骤

1. 选料

应选用优质大豆或粕片作为原料，可用干选法或水选法。

2. 浸泡

将选好的原料放入料池或缸内，用自来水浸泡，目的是提高蛋白质的提取率。浸泡用水量以大豆充分膨胀后不露出水面为宜。浸泡时间根据气温、水温而定。

3. 磨浆

在磨浆机中磨浆，可按每 1kg 浸泡好的大豆添加约 4kg 水的比例操作。

4. 甩浆

是将磨出的带渣豆浆及时送入甩浆机中，使豆渣和豆浆分离。

5. 煮浆

将滤出的豆浆打入煮浆桶内，占桶内容量70%，温度为95～100℃，时间为3～5min，可以杀菌、灭酶、去腥。

6. 点浆

温度控制在（82±1）℃，豆浆pH控制在6.0～7.0为宜，凝固剂浓度应控制在12～18 °Bé。

7. 养花

豆浆凝固后必须给予一定时间充分静置，以使蛋白质沉淀完全、组织结构稳定。时间为20～30min。

8. 压榨

将凝固的豆腐脑上箱压榨，应按豆腐坯规格和水分含量要求成型。

9. 划块

压榨后按要求的规格进行划块成豆腐。

10. 前期发酵

将豆腐块平放在笼屉里，将笼屉中的温度控制在15～18℃，并保持一定的湿度。约48h后，毛霉开始生长，3d后菌丝生长旺盛，5d后豆腐块表面布满菌丝，使白坯变成毛坯。

11. 加盐腌制

将长满毛霉的豆腐块分层整齐地放在瓶中，同时逐层加盐，随着层数的加高而增加盐量，接近瓶口表面的盐要铺厚一些。加盐腌制8d左右。加盐可以析出豆腐中的水分，使豆腐块变硬，避免豆腐块腐败变质，食盐又能防止毛霉继续生长，抑制其他微生物的繁殖，此外还有浸提毛霉菌丝上的蛋白酶的作用。盐用量不能过高或过低。

12. 加酒腌制

酒精含量的高低与腐乳后期发酵时间长短有很大关系，酒精含量越高，对蛋白酶的抑制作用越大，使腐乳成熟期延长，酒精含量过低，蛋白酶的活性高，加快蛋白质的水解，杂菌繁殖快，豆腐易腐败，难以成块。

13. 加卤汤装瓶

卤汤直接关系到腐乳的色、香、味，是由酒和各种香辛料配制而成。香辛料如花椒、大蒜、茴香中含有的花椒酰胺、蒜辣素、茴香醚及茴香醛等具有极强的杀菌力，又有良好的调味功能，香辛料成分参与发酵过程，合成复杂的酯类，使腐乳形成特有的色、香、味。

14. 密封腌制

用来腌制腐乳的玻璃瓶，洗刷干净后要用沸水消毒，装瓶时操作要迅速小心，封瓶时，最好将瓶口通过酒精灯的火焰，防止瓶口被污染。腐乳的后期发酵主要是在保藏期间进行。

五、思考与讨论

用食盐腌制豆腐坯的作用是什么？

实训十九 米酒的酿造

一、技能目标

掌握米酒酿造的基本方法。

二、教学资源的准备

（一）仪器设备

蒸锅、勺子、装酒容器。

（二）教学场所

食品发酵实验室。

（三）师资准备

实训时每班配备 1 名教师，技能考核时配备 2 名教师。

（四）实验试剂与材料

酒曲、糯米。

三、原理与知识

米酒是以糯米为原料，用曲作为糖化剂和发酵剂酿制而成的。

四、操作方法与步骤

（一）操作流程

蒸煮→拌酒曲→保存→发酵→检查

（二）操作步骤

1. 蒸煮

先用水将糯米泡半天，漂洗干净。在蒸锅放上水，蒸屉上放一层纱布，烧水沸腾至有蒸汽。将糯米捞放在布上蒸熟，尝一下糯米的口感，如果饭粒偏硬，就洒些水拌一下再蒸一会，蒸好后盛到发酵用的容器中（盆、锅或者塑料、玻璃容器），用勺搅拌几下，凉至不烫手的温度，大约在30℃左右，利用中温发酵，米饭太热或太凉，都会影响酒曲发酵。

2. 拌酒曲

用勺将糯米弄散摊匀，将酒曲均匀地撒在糯米上，稍微留一点酒曲最后使用，然后用勺将糯米翻动，目的是将酒曲尽量混均匀。

3. 保存

用勺轻轻压实，抹平表面，可以蘸凉开水，做成平顶的圆锥形，中间压出一凹陷窝，将最后一点酒曲撒在里面，倒入一点凉开水，目的是水慢慢向外渗，可以均匀溶解拌在米中的酒曲，有利于均匀发酵，但水不宜多。

4. 发酵

将容器盖盖严，放在适宜的温度下（30℃左右），如果房间温度不够，可以用厚毛巾将容器包上保温发酵。

5. 检查

中间可以检查，看有无发热，1d后可以品尝，完成发酵的糯米是酥的，有汁液，气味芳香，味道甜美，酒味不冲鼻，时间可以根据个人口味，时间长，酒味酸味就浓，但太冲也不好，发酵1～2d，将容器盖打开，加满凉开水，再盖上盖后，放入冰箱，为的是终止发酵或直接入锅煮熟，即停止发酵。

6. 注意事项

（1）拌酒曲一定要在糯米凉透至30℃以后，否则热糯米会把菌杀死，结果会酸臭。中间温度太低也不可以，酒曲不活跃，杂菌会繁殖，一般30℃左右最好。

（2）一定要保证密闭，否则会有酸涩感。

（3）做酒酿的关键是清洁，所有原料都不能沾生水和油，否则就会发霉长毛，因为这与酒曲的生长条件有关，不清洁的环境会促进杂菌生长。因此要把蒸米饭的容器、勺子和发酵米酒的容器都洗净擦干。

（4）发酵中间12h、24h时可以打开盖子看看，如果没有酒香味，米饭还没有结成豆腐块的趋势，可以将容器放在30℃温水中水浴加热一下，使米不至于因温度不足而不能继续发酵。

五、思考与讨论

米酒加工应该注意的问题有哪些？

【项目思考】

1. 白酒按香型分为哪几类？代表酒分别是哪些？
2. 续渣法大曲酒加工和清渣法大曲酒加工的异同点是什么？
3. 白酒为什么要进行勾兑？
4. 葡萄酒分为哪些种类？
5. 葡萄酒的发酵机理是什么？
6. 葡萄酒加工各步骤的目的和操作要点分别是什么？
7. 葡萄酒的保藏方法是什么？
8. 啤酒加工的原辅料包括哪些？
9. 大麦发芽的目的是什么？优质麦芽有什么标准？
10. 目前麦汁糖化有哪几种方法？各有什么特点？
11. 啤酒加工的糖化控制原理是什么？
12. 添加啤酒花的作用是什么？
13. 影响啤酒稳定性的因素是什么？
14. 酱油、山西老陈醋的加工工艺过程是怎样的？

项目六
食品加工及保藏新技术

【知识目标】

了解目前食品加工及保藏新技术的基本原理、方法、应用及发展趋势。

【技能目标】

能正确把握目前食品加工及保藏新技术的发展方向，为将来接触新的技术打下基础。

任务一 深层油炸技术

随着人们生活水平的提高和生活节奏的加快，油炸食品已成为许多人日常饮食中不可缺少的方便食品。近十几年来，油炸食品的种类越来越多，除传统的之外，油炸干果系列，油炸果蔬系列，油炸鱼、鸡、猪肉系列，油炸风味休闲食品系列等在市场上已崭露头角。浅层煎炸（如煎炸鸡蛋、馅饼等）严格地讲不能列入油炸工艺中。油炸应指深层油炸，它适合于加工不同形状的食品，可分为纯油油炸和水油混合油炸。纯油油炸是一种传统的油炸方式，如今许多宾馆、饭店及食品工厂均采用此种方式；水油混合深层油炸是近年来国外新兴的一种工艺技术，它有着传统纯油油炸不可比拟的优点，因而极受食品加工企业、中西式快餐店的欢迎。水油混合深层油炸设备的开发及利用有着广阔的市场前景。

一、传统纯油油炸工艺对食品的不良影响

油炸过程中，全部的油均处于持续的高温状态，当食品所释放的水分和氧气同油接触时，油便会氧化生成羰基化合物、酮基酸、环氧酸等物质，这些物质均会使食品产生不良的味道，并使油变黑。随着油使用时间的延长，在无氧状态下，油分子会与各种产物聚合生成环状化合物及高分子聚合物，使油的黏度上升，降低油的传热系数，增加食品的持油率，影响食品的质量与安全性。重复使用几次后的油便失去了使用价值。

油炸过程中，产生的食物碎屑，会慢慢积存于油炸器的底部，时间一长就会被炸成碳屑，使油变污浊，特别是在反复炸制腌肉类食品时还会生成一种名为亚硝基吡啶的致癌物。同时，食物残渣附着于油炸食品的表面，会使油炸食品质量劣化。

油在高温条件下被反复使用，不饱和脂肪酸会产生热氧化反应，生成过氧化物，直接妨碍机体对食品脂肪和蛋白质的吸收，降低其营养效价。

油在高温条件下被反复使用，油的某些分解产物会在不断的聚合、分解过程中，产生许多种毒性不尽相同的油脂聚合物，如环状单聚体、二聚体及多聚体，这些物质在人体内达到一定的含量会导致神经麻痹，甚至危及人的生命。

二、水油混合式深层油炸工艺的基本原理

水油混合式深层油炸工艺是指在同一敞口容器中加入油和水，相对密度小的油占据容器的上半部，相对密度大的水则占据容器的下半部，将电热管水平安置在容器的油层中，油炸时食品处在油层中，油水界面处设置水平冷却器以及强制循环风机对水进行冷却，使油水分界的温度控制在55℃以下。炸制食品时产生的食物残渣从高温油层落下，积存于底部温度较低的水层中，同时残渣中所含的油经过水层分离后又返回油层，落入水中的残渣可以随水排出。水油混合式油炸装置结构见图6－1。

该工艺使油局部受热，因而油的氧化程度显著降低。自动控温加热器使上层油温保持在180～230℃，油水分界面的温度控制在55℃以下，下层油温比较低，因而油的氧化程度大为降低，油的重复使用率大大提高。炸制食品时产生的食物残渣由于重力作用从高温油层落下，积存于底部的水层中，可定期经排污口排除，无需过滤处理，避免了传统纯油油炸工艺产生的食物残渣对食品造成的许多不良影响。反复油炸食品后的油不需过滤。炸制过程中油始终保持新鲜状态，所炸食品不但香、味俱佳，而且其外观品质良好。避免了传统纯油油炸过程中油因氧化聚变而成为废油的浪费，大大降低了油的损耗，节油效果十分明显。

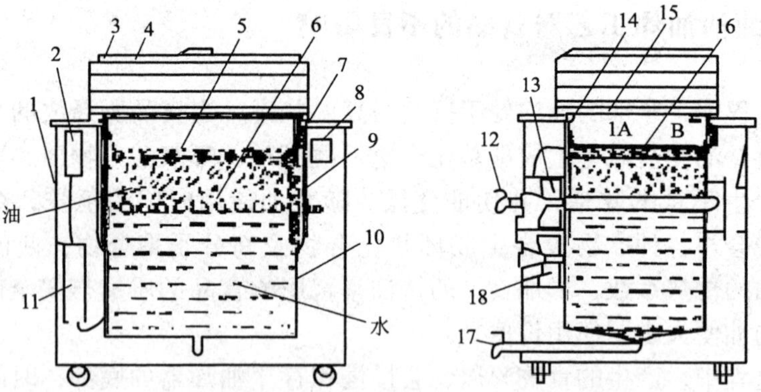

图6-1　无烟型多功能水油混合式油炸装置结构图
(现代食品工程高新技术，高福成，2006)
1—箱体　2—操作系统　3—锅盖　4—蒸笼　5—滤网　6—冷却循环气筒
7—排油烟管　8—温控数显系统　9—油位显示仪　10—油炸锅
11—电气控制系统　12—放油阀　13—冷却装置　14—蒸煮锅
15—排油烟孔　16—加热器　17—排污阀　18—脱排油烟装置

传统油炸工艺中存在的许多问题，使消费者对油炸食品都抱有一种敬而远之的态度，如认为油炸食品都含有一定量的致癌物，油炸食品营养损失大等。其实在油炸过程中由于食品表面干燥层形成了一层干壳，使食品内部的温度一般不会超过100℃，因而油炸对食品营养成分的破坏很少，它对食品营养成分的破坏程度一般都不大于其他的烹调方法。利用水油混合深层油炸工艺炸制的食品克服了传统油炸食品的诸多不足。

三、水油混合式深层油炸的工艺应用

水油混合深层油炸工艺因具有限位控制、分区控温、自动滤渣、节油节能等优点，所以，在日本、韩国等国家已被普遍采用。近几年，我国也先后有单位设计制造了中小型水油混合深层油炸设备，如山东诸城市康源公司新旭东机械厂在引进日本技术的基础上，率先研制开发了一批适合中小企业界及酒店、快餐店加工油炸食品的水油混合深层油炸设备，该设备性能优良，价格大大低于国外同类进口设备。

在人们普遍对油炸食品的安全性及营养性倍加关注的今天，水油混合深层油炸工艺设备的出现，为油炸食品继续赢得消费者的信赖与喜爱提供了一个重要的保证。

任务二 微波加热技术

一、微波加热的基本原理

微波与无线电波、红外线、可见光一样都是电磁波，微波是指频率为300MHz～300kMHz的电磁波，即波长在1m到1mm之间的电磁波。微波频率比一般的无线电波频率高，通常也称为“超高频电磁波”。微波通常能由直流或50MHz交流电通过一特殊的器件来获得。可以产生微波的器件有许多种，但主要分为两大类：半导体器件和电真空器件。电真空器件是利用电子在真空中运动来完成能量变换的器件，或称之为电子管。在电真空器件中能产生大功率微波能量的有磁控管，多腔速调管，微波三、四极管，行波管等。

目前在微波加热领域特别是工业应用中使用的主要是磁控管及速调管。因为微波应用极为广泛，特别是通信领域，为了避免相互间的干扰，国际无线电管理委员会对频率的划分作了具体规定。分给工业、科学和医学用的频率有433、915、2450、5800、22125GHz，与通信频率分开使用。目前国内用于工业加热的常用频率为915GHz和2450GHz。微波频率与功率的选择可根据被加热材料的形状、材质、含水率的不同而定。

1．微波加热的原理

介质材料由极性分子和非极性分子组成，在电磁场作用下，这些极性分子从原来的随机分布状态转向依照电场的极性排列取向。而在高频电磁场作用下，这些取向按交变电磁的频率不断变化，这一过程造成分子的运动和相互摩擦从而产生热量。此时交变电场的场能转化为介质内的热能，使介质温度不断升高，这就是对微波加热最通俗的解释。

2．微波杀菌的机理

微波灭菌的机理在于，细菌、成虫与任何生物细胞一样，是由水、蛋白质、核酸、碳水化合物、脂肪和无机物等复杂化合物构成的一种凝聚态介质。其中水是生物细胞的主要成分，含量在75%～85%，因为细菌的各种生理活动都必须有水参与才能进行，而细菌的生长繁殖过程，对各种营养物的吸收是通过细胞膜质的扩散、渗透和吸附作用来完成的。在一定强度微波场的作用下，物料中的虫类和菌体也会因分子极化弛豫，同时吸收微波能升温。由于它们是凝聚态物质，分子间的作用力加剧了微波能向热能的能态转化。从而使体内蛋白质同时受到无极性热运动和极性转动两方面的作用，使其空间结构变化或破坏，而使蛋白质变性。蛋白质变性后，其溶解度、黏度、膨胀性、渗透性、稳定性都会发生明显的变化，而失去生物活性。另一方面，微波能的非热效应在灭菌中起到了常规物理灭菌所没有的特殊作用。也是造成细菌死亡的原因之一。

二、微波加热的特点

1. 微波的穿透能力强

穿透能力就是电磁波穿入到介质内部的本领，电磁波从介质的表面进入并在其内部传播时，由于能量不断被吸收并转化为热能，它所携带的能量就随着深入介质表面的距离，以指数形式衰减。微波的加热深度比红外加热大得多，因为微波的波长是红外波长的近千倍。红外加热只是表面加热，微波是深入内部加热。

2. 微波具有选择性加热的特点

不同性质的物料对微波的吸收损耗不同，即选择性加热的特点，这对干燥过程有利。因为水分子对微波的吸收损耗最大，所以含水量高的部位，吸收微波功率多于含水量较低的部位，从而干燥速率趋一致。

3. 微波加热被称为内部加热

常规加热（如火焰、热风、电热、蒸汽等）都是利用热传导、对流、热辐射将热量首先传递给被加热物的表面，再通过热传导逐步使中心温度升高（即常称的外部加热）。它要使中心部位达到所需的温度，需要一定的热传导时间，而对热传导率差的物体所需的时间就更长。微波加热则属于内部加热方式，电磁能直接作用于介质分子转换成热，且透射性能使物料内外介质同时受热，不需要热传导，而内部缺乏散热条件，造成内部温度高于外部的温度梯度分布，形成驱动内部水分向表面渗透的蒸汽压差，加速了水分的迁移蒸发速度。特别是对含水量在30%以下的食品，速度可数百倍的缩短，在短时间内达到均匀干燥。

4. 各种物质对微波的吸收能力差异显著

微波加热是介质材料自身损耗电场能量而发热。而不同介质材料的介质常数和介质损耗角正切值是不同的，故微波电磁场作用下的热效应也不一样。由极性分子所组成的物质，能较好地吸收微波能。水分子呈极强的极性，是吸收微波的最好介质，所以凡含水分子的物质必定吸收微波。另一类由非极性分子组成，它们基本上不吸收或很少吸收微波，这类物质有聚四氟乙烯、聚丙烯、聚乙烯、聚砜等、塑料制品和玻璃、陶瓷等，它们能透过微波，而不吸收微波。这类材料可作为微波加热用的容器或支撑物，或做密封材料。

5. 微波的脱水效率高

理论上每千瓦小时微波电能可使1.39kg的水汽化，由于线路损耗及腔体效率等因素，实际效果为0.8～1.1kg/（kW·h）。

三、微波加热的设备

微波真空干燥设备是微波能技术与真空技术相结合的一种新型微波能应用设备，它兼备了微波及真空干燥的一系列优点，克服了常规真空干燥周期长、效率低的缺点，在一般物料干燥过程中，可比常规方法提高工效4~10倍。具有干燥产量高、质量好，加工成本低等优点，微波真空干燥设备是一项集电子学、机械学、热力学、程控学等多种学科为一体的高新技术产品，是在干燥过程中对物质的物理变化、内外热质交换以及真空条件下水分迁移过程的深入研究的基础上，发展起来的一项新技术、新工艺。

国外发达国家在20世纪80年代时已开始进行工业化微波真空干燥设备开发，并在实际应用中取得良好的效果。法国国际微波公司用微波真空干燥设备加工无籽葡萄干，将传统工艺65℃、24h热风烘干变为50℃、5h微波真空干燥，产品质量和产量都大大提高。90年代后期我国开始研发微波真空设备，通过几年的努力，在2000年完成工业化10kW微波真空干燥设备研制。为制药工程、生物工程、化工工程、材料工程以及农副产品深加工提供了一种新型、高效的干燥设备。微波低温真空干燥设备如图6-2所示、微波真空连续干燥机如图6-3所示。

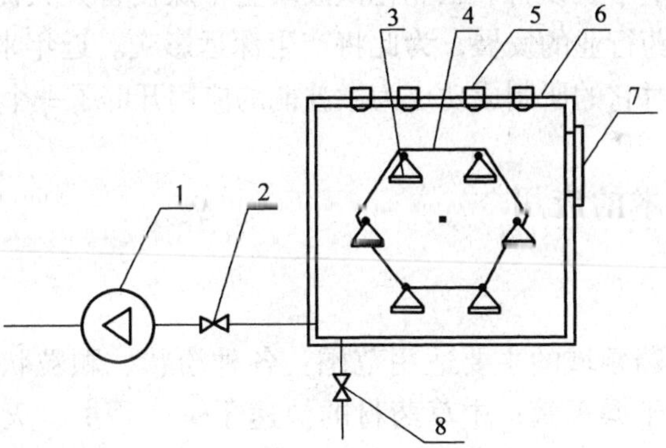

图6-2 微波低温真空干燥设备

(《微波真空干燥技术及设备》，蔡锦源，机电信息，2011)

1—真空泵 2—电磁阀 3—料盘 4—转动部件

5—磁控管 6—箱体 7—料门 8—放气/排污管

微波真空干燥设备的优点：速度快、效率高、干燥周期大大缩短，能耗降低高效；由于微波加热，是从内到外对物料进行同时加热，物料的内外温差很小，加热均匀；微波功率可快速调整且无热惯性，易于即时控制，便于连续生产及实现自动化；设备体积小，安装维修方便；与常规方法相比，所加工的产品质量有较大幅度的提高；微波还具有消毒、杀菌的功效，产品安全卫生，保质期长，经

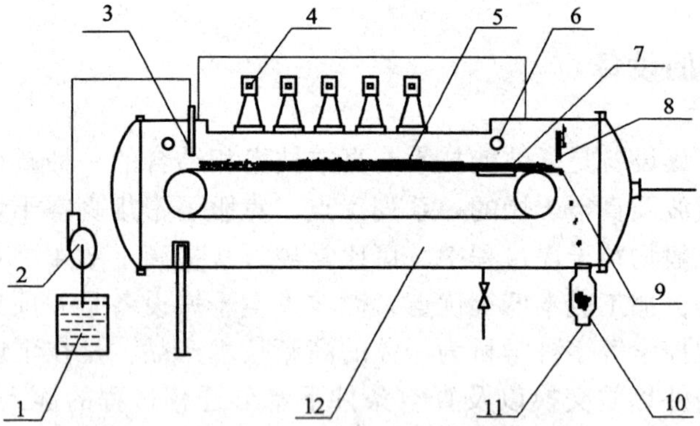

图6－3 WDZ型智能化微波真空连续干燥机
（《微波真空干燥技术及设备》，蔡锦源，机电信息，2011）
1—料槽 2—料泵 3—加料枪 4—磁控管 5—输送装置
6—清洗装置 7—冷却装置 8—破碎装置 9—刮料装置
10—接料器 11—出料阀 12—真空箱体

济效益显著等特点。

工业微波真空干燥设备有两种形式：一种是间歇式动态微波真空干燥炉，另一种是连续式微波真空干燥设备。工业化微波真空干燥设备大大促进了国民技术的发展，尤其是我国制药行业的发展，为此将产生深远影响。近年来，该项技术已不断趋于成熟。与此同时它的研制成功也为微波能的应用开辟了一个更为广阔的领域。

四、微波加热技术的应用

1．医药领域

微波技术在医药领域的主要适用范围：各种粉状、颗粒状、片状、丸状、黏液状等医药制品的干燥灭菌；中草药材的快速干燥、杀虫、灭菌；中草药微波萃取，口服液的杀菌等方面。

2．水处理领域

活性炭和很多具有磁性的过渡金属及其化合物对微波有很强的吸收能力。这些物质表面的金属点位能与微波发生强烈的相互作用（微波能转化为热能）而使得某些表面点位被很快加热至较高温度，并在其附近发生微波诱导催化氧化反应。近年来，微波诱导催化氧化技术在环境工程中得到了广泛应用。染料废水组分复杂、浓度高、色度大，加之染料向抗光解、抗氧化、抗生物氧化方向发展，使得染料废水的处理难度加大。

3．食品领域

利用微波可对食品进行干燥、杀菌、加热、熟化、焙烤、脱腥、膨化和保鲜处理。目前已用于各种调味品、添加剂、各种蛋白粉、蔬菜粉、米粉、麦片、豆奶粉、袋装、卤菜类、肉类小包装、方便面、保健茶、糕点、各种肉类制品、鱼片干、海产品、脱水蔬菜、土豆片、腰果、花生米、瓜子、豆制品、休闲食品、盒饭加热、微波米饭等许多方面的生产中。

利用2450MHz的微波处理酱油，可以抑制霉菌的生长及杀灭肠道致病菌；用于啤酒的连续灭菌，取得良好的效果，且使啤酒风味保持良好；用于处理蛋糕、月饼、切片面包和春卷皮，结果表明，这些食品的保鲜期由原来的3～4d，会延长到30d。而且，在相同条件下微波杀菌的致死温度比常规加热灭菌时的要低。

4. 萃取领域

微波萃取技术是食品、中药和化工等有效成分提取的一项新技术。微波萃取技术现已应用到香料、调味品、天然色素、中草药、化妆品和土壤分析等领域。用于微波萃取的设备大致分两类：一类为微波萃取罐，另一类为连续微波萃取线。两者主要区别一个是分批处理物料，类似多功能提取罐；另一个是以连续方式工作的萃取设备。

微波萃取机理是利用高频电磁波穿透萃取媒质，到达被萃取物料的内部，微波能迅速转化为热能使细胞内部温度快速上升，当细胞内部压力超过细胞壁承受能力，细胞破裂，细胞内有效成分自由流出，在较低的温度下溶解于萃取媒质再通过进一步过滤和分离，便获得萃取物料。在微波辐射作用下被萃取物料成分加速向萃取溶剂界面扩散，从而使萃取速率提高数倍，同时还降低了萃取温度，最大限度保证萃取的质量。

传统热萃取是以热传导、热辐射等方式由外向里进行，而微波萃取是微波瞬间穿透物料里外同时加热进行萃取。传统热萃取相比，微波萃取的主要优点是：质量高，可有效地保护食品、药品以及其他化工物料中的功能成分；纯度高、萃取率高；对萃取物具有高选择性；速度快、省时，可节省50%～90%以上的时间；溶剂用量少（可较常规方法少50%～90%以上）；安全、节能，无污染。可实现低温萃取，适用于热敏物质的萃取；即时温度控制，没有热惯性等特点。可广泛用于中草药、香料、保健食品、食品、化妆品、茶饮料、调味料、果胶、高黏度壳聚糖、化工等行业。目前在我国微波萃取已经用于多项中草药的浸取生产线之中，如葛根、茶叶、银杏等。微波萃取已列为我国21世纪食品加工和中药制药现代化推广技术之一。

任务三 栅栏技术

一、栅栏技术的概念

栅栏技术是由Leistner（德国肉类研究中心微生物和毒理学研究所所长）在

长期研究的基础上率先提出。食品要达到可贮性和卫生安全性，这就要求在其加工中根据不同的产品采用不同的防腐技术，以阻止残留的腐败菌和致病菌的生长繁殖。已知的防腐方法根据其防腐原理归结为高温处理（H），低温冷藏或冻结（t），降低水分活性（A_w），酸化（pH），降低氧化还原值和添加防腐剂等几种，即可归结为少数几个因子。我们把存在于肉制品中的这些起控制作用的因子，称作栅栏因子。这些因子通过临时和永久性地打破微生物的内平衡，从而抑制微生物的致腐与产毒，保持食品品质。栅栏因子共同防腐作用的内在统一，称作栅栏技术。

二、栅栏技术的基本原理

研究表明，肉制品中各栅栏因子之间具有协同作用即“魔方”原理。当肉制品中有两个或两个以上的栅栏因子共同作用时，其作用效果强于这些因子单独作用的叠加。这主要是因为不同栅栏因子进攻微生物细胞的不同部位，如细胞壁、DNA、酶系统等，改变细胞内的pH、水分活度、氧化还原电位，使微生物体内的动平衡被破坏，即“多靶保藏”效应。但是对于某一个单独的栅栏因子来说，其作用强度的轻微增加即可对肉制品的货架稳定性产生显著的影响即“天平”原理。

食品防腐上最常用的栅栏因子，都是通过加工工艺或添加剂方式设置的，总计已在40个以上，这些因子均可用来保证食品微生物稳定性以及改善产品的质量。现将肉制品中几种主要的栅栏因子简介如下：

（一）热加工

高温热处理是最安全和最可靠的肉制品保藏方法之一。加热处理就是利用高温对微生物的致死作用。从肉制品保藏的角度，热加工指的是两个温度范畴：即杀菌和灭菌。

1. 杀菌

杀菌是指将肉制品的中心温度加热到65～75℃的热处理操作。在此温度下，肉制品内几乎全部酶类和微生物均被灭活或杀死，但细菌的芽孢仍然存活。因此，杀菌处理应与产后的冷藏相结合，同时要避免肉制品的二次污染。

2. 灭菌

灭菌是指肉制品的中心温度超过100℃的热处理操作。其目的在于杀死细菌的芽孢，以确保产品在流通温度下有较长的保质期。但经灭菌处理的肉制品中，仍存有一些耐高温的芽孢，只是量少并处于抑制状态。在偶然的情况下，经一定时间，仍有芽孢增殖导致肉制品腐败变质的可能。因此，应对灭菌之后的保存条件予以重视。灭菌的时间和温度应视肉制品的种类及其微生物的抗热性和污染程度而定。

（二）低温保藏

低温保藏环境温度是控制肉类制品腐败变质的有效措施之一。低温可以抑制微生物生长繁殖的代谢活动，降低酶的活性和肉制品内化学反应的速度，延长肉制品的保藏期。但温度过低，会破坏一些肉制品的组织或引起其他损伤，而且耗能较多。因此在选择低温保藏温度时，应从肉制品的种类和经济两方面来考虑。

肉制品的低温保藏包括冷藏和冻藏。冷藏就是将新鲜肉品保存在其冰点以上但接近冰点的温度，通常为-1～7℃。在此温度下可最大限度地保持肉品的新鲜度，但由于部分微生物仍可以生长繁殖，因此冷藏的肉品只能短期保存。另外，由于温度对嗜温菌和嗜冷菌的延滞生长期和世代时间影响不同，故在这两类微生物的混合群体中，低温可以起很重要的选择作用，引起肉品加工和保藏中微生物群体构成改变，使嗜温菌的比例下降。例如在同样的温度下，热带加工的牛肉就较寒带加工的牛肉保质期长，这主要是因为前者污染菌多为嗜温菌而后者多为嗜冷菌。

（三）水分活性

水分活性是肉制品中的水的蒸汽压与相同温度下纯水的蒸汽压之比。当环境中的水分活性值较低时，微生物需要消耗更多的能量才能从基质中吸取水分。基质中的水分活性值降低至一定程度，微生物就不能生长。一般地，除嗜盐性细菌（其生长最低 A_w 为0.75）、某些球菌（如金黄色葡萄球菌，A_w 为0.86）以外，大部分细菌生长的最低 A_w 均大于0.94且最适 A_w 均在0.995以上；酵母菌为中性菌，最低生长 A_w 在0.88～0.94；霉菌生长的最低 A_w 为0.74～0.94，A_w 在0.64以下任何霉菌都不能生长。

（四）食品保鲜

食品防腐中一个值得注意的现象就是微生物的内平衡。微生物的内平衡是微生物处于正常状态下内部环境的稳定和统一，并且具有一定的自我调节能力，只有其内环境处于稳定的状态下，微生物才能生长繁殖。例如，微生物内环境中pH的自我调节，只有内环境pH处于一个相对较小的变动范围，微生物才能保持其活性。如果在食品中加入防腐剂破坏微生物的内平衡，微生物就会失去生长繁殖的能力。在其内平衡重建之前，微生物就会处于延迟期，甚至死亡。食品的防腐就是通过临时或永久性打破微生物的内平衡而实现的。

将栅栏技术应用于食品的防腐，各种栅栏因子的防腐作用可能不仅仅是单个因子作用的累加，而是发挥这些因子的协同效应，使食品中的栅栏因子针对微生物细胞中的不同目标进行攻击，如细胞膜、酶系统、pH、A_w、氧化还原电位等，这样就可以从数方面打破微生物的内平衡，从而实现栅栏因子的交互效应。在实际生产中，这意味着应用多个低强度的栅栏因子将会起到比单个高强度的栅栏因子更有效的防腐作用，更有益于食品的保质。这一“多靶保藏”技术将会成为一个大有前途的研究领域。

食品中存在的栅栏因子将影响其可贮性、感官品质、营养品质、工艺特性和经济效益。同一栅栏因子的强度不同，对产品的作用也可能是相反的。例如在发酵香肠中，pH 需降至一定的限度才能有效抑制腐败菌，但过低则对感官质量不利。因而在实际应用中，各种栅栏因子应科学合理地搭配组合，其强度应控制在一个最佳的范围。

三、栅栏技术的应用

目前，栅栏技术在食品行业得到广泛应用，通过这种技术加工和储存的食品也称为栅栏技术食品（HTF）。在拉丁美洲，HTF 食品在食品市场中占有很重要的位置。栅栏技术在美国、印度以及欧洲一些国家已经有较大发展，近年来，在我国食品加工业中的应用也已兴起。

1. 在肉制品加工中的应用情况

栅栏技术最早应用于肉制品的加工，现已开发出多种类型的肉制品，如意大利传统的蒙特拉香肠、德国的布里道香肠加工中，就是采用降低水分活度 A_w 为主要栅栏因子来保证其可储性的。荷兰的格德斯香肠是通过添加葡萄糖醛酸内酯使 pH 降至 5.4 ~5.6，再真空包装来实现其可储性的。在中式肉制品中，传统的中国腊肠是一种在常温下可较长时间存放的发酵型生肉制品，也是通过迅速降低水分活度为主要栅栏因子来保证产品质量的。

2. 在果蔬加工中的应用情况

大约在三十年前，进入美国市场的鲜切果蔬产品是以新鲜水果、蔬菜为原料，经过清洗、修整、切分等工序，最后用塑料薄膜袋包装的一种新型果蔬加工产品，具有品质新鲜、食用方便和营养卫生的特点。鲜切果蔬的生产是一个综合的加工过程，栅栏技术对保证鲜切果蔬质量及货架期发挥着重要作用。从原料选择、加工、包装，到配送、销售，每一环节都应直接或间接地采取“栅栏”措施，以达到预期的保存目的。

3. 在食品包装中的应用

把具有防腐性或抗氧化性，或能吸收 $C_2H_4O_2$、水蒸气等功能的有机物或无机物作为栅栏因子添加到包装材料中去，使做成的包装发挥这样的栅栏功效。另外，在包装过程中调节温度、压强等栅栏因子，也同样可以增强包装的栅栏功效。用于包装过程的栅栏因子有：抽真空、充入特殊气体、气调包装等。这些栅栏因子用于食品包装，达到了良好的防腐、保藏功效。

4. 在新型调理食品中的应用

真空调理食品与过去的调理食品所不同的是，在新鲜食品原料经调理后，先在真空状态下封装于塑料盘中，然后再经加热蒸煮、冷却后进行冷藏或冷冻，这个工序的调整实际上属于栅栏技术的范畴，就是将作用于食品的两种栅栏因子的作用次序调整，从而获得了更加优良的产品。此外，利用栅栏技术中相关的栅栏因子控制新型调理食品的质量，有利于更好地保持食品的色香味，并使产品组织具有良好的鲜嫩度和弹性，充分体现出新型调理食品的优点。新型调理食品的特点是以保持食品品质为主，并兼顾食品的卫生安全和一定的货架寿命。因此需选择恰当种类和数量的栅栏因子，并严格控制其强度，以达到加工保藏的目的。而这些栅栏因子的种类选择、作用强度、作用次序的确定必须通过实验来完成。将栅栏技术用于新型调理食品的开发与加工的应用目前正在研究过程中。

任务四 可食性包装膜保鲜技术

一、可食性包装膜的概念

随着现代食品工业的发展，食品包装不断更新，一类能完善包装材料的环境保护之间矛盾的新型食品包装技术材料——可食性包装脱颖而出。近年来，国外对可食性包装的研究进展也很快，研制成功了许多可食性包装材料。由于可食性包装功能多样，无污染，取材方便，因此近年来发达国家食品业竞相研制开发，新产品不断涌现。我国近几年推行可降解的食品包装材料，逐步禁止非降解的食品包装材料的使用，以控制令人困扰的“白色污染”。可食性包装材料是指当包装的功能实现后，该材料可转变为一种动物或人可食用的原料，是一种可实现包装材料功能转型的、包装资源型、环保型的特殊包装材料。

可食性包装材料可追溯到数百年前。远在我国的汉朝，郑和下西洋时，即已使用蜂蜡包封水果，使水果能长时间经受不同环境气候的影响而得以保藏与保鲜，还有近代将糯米粉制成薄膜，用于糖果的防黏内包装。进入新世纪，我国食品业第一个重大革新举措是：自 2000 年 1 月 1 日开始，推行“可降解”的食品包装材料，逐步禁止非降解材料的使用，以控制令人困扰的“白色污染”，为下一步“可食性包装”的发展奠定基础。

二、可食性包装膜保鲜技术的基本原理

已经开发的可食性包装膜包括多糖类可食性包装膜，蛋白质类可食性包装膜，微生物共聚酯可食性包装膜，多糖、蛋白质、脂肪酸复合型可食性包装膜。它们的产品包括肠衣、糖衣、莱纸、冰衣和药片包衣等。无论是哪种类型的可食性包装材料，都只能是以某种主要原料或成分来加以界定，用完全纯粹单一的材料去分类很难办到，因此可食性包装材料是利用其主要原料（成分）来分类的。

可食性包装材料的类型目前大体上可分为5大类：

1．淀粉类可食性包装材料

淀粉类可食性包装材料是以淀粉为主要原料制得的。制作时，将淀粉成型剂与胶粘剂按一定比例配置，然后充分搅拌均匀，再通过流延或热压等方式加工制得包装薄膜或具有一定刚性的包装容器。这一类可食性包装材料所用淀粉有玉米、红薯、土豆、魔芋及小麦等淀粉。所加胶粘剂多为天然无毒的植物胶或动物胶，如明胶、琼脂、天然树脂胶等。

2．蛋白质类可食性包装材料

蛋白质类可食性包装材料是以蛋白质为基料，利用蛋白质的胶体性质，同时加入其他添加剂改变其胶体的亲水性而制得的包装材料。蛋白质类可食性包装材料多为包装薄膜，蛋白质包装薄膜根据其蛋白质的来源不同，可分为胶原蛋白质薄膜、乳基蛋白薄膜及谷物蛋白薄膜。

3．多糖类可食性包装材料

多糖类可食性包装材料主要是利用食物多糖的凝胶作用，以多糖食品原料为基料所制得的包装材料。多糖类可食性包装材料根据其基料的不同，大体上可分为纤维素薄膜、壳聚糖薄膜、茁霉多糖薄膜及水解淀粉薄膜等4种形式。

4．脂肪类可食性包装材料

脂肪类可食性包装材料是利用食物中脂肪组织纤维的致密性制得的包装材料。它根据不同的脂肪来源可分为制得植物油型薄膜、动物脂肪型薄膜和蜡质型薄膜等3种脂肪类包装材料。

5．复合类可食性包装材料

复合类可食性包装材料是利用多种基材组合，采用不同的加工工艺制得的包装材料。其基材包括前述4种类型可食性包装材料所用到的基材，如淀粉、蛋白质、多糖物质、脂肪材料及其必需的添加剂。

除上述5种类型的可食性包装材料外，还有一些其他类型的可食性包装材料，如膨化型（发泡型）食品包装材料等。

三、可食性包装膜保鲜技术的特点

作为包装薄膜，可食性包装薄膜有以下几个特点：阻水性，可延缓食品中水及油以及其他成分的迁移和扩散；可选择的透气性和抗渗透能力，阻止食品中的风味物质的挥发；有较好的物理和机械性能，具有较好的表面机械强度，便于加工成型；可作为食品色，香，味，营养物质强化和抗氧化物质等添加剂的载体；可以食用，对环境无污染等优异特性。

四、可食性包装膜保鲜技术的应用

可食性包装是世界食品工业新科技发展的主要趋势，它已涉及广泛的应用领域，如肠衣、果蜡、糖衣、糯米纸、冰衣和药片包衣等。

1. 油性食品的保鲜膜

这种包装主要以大豆蛋白为原料，目前主要产品为薄膜类包装材料。利用从大豆中提炼出来的蛋白质，加入甘油、山梨醇等对人体或动物无害的增塑剂和成膜剂等，通过流延等方法制成类似于塑料薄膜状的可食性包装材料。此种包装薄膜具有良好的防潮性、弹性和韧性，强度较高，同时，还有一定的抗菌消毒能力，对于保持水分和阻止氧气渗入，防止内容物的氧化等均有较好的效果。这种包装材料用于含脂肪较高的油性食品时，能保持食品的原味，是一种较理想的油性食品包装材料，可做成肠衣、豆腐衣、肉类等包装外皮。

2. 水果、禽蛋类包装

这类包装材料主要以从玉米中提取到的蛋白质为主要原料制得的，主要产品有包装薄膜、包装板材和液体膜等3种。

包装薄膜是把玉米蛋白拌入增塑剂与脱膜剂后，再经特殊工艺制成类似于合成高分子薄膜一样的包装薄膜。具有很好的防潮、阻氧、阻气、保香和防水效果，可用来包装大米、爆米花、涂膜鸡蛋、番茄，还可与纸等复合，制作可食性纸杯、纸盒等。

包装板材是在玉米蛋白原料中加入纸浆纤维或其他纤维，再经挤出或类似于造纸工艺的方法制成具有一定刚性和挺度的薄型板材，也称玉米蛋白包装纸。它具有较好的耐热性和防油效果，可用于多种水果、禽蛋类生鲜食品的包装，但其用后只能供家畜作饲料，而不能供人食用。

液体包装膜（涂层或涂料）是将玉米蛋白经改性制成，具有较好的成膜性、耐热性，能与其他材料产生较好的亲和性。可作为食品包装材料的内层涂料，或直接涂覆在水果、禽蛋等食品表面，达到保鲜和防渗透的目的。

3. 冷冻食品包装

可食性冷冻食品包装主要以乳清蛋白、小麦面筋蛋白为材料。乳清蛋白是清蛋白的一种，极易溶于水，用它制取可食性包装材料时，还应加入甘油、山梨醇、蜂蜡等增塑剂。乳清蛋白可食性包装材料多制成薄膜状，具有透氧率低、强度高、可携抗氧载体、机械破碎防护性好等特点，可用于制作袋装冻鸡丁、冻鱼等。

小麦面筋蛋白可食性包装材料主要是以从小麦粉中提取的蛋白质为原料制取的。把小麦粉中的淀粉提取后，剩下的几乎都是蛋白质，这些蛋白质主要是麦胶蛋白和麦谷蛋白。制作包装薄膜时主要以麦胶蛋白为主，利用它的延伸性、弹性、韧性等性能，将面筋蛋白溶于乙醇，再加入甘油、氨水等增塑剂，最后通过流延等工艺制得。这种包装薄膜具有较好的韧性、良好的隔绝氧气和二氧化碳气体的能力，呈半透明状。但其防潮防湿性较差，多用于冷冻食品的包装。

4. 干货及糕点包装

改性淀粉可食性包装材料主要是包装薄膜，以改性淀粉为主要成分，通过对淀粉改性，加入多元醇（如甘油、山梨醇、甘油衍生物及聚乙二醇等），并以脂类原料（如脂肪酸、单甘油脂、表面活性剂等）作为增塑剂，同时加入少量动、植物胶作为增强剂，再经流延等方法制得。此种材料具有较好的拉伸性、耐折性；透明度较高，不易溶于水，透气率较低，是干货和糕点包装的较好材料。

5. 调味料包装袋

用于快餐食品的调料包装多采用改性纤维素或胶体可食性材料作为主要原料。纤维素是制取包装材料的重要物质，很多包装材料的成膜、增黏都离不开纤维素，如甲基纤维素、羧甲基纤维素等。同时，还要加入硬脂酸、软脂酸、蜂蜡、琼脂等原料作为增塑剂和增强剂，制得的包装薄膜为半透明状，且柔软、光滑、入口即化，同时具有较高的拉伸强度，且透湿性和透气性较低。日本已经推出以豆渣为原料制取可食性包装膜，使用时只要将其放入热水中一冲即溶，不用开包便可将拌料溶化，食用时还有营养和特别的风味。

6. 胶体可食性包装

其包装材料是以动物胶（明胶、骨胶、虫胶等）或植物胶（葡甘聚糖、角叉胶、果胶、海藻酸钠、普鲁士蓝等）为基料，加入增塑剂制得的，多为薄膜形式。此种薄膜耐温、耐湿、耐油、阻气，还具有透明度好、强度高，热封性及印刷效果好等特性，可广泛用于调味品、汤料等食品的包装。

由于可食性包装功能多样，无害环境，取材方便，可供食用，因此近年来发达国家食品业竞相研制开发，新产品、新技术不断涌现，美国至少有八所在学的食品系设立了可食包装的研究课题。国外可食性包装呈现出以下动态：发展多功能可食性包装膜，浸涂于农产品或食品表面上，干燥后形成一层几乎看不见的薄膜，该层膜具有阻温、阻气、防虫、防腐、抗氧化、抗褐变、抗病等不同性质，且可食用；研究开发可降解人造肠衣；微胶囊化食用香精或香料的微胶囊化技术的研究和应用；多用途可食性包装膜作为一种载体，应用于进行食品营养强化、表面防腐等方面的研究。

【项目思考】

1. 传统纯油油炸工艺对食品有哪些不良影响？
2. 微波加热技术有哪些优点？
3. 目前栅栏技术被应用于哪些食品加工领域？
4. 什么是可食性包装材料？
5. 与传统保鲜技术相比冰温保藏技术有哪些优势？

参考文献

[1] 李里特．焙烤食品工艺学．北京：中国轻工业出版社，2000

[2] 王颉．食品加工工艺学．北京：中国农业科学技术出版社，2005

[3] 夏文水．食品工艺学．北京：中国轻工业出版社，2007

[4] 王如福．食品工艺学概论．北京：中国轻工业出版社，2006

[5] 陈月英．食品加工技术．北京：中国农业出版社，2009

[6] 周家春．食品工艺学．北京：化学工业出版社，2003

[7] 汪志君．食品工艺学．北京：中国计量出版社，2006

[8] 吴加根．谷物与大豆食品工艺学．北京：中国轻工业出版社，1997

[9] 朱蓓薇．方便食品加工工艺及设备选用手册．北京：化学工业出版社，2002

[10] 尚永彪．膨化食品加工技术．北京：化学工业出版社，2007

[11] 刘天印．挤压膨化食品生产工艺与配方．北京：中国轻工业出版社，2000

[12] 张裕中．食品挤压加工技术与应用．北京：中国轻工业出版社，2000

[13] 刘玉兰．油脂制取工艺学．北京：化学工业出版社，2006

[14] 倪培德．油脂加工技术．第二版．北京：化学工业出版社，2007

[15] 孔保华．畜产品加工．北京：中国农业科学技术出版社，2008

[16] 张柏林．畜产品加工学．北京：化学工业出版社，2007

[17] 周光宏．畜产品加工学．北京：中国农业出版社，2002

[18] 夏文水．肉制品加工原理与技术．北京：化学工业出版社，2003

[19] 郭本恒．现代乳品加工学．北京：中国轻工业出版社，2001

[20] 郝涤非．水产品加工技术．北京：中国农业科学技术出版社，2008

[21] 叶桐封．水产品深加工技术．北京：中国农业出版社，2007

[22] 江建军．食品工艺．北京：高等教育出版社，2002

[23] 贡汉坤．食品工艺．北京：高等教育出版社，2005

[24] 刘新社．果蔬保藏与加工技术．北京：化学工业出版社，2009

[25] 赵晨霞．果蔬贮运与加工．北京：中国农业出版社，2008

[26] 周家春．食品工艺学．北京：化学工业出版社，2003

[27] 罗云波．园艺产品加工学．北京：化学工业出版社，2001

[28] 张惟广．发酵食品工艺学．北京：中国轻工业出版社，2004

[29] 孙俊良．发酵工艺．北京：中国农业出版社，2002